晏志勇、彭程拜会时任中国驻埃塞俄比亚大使顾小杰

王民浩代表水电顾问集团与时任埃方电力公司总经理 **Miheret** 签署 **ADAMA** 风电项目 **EPC** 框架合同

王斌拜会埃塞俄比亚总理海尔马里亚姆

黄河拜会埃塞俄比亚财政与经济发展部部长苏菲安·艾哈迈德

黄河、陈观福一行与项目部人员合影

埃塞俄比亚总理海尔马里亚姆视察项目现场并与赵家旺、王宴涛等合影

风电机组叶片运输车队在埃塞俄比亚境内

埃塞俄比亚 ADAMA 风电场

国际风电EPC总承包项目管理

埃塞俄比亚ADAMA风电EPC总承包项目管理实践

主　编　陈观福

副主编　胥树茂　王宴涛

机械工业出版社
China Machine Press

本书基于现代项目管理理论和方法,以埃塞俄比亚 ADAMA 风电 EPC 总承包项目为例,构建了国际风电 EPC 项目管理体系,打造了国际工程总承包项目管理模式。书中分别从项目管理策划、融资管理、技术管理、质量管理、进度管理、风险管理、采购管理、物流管理、运行管理及项目管理评价等方面说明了项目执行管理经验,系统、翔实地记录了埃塞俄比亚 ADAMA 风电 EPC 总承包项目的建设与管理的全过程,对风电项目的执行与管理具有重要的参考价值。

　　本书对国际风电项目管理人员具有示范和参考价值,也可作为高等院校和相关行业项目管理人才培养的参考书。

图书在版编目(CIP)数据

国际风电 EPC 总承包项目管理:埃塞俄比亚 ADAMA 风电 EPC 总承包项目管理实践/陈观福主编 . —北京:机械工业出版社,2014. 12(2015. 1 重印)

ISBN 978-7-111-48563-6

Ⅰ . ①国…　Ⅱ . ①陈…　Ⅲ . ①风力发电 – 国际承包工程 – 工程项目管理　Ⅳ . ①TM614

中国版本图书馆 CIP 数据核字(2014)第 266429 号

机械工业出版社(北京市西城区百万庄大街 22 号　邮政编码 100037)

策划编辑:张星明

责任编辑:雅　倩

装帧设计:胡　畔

北京忠信印刷有限公司印刷

2015 年 1 月第 1 版第 2 次印刷

210mm×285mm · 14 印张 · 428 千字

标准书号:ISBN 978-7-111-48563-6

定价:37. 00 元

编　委　会

序　言

为了积极响应国家大力支持企业海外投资的"走出去"战略，近年来，中国水电工程顾问集团有限公司（以下简称"水电顾问集团"）制定并全面贯彻落实"高端切入、规划先行、技术领先、融资推动"的国际优先发展思路，努力在国际舞台上发挥在水电、风电等可再生能源领域的技术和管理优势，从规划设计入手，带动我国的工程技术、标准、设备和工程承包、融资等有序地走向国际市场。

在上述发展战略和发展思路的指引下，水电顾问集团坚定不移地发挥自身优势，实施高端营销和技术营销，通过规划引领发现项目并培育项目，以履约驱动国际市场开发，做强做优国际业务。在我国政府及各级单位的大力支持和指导下，在规划比选的基础上，经全体参与人员的努力，2009年11月28日水电顾问集团作为牵头方与中地海外建设集团组成联营体中标埃塞俄比亚ADAMA风电总承包项目。该项目是中国优惠出口买方信贷支持的第一个新能源项目，也是我国整体出口的第一个国际风电EPC项目。根据联营体管委会授权和委托，该项目由中国水电顾问集团国际工程有限公司（以下简称"国际公司"）负责具体执行和实施，于2011年6月正式开工建设。

在中国和埃塞俄比亚政府有关部门、中国驻埃塞俄比亚大使馆及其经济商务参赞处、中国进出口银行以及联营体的指导下，国际公司不辱使命，以现代项目管理理论和方法为指导，构建了基于PMBOK（项目管理知识体系）的国际风电EPC项目管理体系，对该项目进行全过程、全方位、全系统管理，并通过项目部全体人员通力合作及强有力的执行，克服了项目工期紧、征地困难、雨季时间长、项目所在地工业基础薄弱、物资匮乏、大件设备物流运输难度大、项目业主缺乏风电项目管理经验等重重困难，于2012年3月31日完成首台机组发电，6月完成全部34台机组并网发电，全面实现了项目安全、质量、工期、成本等控制目标，成为埃塞俄比亚第一个投入运营的风电项目，也是该国电力项目建设史上第一个在合同工期内完工的电力项目，初期运行第一年的等效满负荷利用小时数达3210h，充分展现了中国的诚信、效率和品质，取得了良好的综合效益。

作为水电顾问集团以及埃塞俄比亚电力建设史上的一个重要的里程碑，该项目的竣工投产，是公司积极响应我国政府"走出去"战略的成功实践，通过该项目，对中国资金、技术、标准、设计、设备、施工、咨询、运行管理服务进行的一次集中展示，为中国风电走出去做了成功的尝试，同时在国际大舞台中充分展现和证明了中国风电工程建设的水平以及水电顾问集团的技术和管理优势，唱响了"HYDROCHINA"品牌，使绿色清洁能源和绿色发展的理念深入人心。

为了总结项目开发及执行过程中的经验，阐述该项目能够创造出如此多"第一"的原因，且为后续项目运作和执行积累经验，协助培育项目管理和实施队伍，水电顾问集团在项目竣工后便组织人员编写了本书，现在该书即将出版。本书系统、翔实地记录了埃塞俄比亚ADAMA风电EPC总承包项目的建设与管理全过程，并重点突出以下几个特点：

（1）客观、系统地对项目建设全过程和项目管理的成功经验进行了梳理、归纳和总结，并将其提升到理论层面，实现了理论创新与实践的全过程结合。该项目的执行与管理模式为丰富和完善我国国际工程总承包项目管理模式和理论做出了贡献，具有重要的理论意义与实践价值。

（2）从项目管理策划、融资管理、技术管理、质量管理、进度管理、风险管理、采购管理、物流管理、运行管理及项目管理评价等方面系统地对项目执行经验进行了总结，较全面地涵盖了项目管理中的各方面知识，同时在组织和设计上也考虑了各项内容之间的关联与衔接。

（3）言简意赅、深入浅出，运用大量的图表来辅助总结和阐述相关知识，突出应用性。在理论问题的分析和讨论后，本书均紧密结合了工程实例进行辅证，提高了工程理论的实践性。

我相信，本书的出版，将对水电顾问集团和其他企业的国际业务尤其是设备整体出口项目开发及执行具有示范和参考作用，同时对复合型国际工程管理人才和团队的培养也起到积极的作用。

在后续的项目开发、实施和管理中，水电顾问集团应在总结本项目经验的基础上，继续充分发挥核心技术优势，在电建集团更宽广的平台上，致力于开发全球绿色能源，打造全产业链服务平台，为政府、企业提供整体解决方案，为国际社会经济发展提供更多绿色动力。

世界风能协会主席

贺德馨

二〇一四年十月十八日

前　　言

随着世界经济一体化进程的不断加快，世界经济形势变得更加复杂。面对复杂、严峻的经济形势，中国企业"走出去"已经成为一种必然。中国水电工程顾问集团公司响应国家政策，积极探索"走出去"发展策略，通过加快推进国际业务，完善产业链，拓展市场份额，提升竞争力，加快集团国际化进程的发展道路。

ADAMA 风电 EPC 总承包项目是中国第一个技术、标准、施工、设备、运行整体走出去的风电项目。在项目实施过程中，中国水电工程顾问集团公司以现代项目管理理论和方法为指导，构建了基于 PMBOK（项目管理知识体系）的国际风电 EPC 项目管理体系，对该项目进行全方位管理，实现了工期、质量、费用、安全多目标的集成管理，满足了项目各利益相关方的诉求，得到了中国和埃塞俄比亚政府以及中国进出口银行的高度认可，在埃塞俄比亚、东非乃至整个非洲树立了成功的榜样。

本书以 ADAMA 风电 EPC 总承包项目实施过程管理为核心，全面总结和展现了 ADAMA 风电 EPC 总承包项目管理的成果和经验。全书分为 13 个章节，包括：国际风电 EPC 总承包项目管理概述；基于项目管理知识体系的风电 EPC 总承包项目管理体系；系统原理——ADAMA 风电 EPC 总承包项目管理策划；权变理论——ADAMA 风电 EPC 总承包项目柔性组织管理；全寿命理论——ADAMA 风电 EPC 总承包项目生命周期管理；出口信贷融资——ADAMA 风电 EPC 总承包项目融资管理；集成管理理论——ADAMA 风电 EPC 总承包项目技术管理；关键链项目进度管理法——ADAMA 风电 EPC 总承包项目进度管理；全过程、全方位、全系统、多维度风险管理体系——ADAMA 风电 EPC 总承包项目风险管理；供应链管理——ADAMA 风电 EPC 总承包项目采购管理；门到门物流服务——ADAMA 风电 EPC 总承包项目物流管理；组织项目管理成熟度模型——ADAMA 风电 EPC 总承包项目管理评价；ADAMA 风电场首年度运行总结。

本书内容具有较强的系统性、实用性和先进性，可供从事国际风电工程项目管理的组织、个人借鉴和参考。

目　　录

第1章 国际风电 EPC 总承包项目管理概述

1.1 国际工程项目管理

1.1.1 国际工程项目的概念和特点

1. 国际工程项目的概念

国际工程项目是一个从咨询、投资、招投标、承包、设备采购、培训直到监理等各个阶段的参与者均来自于多个国家或地区，并且按照国际上通用的工程项目管理理念和方式进行管理的工程项目。国际工程项目涉及了国际工程项目咨询和国际工程项目承包两大领域。

（1）国际工程项目咨询。

国际工程项目咨询包括对工程项目的前期投资机会研究、可行性研究、项目评估、勘测、设计、招标文件编制、项目管理、工程监理、后期评价等工作。咨询单位可以是为业主方服务的，也可以应承包商聘请为其服务。

（2）国际工程项目承包。

国际工程项目承包是指承包商在国际工程建设市场上接受某个国家的政府、企业或工程项目投资人（业主或发包方）的委托，按规定的条件承担工程项目建设任务，为业主提供符合要求的工程产品和相关服务的全过程或活动。国际工程项目承包包括对工程项目进行投标、工程设计、工程施工、设备采购及安装调试、技术培训、工程运营等的全部或部分工作，同时提供劳务服务等。

2. 国际工程项目特点

国际工程项目除了具有工程项目的共性特点，即建设目标的明确性、约束性、一次性、不可逆性和管理的复杂性等，与国内工程项目相比，国际工程项目还具备以下特点。

（1）合同主体多国性。

国际工程项目签约的各方通常属于不同国家，合同可能受到多国法律制度的制约，在法律不完善的发展中国家，还有许多不成文的行业习惯做法，以及虽未明示但有约束力的国际惯例，签约时必须特别注意。在相关方之间签署的多个不同的合同和协议条款并不一定适用于工程所在国的法律、法规，因而使国际工程的法律关系变得较复杂又难以处理。同时，由于国际工程项目是一项跨国的经济活动，涉及不同国家、不同民族、不同政治和经济背景、不同参与单位的经济利益，所以参与方对合同条款的理解、对项目的执行方法容易产生分歧，在出现争端时，处理冲突也往往较为困难。

（2）影响因素多，风险大。

近年来，国际工程项目受到政治、经济的影响日益明显，风险较国内工程项目相对增大。因此，从事国际工程不仅要关心工程本身的问题，而且还要关注工程所在国、周围地区和国际大环境的变化所带来的影响，适时采取必要的防范风险的应变措施。国际工程项目是一个充满风险的事业，一项国际工程如果订好合同，管理和索赔得当，会获得预期的利润，但也会因管理和索赔失当，出现严重亏损。因此一个公司要想参与国际市场竞争，并求得生存乃至取得较好发展，就需要努力提高其国际工程管理水平。

（3）按照严格的合同条件和国际惯例管理工程。

国际工程项目的参与者不能完全按某一国的法律法规或靠某一方的行政指令来管理，而应采用国际上多年形成的严格的合同条件和工程管理的国际惯例进行管理。一个国际工程项目从开始至投产的实施程序都具有一定的规范，为保证工程项目的顺利实施，参与者必须不折不扣地按照合同条件履行自己应尽的责任和义务，同时得到自己应有的权利。合同条件中的未尽事宜通常受国际惯例的约束，这样能使得经济利益产生矛盾的各方，尽可能取得一致。

（4）跨多个学科的系统工程。

国际工程的管理是一个涉及多个专业、跨多个学科的新学科，并且是一个不断发展和创新的学科。从事国际工程的人员既要掌握相关工程专业领域的技术知识，又要掌握法律、金融、外贸、保险、财会等其他专业的知识。整个项目的管理过程十分复杂，是一个系统工程。

（5）技术标准、规范和规程庞杂，差异较大。

国际工程建设中使用的材料、设备、工艺等各种技术要求，通常采用国际上广泛接受的标准、规范和规程，如美国国家标准协会（ANSI）标准、英国国家标准（BS）等。有时业主也会要求采用工程所在国的标准、规范和规程。这些技术标准、规范和规程的庞杂无疑给工程的具体实施带来了困难。因此承包商要想进入这一市场，就必须熟悉国际常用的各种技术和规范，并使自己的设计、施工技术管理适应业主的要求。为了避免因技术标准、规范和规程引起的争议和矛盾，在国际工程承包合同文件中应详尽地规定本项目采用的技术标准、规范和规程。

1.1.2 国际工程项目管理概念和特点

1. 国际工程项目管理概念

国际工程项目管理，即在给定的资源约束条件下，项目管理组织将各种知识、技能、技术手段应用到国际工程项目中，对从项目开始到结束的全过程进行计划、组织、协调、指挥和评价，以满足项目干系人的各种要求和期望。

更具体地说，国际工程项目管理是一种动态的全过程管理，是在国际工程项目管理的生命周期内，由管理者不断地进行资源的配置和协调，做出决策，力求使项目实施过程处于控制中，达到最佳状态，以产生最佳的管理效果。

2. 国际工程项目管理特点

随着管理科学和国际经济、国际工程承包事业的不断发展，国际工程项目管理具有明显的时代特点。

（1）文化差异化管理。

国际工程项目是一个跨区域的工程承包业务，项目主要参与者来自不同的国家和地区，有着不同的知识、礼仪、宗教信仰、社会风俗习惯以及管理习惯等。例如埃塞俄比亚人多信仰埃塞俄比亚正教、基督新教、伊斯兰教、东正教或天主教，国民宗教意识强烈，大量信奉伊斯兰教的民众不饮酒，斋日期间白天不吃东西。在国际工程项目实施过程中很多问题本身可能是非常小的事情，但是由于管理各方的文化差异，导致问题不断扩大，甚至会导致项目的失败。项目管理组织在项目管理过程中应该重视对项目参与方以及项目所在国的文化背景调查，并针对不同的文化背景，制定文化差异化管理方案，确保项目顺利实施。

（2）采用 FIDIC 条款，重视索赔管理。

国际工程项目承包过程中，承包商和业主在项目合同签订时，大多采用 FIDIC 条款，实施 FIDIC 合同管理。其中，索赔作为 FIDIC 合同条件的关键内容，贯穿于 FIDIC 合同条件的始终。索赔管理是 FIDIC 合同管理的关键。因此，在索赔管理中要重视索赔机会的识别，机会识别的重点是工程范围变化、内容调整和施工条件变化。范围变化是合同对象的增减；内容调整是对象某些部位的调整变化；施工条件变化对于工程实施费用非常敏感，工程造价受此影响非常大。

　　在 FIDIC 体系条件下，业主、总包和分包是一种特殊的关系，业主指定分包的管理非常重要。指定分包的违约往往牵扯到业主的违约，FIDIC 中指定分包与业主没有直接的合同关系，只与总包有合同关系。业主对指定分包有保护条款，因此总包要对分包违约造成的损失进行索赔比较困难。国际工程项目承包商在项目管理过程中应非常熟悉 FIDIC 条款，了解自己的权利和义务，在发生索赔事件后，及时进行索赔或反索赔的处理，保障自身利益不受损失。

　　(3) 注重风险管理。

　　国际工程项目的风险有两个特点：其一是风险大。国际工程建设周期持续时间长，涉及的风险因素多，例如所在国政治、经济、文化、社会治安、自然情况、技术条件、市场价格等，它们之间的相互作用会产生错综复杂的影响，同时，每一种风险因素都可能产生许多不同的风险事件。其二是参与工程建设的各方均有风险，但各方的风险不尽相同。工程建设各方所遇到的风险事件有较大的差异，即使是同一风险事件对建设工程不同参与方造成的后果也可能迥然不同。例如，同样是通货膨胀的风险，在可调价格合同条件下，对业主来说风险相当大，而对承包商来说风险很小；在固定总价合同条件下，对业主来说这不是风险，而对承包商来说又是相当大的风险。这就需要承包商在报价时计入一定量的风险费或不可预见费，以减少一旦风险发生时所遭受的损失。因此国际工程风险管理贯穿于整个项目管理过程，包括投标、合同谈判和合同执行阶段。承包商应提前进行项目风险识别和规划，制订风险管理计划及各类应急方案，提前购买保险、联系应急救援组织，定期监督、检查项目执行情况，根据不同情况采取不同的风险解决方式，降低项目执行风险，保障承包商的经济利益和人身安全。

　　(4) 以顾客为关注焦点。

　　"顾客"在 ISO9000 标准中被定义为"接受产品的组织或个人"。国际工程项目中的顾客即是业主和工程最终的用户。"以顾客为关注焦点"是 ISO9000 标准中八大质量管理原则的第一项原则，即"组织依存于顾客，因此组织应理解顾客当前和未来的需求，满足顾客要求并争取超越顾客期望"。承包商和业主（顾客）作为国际工程建设的两个最主要的参与方，共同的目标是完成工程建设。在这一目标下，承包商要与业主构建一种和谐关系，可以相互促进和推动工程建设——业主按合约规定的方式付款，承包商按时提供业主所要的产品。因此，承包商必须在合同条件约束下关注业主对工程的期望。承包商按合同条款获得必要条件和服务时，应按合同条款和既定技术规范、技术标准对工程全过程进行全方位的严格施工管理，使工程项目达到业主满意或认可的程度。

　　(5) 关注工程的健康、安全和环境管理（Health、Safety、Environment 管理，以下简称"HSE 管理"）。

　　在当前的国际工程建设中，无论承包商和业主都对工程的健康、安全与环境越来越重视。HSE 管理已经成为国际项目投标、评标的一项重要内容。国际工程 HSE 管理的重要目标是减少因工程给环境带来的影响、潜在的危害、对员工和周边居民的健康伤害，突出以人为本的理念，强化危害辨识风险管理，提高员工的健康、安全与环保意识。国际工程 HSE 管理理念不但着眼于当前的工程，而且从设计、施工、运行到工程项目结束的各个阶段，均考虑到对环境、员工及周边的群众有何种影响，安全上存在何种隐患。国际项目的业主一般有严格的 HSE 管理标准体系，对项目的 HSE 管理文件、HSE 防护设施设备的种类和规格均有严格的要求。因此，承包商如果没有高标准的 HSE 管理体系和良好的 HSE 管理业绩，很难进入国际工程市场，尤其是高端市场。

　　(6) 注重过程控制。

　　项目管理的理论和理念来源于国外，目前许多理论和理念在国际上已经得到了广泛应用。过程控制是从质量管理体系过程借鉴到项目管理过程中的，已经成为项目管理的核心理念。它强调计划、组织、指挥、协调和控制五大职能要素，强调组织中各个过程之间的相互作用，强调对管理过程中每一个节点和流程的控制。国际工程项目的业主比国内业主更关注项目执行过程中的过程控制，要求每一过程都应进行计划、实施与控制，待结果符合要求后，才允许进行下一过程。例如，国内工程项目承包商可能为了赶工期，会在施工准备工作没有完成时就正式开工，但是国际工程项目的业主严格要求承包商在各项准备工作完成，并经审查通过之后，才能正式开始项目施工。国际工程项目承包商应注重各个过程的严格把控，保证符合项目业主过程控制管理要求，为项目顺利实施提供保障。

（7）以人为本，落实管理职能。

人是项目管理最为重要的资源，如何有效利用人力资源是项目管理研究中的关键问题之一。在三大国际标准化体系（QHSE）中都涉及了"管理职责"这一要素。三个标准要求承包商应确保项目内的职责、权限及其相互关系得以规定并能有效沟通。这充分体现出现代项目管理应发挥人力资源的作用，落实管理职能，提高项目管理效率。要做到这一点，项目管理组织应进行科学的组织机构和岗位职责、权限设计以及人力配置。国际工程项目管理要求项目组织应按照国际惯例要求，全面贯彻管理职能的思想，以确保凡事有人负责、凡事有章可循、凡事有据可查、凡事有人监督。

1.2 国际工程项目管理模式

项目管理模式是指一个工程项目建设的基本组织模式以及在完成项目过程中各参与方所扮演的角色及其合同关系，在某些情况下，还要规定项目完成后的运营方式。项目管理模式确定了工程项目管理的总体框架、项目各参与方的职责、义务和风险分担，因而在很大程度上决定了项目的合同管理方式以及建设速度、工程质量和造价，所以它对业主和项目的成功都很关键。

1.2.1 国际工程项目管理模式发展过程

国际上的项目管理起源于 20 世纪 50 年代美国的阿波罗登月计划。由于关键路径法（CPM）和计划评审技术（PERT）在阿波罗登月计划中取得的巨大成功，使得项目管理逐渐在全球兴盛起来。随着科学技术和建设事业的不断发展，国际工程项目的规模越来越大，技术性、系统性越来越强，复杂程度越来越高，而随之对项目管理的专业化、科学化、市场化要求也就越来越迫切。因此，项目管理模式对项目的成败至关重要，所以必须采用与之相适应的管理模式和管理方法去实现。近几十年来，随着项目管理理论和方法的发展和完善，项目管理模式不断演变，出现了多种项目管理模式。

1. 业主自营模式

14 世纪以前，建筑工程都比较简单，一般都是由业主自己雇用并组织工匠进行工程建设，自己负责工程项目质量、费用、进度的直接管理。

2. 业主委托管理模式

14 ~ 17 世纪，建筑工程的形态、结构和功能已经变得比较复杂，社会分工和技术的进一步发展，建筑工程行业出现了从事设计的建筑师和作为业主的委托人管理工匠的营造师负责组织工程设计、施工，因而出现了业主委托营造师实施项目的管理模式。

3. 承发包模式

17 ~ 18 世纪期间出现了工程承包企业，从而建筑行业形成业主（即发包商）、顾问（即建筑师、工程师，负责规划调查、设计和施工监督）、承包商（即施工方）三者相互独立又相互协作，以经济合同为联系的局面。承发包方式出现后，拥有丰富经验和专门技术的承包商代替业主进行施工技术队伍及大量建筑机械的监管，建筑师、工程师及其分包商代替了组织施工任务的营造师角色，负责工程设计及施工监督任务，这期间出现了项目管理承发包的模式。

4. 总承包分包模式

进入 19 世纪以后，随着现代化大工业的日益发展，科学技术的突飞猛进，建筑工程项目变得越来越复杂且规模更大。随着社会分工进一步细化，建筑行业内从事工程设计和管理的除了建筑师、结构工程师外，还有从事水、暖、电等专业设计的设备工程师、从事工程测量的服务工程师以及从事合同管理的工料测量师等专业人员。从事施工的承包商往往也难以单凭自己的力量去完成一项复杂的工程，所以出现了总包企业下又有分包企业的模式。进入 21 世纪以后，工程项目的承发包模式不断发展，形成了多种项目管理模式并存的格局。

1.2.2　国际工程项目常用管理模式

目前，国际上工程项目的管理模式多达几十种，但是常用的只有几种模式。

1. DBB 模式

DBB（Design Bid Build）模式，即设计-招标-建造模式。这种模式是目前在国际上最为通用的工程建设模式，世界银行、亚洲开发银行贷款工程和采用国际咨询工程师联合会（FIDIC）合同条件的工程项目均采用这种模式。目前我国工程建设行业采用的工程项目法人制、招标投标制、建设监理制、合同管理制基本也是参照这种传统模式发展而来的。该模式是项目业主将工程设计、工程施工分别委托给不同的单位承担，其最显著的特点是工程项目的实施是线性前进的，按顺序方式进行，即一个阶段结束后另一个阶段才能开始。图 1-1 为设计-招标-建造的组织形式。

在 DBB 模式下，项目业主与工程设计方签订服务合同，委托其进行前期的各项工作，包括进行机会研究、可行性研究等，待工程项目评估立项后再进行设计。在设计阶段，工程设计人员除了完成设计工作外，还要准备施工招标文件，然后协助业主通过竞争性招标选择施工总承包商，由施工总承包商进行工程施工。项目业主和施工总承包商订立工程施工合同，而工程的分包、设备与材料的采购一般都由总承包商同分包商、供应商单独订立合同并组织实施。在项目实施过程中，项目业主代表、施工总承包商、工程监理人员一起对项目的成本、进度、质量进行控制，而工程设计人员在这个过程中担任重要的监督角色。

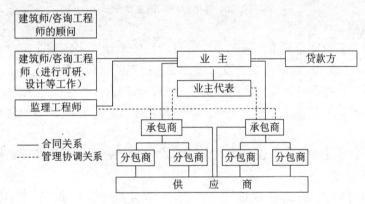

图 1-1　设计-招标-建造的组织形式

（1）DBB 模式的优点。

1）由于该模式长期、广泛地在世界各地被采用，因而管理方法比较成熟，各方对有关程序都很熟悉。

2）业主可自由选择咨询设计人员，对设计要求可以实现完全控制。

3）具有标准化的合同关系。可采用各方均熟悉的标准合同文本，有利于合同管理、风险管理和节约投资。

4）对于总承包商采用竞争性投标，业主只需要签订一份施工合同。

（2）DBB 模式的缺点。

1）由于必须按线性顺序进行，因此工程项目周期较长。

2）由于设计单位和施工总承包商没有直接关系，不利于项目的完整性，过多的变更容易引起较多的合同争议和变更索赔。

3）设计方缺乏施工经验，很多设计专业人员不具备控制成本的能力，使项目超预算。

4）业主不能直接控制分包商和供应商。

此模式适用于一般的复杂项目。此类项目中的业主综合协调管理能力较强，承包商风险不大，但利润较低。

2. DB 模式

DB（Design Building）模式，即设计-建造模式，也称设计-施工总承包模式。自 20 世纪 80 年代初在西方国家出现以来，因其在世界范围内的高速发展以及本身特有的一些优势，已经引起我国政府有关主管部门和建筑行业的密切关注。该模式是指工程总承包企业按照合同约定，承担工程项目的设计和施工，并对承包工程的质量、安全、工期、造价全面负责（引自建设部《关于培育发展工程总承包和工程项目管理企业的指导意见》）。根据业主委托的设计内容不同，DB 模式可以细分为详细设计（施工图设计）-施工总承包、基础设计（初步设计）-施工总承包、概念设计（方案设计）-施工总承包等模式。图 1-2 为设计-建造模式的组织形式。

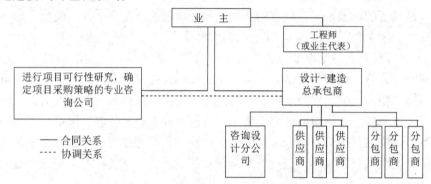

图 1-2　设计-建造模式的组织形式

（1）DB 模式的优点。

1）由一个承包商对整个项目负责，有利于在项目设计阶段预先考虑施工因素，避免了设计和施工的矛盾，可减少由于设计错误引起的变更以及对设计文件的不同解释引发的争端。

2）在选择承包商时，把设计方案的优劣作为主要的评标因素，可保证业主得到高质量的工程设计。

3）可对分包采用阶段发包方式，缩短工期，使项目提早投产，业主能节约费用，降低利息及价格上涨的影响。

4）风险责任单一，业主的责任是按合同规定的方式付款，总承包商的责任是按时提供业主所需的产品。

5）设计-施工总承包商在进行施工设计时，会考虑到设计的可施工性，减少不必要的工程变更，有利于建设项目的顺利进行。

（2）DB 模式的缺点。

1）承包商的设计对工程经济性有很大影响，在 DB 模式下承包商承担了更大的风险。

2）业主对最终设计和细节的控制能力较低。

3）建筑质量控制主要取决于业主招标时功能描述书的质量，而且总承包商的水平对设计质量有较大影响。

3. EPC 模式

EPC（Engineering Procurement Construction）模式，即设计-采购-施工一体化模式，又称工程总承包，是一种在国际工程上采用广泛的模式。该模式是指从事工程总承包的企业受业主委托，按照合同约定对工程项目的勘察、设计、采购、施工、试运行（竣工验收）等实现全过程或若干阶段的承包。它要求总承包商按照合同约定，完成工程设计、设备材料采购、施工、试运行等服务工作，实现设计、采购、施工各阶段工作的合理交叉与紧密配合，并对工程质量、安全、工期、造价全面负责。承包商在试运行阶段还需承担技术服务工作。工程总承包商在合同范围内对工程的质量、安全、工期、造价全面负责。图 1-3 为 EPC 模式的组织形式。

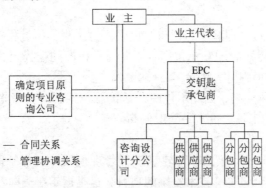

图 1-3　EPC 交钥匙项目管理模式的组织形式

EPC 项目的产品是合同约定的工程，工程总承包商为完成工程必须进行创造项目产品过程与项目管理过程的管理，完整的工程总承包项目，其创造项目产品的过程要经过五个阶段，即可行性研究阶段、设计阶段、采购阶段、施工阶段、调试与试运行阶段。每一个阶段都有各自的使命，分别发挥作用。具体来说：

可行性研究：描述项目产品的概略目标和要求。

设计：描述项目产品详细的和具体的要求。

采购：按设计要求采购设备和材料。

施工：完成建筑和安装。

调试与试运行：验证项目产品。

（1）EPC 项目的主要特征。

1）业主把工程的设计、采购、施工和调试与试运行工作全部委托给工程总承包商组织实施，业主只负责整体的、原则的、目标的管理和控制。

2）业主只与工程总承包商签订工程总承包合同。此后，工程总承包商可以把部分设计、采购、施工或调试与试运行服务工作，委托给分包商完成；分包商仅与总承包商签订分包合同，分包商的全部工作由总承包商对业主负责。

3）业主可以自行组建管理机构，也可以委托专业的项目管理公司代表业主对工程进行整体的、原则的、目标的管理和控制。

4）业主把 EPC 的管理风险转嫁给总承包商，因而，工程总承包商要承担更多的责任和风险，同时也拥有更多获利的机会。

5）业主介入具体组织实施的程度较浅，EPC 工程总承包商更能发挥主观能动性，充分运用其管理经验，为业主和承包商自身创造更多的效益。

6）EPC 工程总承包的承包范围有若干派生的模式，例如设计承包可以从方案设计开始，也可以从详细设计开始；采购工作的某些部分可委托给设备成套公司；施工工作可以自行完成，也可以分包给专业施工单位完成。

（2）EPC 的优点。

1）EPC 总承包商负责整个项目的实施过程，有利于项目的统筹规划和协同运作，可以有效解决设计与施工的衔接问题，减少采购与施工的中间环节，顺利解决施工方案中的实用性、技术性、安全性之间的矛盾。

2）工作范围和责任的界限清晰，建设期间的责任和风险可以最大程度地转移给总承包商。

3）合同总价和工期固定，业主的投资和工程建设期相对明确，有利于费用和进度控制。

4）能够最大限度地发挥工程项目管理各方的优势，实现工程项目管理的各项目标。

5）可以将业主从具体事务中解放出来，关注影响项目的重大因素上，确保项目管理的大方向。

（3）EPC 的缺点。

1）业主主要通过 EPC 合同对 EPC 承包商进行监管，对工程实施过程参与程度低，控制力度较低。

2）业主将项目建设风险转移给 EPC 承包商，因此对承包商的选择至关重要。一旦承包商的管理或财务出现重大问题，项目也将面临巨大风险。

3）EPC 承包商责任大，风险高，因此承包商在承接总包工程时会考虑管理投入成本、利润和风险等因素，所以 EPC 总包合同的工程造价水平一般偏高。

4. CM 模式

CM（Construction Management）模式，即建筑工程管理模式，又称阶段发包方式或快速轨道模式，适用于工程规模大、工期紧、分包多、技术复杂的项目，这是近年在美国、加拿大、欧洲和澳大利亚等国广泛流行的一种合同管理模式。该模式打破了过去那种待项目设计图样完成后，才进行招标建设的连续建设生产方式。在该模式下，由业主和业主委托的工程项目经理与工程师组成一个联合小组共同负责组织和管理工程的规划、设计和施工。在完成一部分分项（单项）工程设计后，即可对该部分进行招标，选择一家承包商，由业主直接按每个单项工程与承包商分别签订承包合同。CM 模式最显著的特点是可以采用"边设计边施工"的生产组织方式，从而缩短建设工期，降低工程费用，提高工程质量。

CM 模式根据合同关系的不同可分为两种：一种为代理型 CM 模式，一种为风险型 CM 模式。图 1-4 为 CM 模式的两种组织形式。

在代理型 CM 模式下，CM 经理是业主的咨询和代理，业主和 CM 经理签订的服务合同是固定酬金加管理费。业主在各施工阶段和承包商签订工程施工合同。在风险型 CM 模式下，业主和 CM 经理签订的服务合同是成本加筹金。CM 经理同时也担任施工总承包商的角色，一般业主要求 CM 经理保证最大工程费用，以保证业主的投资控制，如果最后结算超过最大工程费用，则由 CM 公司赔偿；相反，如果低于最大工程费用，CM 公司可得到额外奖励。

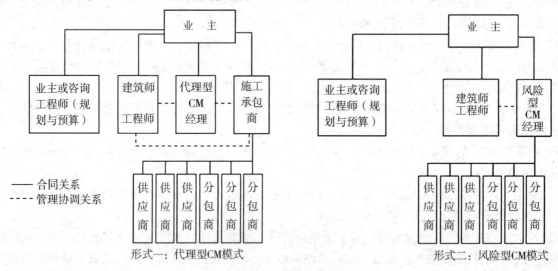

图 1-4 CM 模式的两种组织形式

（1）CM 模式的优点。

1）可以缩短工程从规划、设计到竣工的周期。整个工程可以提前投产，节约投资，减少投资风险，较早地取得收益。

2）CM 经理早期即介入设计管理，因而设计者可听取 CM 经理的建议，预先考虑施工因素，以改进设计的可建造性（Buildability），还可运用价值工程以节省投资。

3）CM 模式有利于设计与施工充分搭接，并采用分散发包、集中管理的方式，有利于缩短建设工期。

4）CM 模式下，设计与施工的结合和相互协调，减少了设计方和施工方的对立，使得业主的组织协调工作更加容易，有利于业主合理组织生产与管理，提高工程质量。

（2）CM 模式的缺点。

1）项目分项招标导致承包费高，因而业主要做好分析比较，认真研究分项数目，选定最优结合点。

2）CM 公司的选择比较困难。CM 模式要求信誉和资质较高的 CM 单位，需要具备高素质的专业人员。

3）CM 合同采用成本加酬金的合同形式，因此对合同范本的要求较高。

5. PMC 模式

PMC（Project Management Contractor）模式，也称为项目管理承包模式，是近几年来在国际上发展起来的一种特殊的项目管理服务方式。该模式是指业主聘请专业的项目管理公司，代表业主对工程项目的组织实施进行全过程或若干阶段的管理和服务。图 1-5 为项目管理承包模式的组织形式。

国际上流行将项目划分为两个阶段，即前期阶段和实施阶段。项目前期阶段，项目管理承包商（PMC）要负责组织甚至完成基础设计，确定所有技术方案及专业设计方案，确定设备、材料的规格与数量，做出相当准确的投资估算（±10%），并编制出工程设计、采购和建设的招标书，最终确定工程中各个项目的总承包商（EPC 或 EP＋C）。项目实施阶段，由中标的总承包商负责执行详细的设计、采购和建设工作，PMC 要代表业主负起全部项目的管理协调和监理责任，直至项目完成。在各个阶段，PMC 都应及时向业主报告工作，业主则派出少量人员对 PMC 的工作进行监督和检查。

PMC 项目管理方式对国内工程建设领域而言是一种新的管理形式，但在国际工程建设领域，实施 PMC 管理已经成为惯例。PMC 在工程项目设计、采购、建设、进度控制、质量保证、资料控制、财务管理、合同管理、人力资源管理、IT 管理、HSE 管理、政府关系管理、行政管理等方面，都已形成成熟的管理程序、管理目标、管理任务和管理方法。

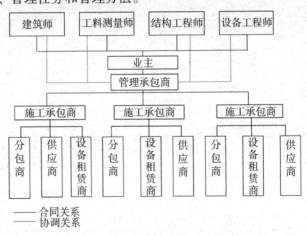

图 1-5　项目管理承包模式的组织形式

（1）PMC 模式的优点。

1）有利于充分发挥设计在建设过程中的主导作用，使工程项目的整体方案不断优化。

2）有利于克服设计、采购、施工相互制约和脱节的矛盾，使设计、采购、施工各环节的工作合理交叉，确保工程进度和质量。

3）有利于业主取得高额的非公司负债型融资，业主和承包商风险共担，利益共享，不仅有利于节约项目投资，而且能使得管理水平大幅提高，并且建设管理期的机构可以得到有效精简。

4）业主项目管理机构简化。在 PMC 模式下，承包商根据项目自身特点和资源组成适合项目的组织机构来进行项目管理，业主只需保留很小部分的管理权力和对一些关键问题的决策权，而由承包商负责绝大部分的项目管理工作。业主不必再为项目配备过多的人员，从而精简了业主的管理机构。

（2）PMC 模式的缺点。

1）业主参与工程的程度低，变更权利有限，协调难度大。

2）能否选择一个高水平的项目管理公司是业主方很大的风险。

PMC 通常使用于：①项目投资在 1 亿美元以上的大型项目；②缺乏管理经验的国家和地区的项目，引入 PMC 可确保项目的成功建成，同时帮助这些国家和地区提高项目管理水平；③利用银行或国外金融机构、财团贷款或出口信贷而建设的项目；④工艺装置多而复杂、业主对工艺不熟悉的庞大项目。

6. BOT 模式

BOT（Build Operate Transfer）模式，即建造-运营-移交模式，也称为特许经营权项目模式，是指国家政府依靠国内外私人资本进行本国基础设施建设的一种融资和项目管理方式。在 BOT 模式下，一国政府通过与私营企业（项目公司）签订特许权协议，授予该私人企业承担该项目的投资、融资、建设和运营的权力。在整个特许期内，签约方的私人企业通过基础设施经营获得利润，并用此利润偿还债务；在特许权期限届满时，签约方的私人企业将该基础设施无偿或以极少的名义价格移交给东道国政府。BOT 模式其实是私营企业参与基础设施建设，向社会提供公共服务的一种方式。图 1-6 为 BOT 模式的典型结构框架。

近几年来随着国际工程承包市场的不断发展，BOT 模式在推广应用中又衍生出了多种新的模式，如 BOO 模式（建设-拥有-经营模式）、BOOT 模式（建设-拥有-经营-移交模式）、BIT 模式（建设-租赁-移交模式），BOOST 模式（建设-拥有-经营-补助-移交模式）、ROT 模式（改造-经营-移交模式）、BT 模式（建设-移交模式）等。这些新的模式都是在国际工程承包市场中产生出来的，虽然它们的应用取决于项目条件和每个国家的实际情况，但是其实质基本相同。

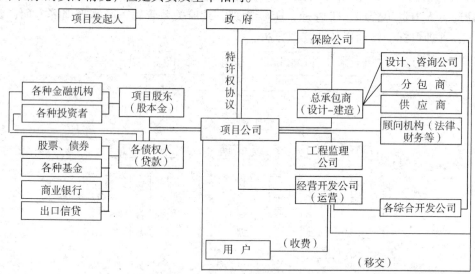

图 1-6　BOT 模式的典型结构框架

（1）BOT 模式的优点。

1）可以有效地利用私人资本进行公共基础建设，减少政府直接投资的财务负担，避免了政府的债务风险。

2）发挥外资和私营机构的能动性和创造性，提高建设、经营、维护和管理效率，引进先进的技术和管理经验，从而带动本国工程企业水平的提高。

3）使急需建设而政府又无力投资的基础设施项目提前建成以发挥作用，有利于满足社会和公众的需要，加速生产力的发展。

4）合理利用资源，因为还贷能力在于项目本身的效益，且大多项目采取国际招标方式，可行性论证较严谨，避免了无效益项目开工或重复建设。

（2）BOT 模式的缺点。

1）承建的项目规模大，投资额高，建设和经营期限长，涉及各方的风险因素繁多复杂，在建造和经营的全过程中，各方均应做好风险防范和管理。

2）项目的参与方多，合同关系十分复杂，项目前期过长且融资成本高，需要很高的项目管理水平。

3）可能导致大量的税收流失。

4）可能造成设施的掠夺性经营。

5）项目的收入一般为当地货币，需兑换成外汇汇入所在国账户，对于外汇储备较少的国家来说，如果项目公司的成员大多来自国外，项目建成后会有大量的外汇流出。

6）在合同规定的特许期内，政府将失去对项目所有权和经营权的控制。

7）风险分摊不对称。政府虽然转移了建设、融资等风险，却承担了更多其他的责任与风险，如通货膨胀、税率变化、汇率风险等。

BOT 模式作为一种公共基础设施建设项目的私人融资方式，已经成为国际上许多国家进行基础设施建设的首选方式。BOT 项目一般规模大、投资额高、技术复杂、建设和经营周期长，因此对融资对象综合实力要求很高，一般是资信可靠、实力雄厚的财团或投资人。

7. Partnering 模式

Partnering 模式，即伙伴关系模式，也称作合作管理模式，起源于 20 世纪 80 年代中期的美国，到 20 世纪 90 年代中后期，其应用范围逐步扩大到英国、澳大利亚、新加坡、日本、中国香港等国家和地区，逐渐成为国际工程项目的重要模式，并且日益受到建设工程管理界的重视。Partnering 模式是在充分考虑项目建设各方利益的基础上确定建设工程共同目标的一种管理模式。它一般要求项目业主与项目参建各方在相互信任、相互尊重、资源共享的基础上达成一种短期或长期的协议，通过建立项目工作小组，相互合作，及时沟通，共同解决建设工程实施过程中出现的问题，共同分担工程风险和有关费用，以保证项目参与各方目标和利益的实现。

（1）Partnering 模式的特征。

1）参与各方出于自愿。在 Partnering 模式下，工程项目参与各方，包括项目业主、总承包商、咨询单位、设计单位、主要的分包商以及主要的材料设备供应商建立合作关系均是完全出于自愿，而这一想法源于各方有着共同的目标和利益诉求。

2）高层管理的支持。Partnering 模式需要参与各方实现资源共享，风险共担，因此参与各方高层管理者的认同和支持是 Partnering 模式顺利运行的关键。

3）合作协议不是法律意义上的合同。合作协议是一种管理协议，主要是确定项目各参与方的共同目标、任务分工和行为规范，是项目工作小组纲领性文件，不是一般法律意义上的合同。

4）信息共享。在 Partnering 模式下，项目参与各方在相互信任的基础上，组成项目工作小组，小组成员之间信息共享是各方工作的基础。项目工作小组各参与方应该及时、定期或不定期、开诚布公地沟通交流，以便工程质量、安全、进度、造价等方面的信息在项目工作小组内传递，实现共享。

（2）Partnering 模式的优点。

1）Partnering 模式整合了各方资源，实现了项目各参与方的优势互补，提高了项目各参与方在激烈的市场竞争中的生存能力，同时也避免了行业间的恶性竞争。

2）Partnering 模式强调项目各参与方相互信任，资源和信息共享，建立良好的合作关系，力图减少争端，促进各方知识的转移与创新，提高项目管理效率，保证工程质量，降低工程索赔费用。

3）Partnering 模式的建立基于项目各参与方共同的利益目标和诉求，因此合作过程中注重的是各参与方整体利益目标的实现，而非某一方的利益最大化。

4）Partnering 模式是一种资源和优势互补合作模式，企业在合作过程中可以培养自己独特的优势资源和核心能力，提升企业在市场中的竞争力。

（3）Partnering 模式的缺点。

1）Partnering 模式要求项目各参与方之间要彼此信任，但没有其他利益或资产保障，只依靠信任会导致伙伴掉队或对团队造成风险。

2）Partnering 模式用战略的眼光看问题，更注重建立一种长期的合作。但如果合作团体之间长期固定合作，会逐渐失去活力和创新精神。

3）实施 Partnering 的过程中投入的间接成本较多，包括研讨会费用、Partnering 促进人的费用、会议场地租借费、交通费等直接成本。

4）在合作过程中，除非采取合适的安全防护措施，否则会发生泄露企业机密的风险。

Partnering 模式往往不能独立存在，它通常需要在工程建设中与 CM 模式、总承包模式、平行承包模式等其中一种结合使用。

以上国际工程中常用的项目管理模式都有不同的优势和局限性，适用于不同种类、不同规模、不同地域的工程项目，应结合具体的情况，选择合适的项目管理模式。表 1-1 从适用合同类型、适用项目类型两个方面对此进行对比。

表 1-1　项目管理模式对比分析

项目管理模型	适用主要合同类型	适用项目类型
DDB 模式	单价合同	一般的复杂项目，此类项目中的业主综合协调管理能力较强，承包商风险不大，但利润较低
DB 模式	总价合同	对整个工程承担大部分责任和风险，此模式可用于房屋建筑和大、中型土木、机械、电力等项目
EPC 模式	总价合同	主要应用于以大型装置或工艺过程为主要核心技术的工业建设领域，例如大量非标准设备的大型石化、化工、橡胶、冶金、制药、能源等项目
CM 模式	成本加酬金合同	最适合复杂项目，不适合技术简单、图样已完成、设计标准化、工期短的项目
PMC 模式	单价合同	复杂项目，要求项目管理公司有相当的管理经验，也适合简单项目
BOT 模式	总价合同	复杂项目，例如公共基础设施建设工程项目。要求项目管理公司有相当的管理经验，也适合简单项目
Partnering 模式	传统合同加非合同性的伙伴式管理模式协议	适合业主有长期投资的、较复杂的项目

1.3　ADAMA 风电 EPC 总承包项目管理实践

1.3.1　项目概况

埃塞俄比亚 ADAMA 风电 EPC 总承包项目是 2009 年 11 月 28 日由水电顾问集团牵头，与中地海外建设集团公司组成联营体（以下简称"联营体"）同埃塞俄比亚电力公司签订了 EPC 总承包合同，项目工期一年，项目总金额 1 亿美元左右，中国进出口银行提供优惠出口买方信贷。联营体将项目委托水电顾问集团国际公司负责执行。

ADAMA 风电场工程场址区位于埃塞俄比亚中部，距首都亚的斯亚贝巴（Addis Ababa）95km，距纳兹雷特（纳兹雷特）约 3km。风电场总装机容量 51MW，由 34 台单机容量 1500kW 的风电机组组成，分 3 回集电线路汇至升压站 33kV 母线，经 1 台 SZ10-55000/132 主变压器升压至 132kV，通过长约 4.7km

的架空线路，送至纳兹雷特变电站。风电场预计年上网电量 1.57 亿 kW·h，年等效满负荷利用小时数为 3164h。图 1-7 为埃塞俄比亚 ADAMA 风电场工程总布置图。

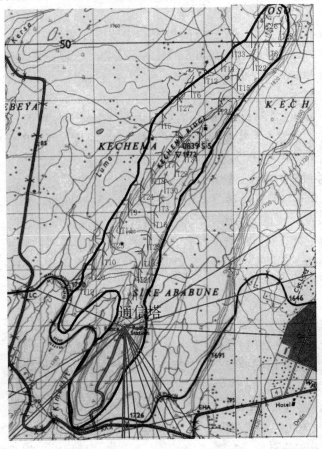

图 1-7　埃塞俄比亚 ADAMA 风电场工程总布置图

ADAMA 风电场场址区中心地理位置为东经 39°13′48″、北纬 8°32′41″，海拔高度为 1824～1976m。布置区域位于山顶，地形相对平坦，地表分布浅草和小灌木，并伴有少量碎石，适宜进行风电场的建设。

ADAMA 风电场项目的主要建筑工程包括 132kV 升压变电站、34 台风电机组和箱式变电站基础、进站及风电场内道路、场内 33kV 集电线路、防雷接地（网）、132kV 送出架空线路、纳兹雷特变电站扩建间隔及扩建电气二次盘柜基础。风电场 132kV 主接线形式为线路-变压器组接线，风电场升压站设 55000kV 主变压器一台，一回送出至约 3km 处的纳兹雷特变电站，纳兹雷特变电站因风场的接入需扩建一个进线间隔。

ADAMA 风电场 EPC 总承包范围包括：风电场设计、设备采购、风场建筑安装工程施工（含送出线路工程）、风场运行维护管理及培训。

2010 年 4 月埃塞俄比亚 ADAMA 风电 EPC 工程项目部成立，2011 年 6 月 14 日项目正式开工，2012 年 3 月 31 日第一台机组并网发电，2012 年 6 月 24 日最后一台机组并网发电，2012 年 8 月项目全部试运行合格，正式投入商业运行。

1.3.2　项目特点

埃塞俄比亚 ADAMA 风电场建设项目是我国第一个技术、标准、管理、设备整体"走出去"的风电 EPC 项目，采用中国标准进行设计、施工和验收，使用中国风机设备，同时也是中国进出口银行优惠出口买方信贷支持的第一个新能源项目。因此，ADAMA 风电 EPC 总承包项目具有重要的战略意义和现实意义。

1. 联营体总承包

ADAMA 风电 EPC 总承包项目是由水电顾问集团和中地海外建设集团公司组成的联营体总承包项目。联营体总承包模式一方面共享联营体参与方的技术、人力、管理、财力等资源，增加了项目实施的综合能力，能确保综合目标的实现；但另一方面由于联营体管理组织的复杂性，增加了项目管理过程中协调和沟通的难度。

埃塞俄比亚 ADAMA 风电 EPC 总承包项目也是交钥匙（Turn Key）工程项目。业主只负责提供资金，提供合同规定的条件，监控项目实施，并按合同要求验收项目，而不负责具体组织实施，这样就把大部分风险转移给了联营体，因此联营体的责任和风险都很大。

2. 风电工程机电大件设备的物流运输难度大

ADAMA 风电 EPC 总承包项目的关键设备均从中国进口，包括风机、塔筒、发电机、变压器等，这些设备都是具有超长、超宽、超重、超高等特征的大件设备。大件设备的包装、装卸、绑扎加固、运输、进出口清关等都比较复杂，物流运输难度大。而且，从中国到埃塞俄比亚 ADAMA 需要经过国内陆运、海运、境外陆运（含第三国卸船和陆运），运输路线长，涉及运输方式多，使得 ADAMA 风电 EPC 总承包项目的管理组织面临着巨大难题。

3. 项目工期紧

按照 2009 年 11 月联营体与埃塞俄比亚电力公司签订的合同，ADAMA 风电场项目的工期为期一年，项目正式开工后六个月内首批 10 台风机并网发电，全部 34 台风机在正式开工后 12 个月内全部并网发电。由于项目所在地风电场建设所需的配套资源匮乏，项目工期非常紧张。

4. 项目建设环境复杂

（1）风力发电机组布置分散，施工管理难度大。

ADAMA 风电场风力发电机组位置分散，场内地形复杂。由于风机基础开挖和基础混凝土浇筑、风机的安装和调试等施工工作都需从一个位置移动到另一个位置，因此施工作业面多，大型机具的转场较为困难，给施工和管理带来一定问题。

（2）特殊的气候条件对施工影响较大。

ADAMA 风电场工程的场址位于风资源丰富地区，常年平均风速偏高。大多数时间当地风速超出风力发电机组吊装安全风速（8~12m/s），给风机吊装造成了很大困难，直接影响工程施工工期。

另外，ADAMA 地区的雨季时间较长，降雨集中。雨季施工对工程的进度、质量、安全均有较大影响：雨季影响风机基础混凝土浇筑、机组的安装等施工工作，拖延工期；雨季空气湿度大，影响各类电缆头制作、主变等电气设备的试验和调试，易发生质量事故；因场内道路较窄、纵坡较大（最大达11%），雨季场内道路湿滑，运输塔筒、机组等的大型运输车辆容易发生交通安全事故。

（3）工程所在地工业基础薄弱，建筑材料、设备采购困难。

工程所在地建筑材料、工程和施工设备匮乏，工程所需设备、材料基本上在中国境内采购，如果采购计划稍有不周，或出现设计变更需要重新采购设备材料，则要花费更长时间才能运到现场，会严重影响项目施工与设备安装。

（4）项目业主缺乏风电项目管理经验，协调与沟通难度大。

项目业主埃塞俄比亚电力公司在本项目之前并无风电场建设的经验，业主聘任的咨询工程师也无相应经验，使得项目实施过程中交流与沟通的难度较大。

1.3.3 项目管理应用效果和创新

ADAMA 风电 EPC 总承包项目的成功源于科学的项目管理。以水电顾问集团为核心的 ADAMA 风电

EPC 总承包项目管理组织在总结国际工程项目管理经验和研究分析该项目特点的基础上，利用科学的项目管理理念和管理方法，实现了项目的全过程、全方位、全系统的管理，确保项目综合目标的实施，并取得了如下成果和创新。

（1）ADAMA 风电 EPC 总承包项目管理组织借鉴国际项目管理知识体系理论，以项目管理知识体系（Project Management Body of Knowledge，PMBOK）为基准，将国际项目管理的知识、技术、技能和工具手段融入 ADAMA 风电 EPC 总承包项目管理，建立了适合国际风电工程项目管理的科学管理体系，确保项目在科学的管理体系下运作，实现了项目的进度、质量、成本、安全等综合目标，满足了包括业主、总承包商、分包商、供应商、埃塞俄比亚政府、项目周边居民等项目各干系人的诉求，得到了各方的高度评价和认可，提升了企业的知名度和美誉度，为中国企业在海外新能源领域树立了一个良好的榜样。

（2）项目基于系统原理进行了项目执行策划和项目实施策划（范围管理、进度管理、质量管理、费用管理、风险管理、沟通与信息管理、HSE 管理的策划），在项目实施的全过程、全方位、全系统都做了计划性安排，有效地指导了该项目的实施。

（3）项目针对复杂多变的环境，引入权变理论的思想，在一般组织结构设计权变因素的基础上，结合项目组织特点，分析了影响项目组织结构设计的权变因素，进行科学的设计。与此同时，通过项目团队建设，促进项目组织学习和柔性组织管理的实施，增强组织的适应性，为项目的顺利实施提供了组织保障。

（4）项目的全寿命周期管理是站在国际工程项目全寿命期的视角上，运用集成化管理的思想，将传统管理模式下相对分离的项目决策阶段、项目准备阶段、项目实施阶段、项目竣工验收阶段、项目运营阶段在管理目标、管理组织、管理手段等方面进行有机集成，建立项目各阶段的集成化管理系统，实现国际工程项目整体功能的优化和整体价值的提升，最大限度地满足相关方的利益。

（5）项目采用中国进出口银行提供的优惠出口买方信贷进行融资，在优选运作项目的基础上，直接促成了项目合同的签署并成功实施和运营项目，成功践行了水电顾问集团的"高端切入、规划先行、技术领先、融资推动"的国际发展思路，增强了公司的国际市场竞争力。

（6）项目组织利用集成管理思想指导项目技术管理工作，从项目技术管理组织集成、项目技术管理过程集成、项目技术知识和经验集成三个方面进行了有效管理，确保项目顺利通过业主和各方的验收。与此同时，企业在项目的技术过程管理中积累了丰富的技术知识和管理经验，增加了企业知识财富，促进了企业项目技术管理能力的提升。

（7）项目利用关键链项目管理思想，制订了科学的项目进度计划，建立了基于关键链的项目进度控制机制。在项目动态监测的基础上，对项目缓冲区进行监控，保障项目关键任务按照进度计划顺利实施，为实现项目工期目标提供了基本保证。ADAMA 风电 EPC 总承包项目是埃塞俄比亚第一个按期完工的电力工程项目，埃塞俄比亚政府和中国大使馆、中国进出口银行都给予了极高的评价。

（8）项目在管理过程中吸收了国外先进的项目风险管理的理念和方法，借鉴了国际工程项目风险管理经验，构建了项目从启动到收尾的生命全过程管理。企业级、项目部级、分包商级的多层级的全面组织风险管理，针对项目进度、费用、质量、HSE 要素，采用综合的手段进行项目风险规划、识别、评价、应对规划、监控的全方位管理，形成了项目的全过程、全方位、全系统、多维度风险管理模式，有效控制了项目实施过程中的各类风险，确保了项目的顺利实施。

（9）项目采购管理中引入供应链管理思想，以项目采购相关者管理和项目采购信息流管理实现项目供应链一体化。通过加强项目采购组织、计划、合同、协调、物流、仓储、评价的集成管理，提高了对项目采购的全过程监控，保障了项目采购进度、质量、费用目标的实现。

（10）项目物流是项目实施过程中关键的工作之一，尤其是大件设备的运输，其物流工期直接影响项目的工期。ADAMA 风电 EPC 总承包项目采用门到门的物流方式，减少了项目物资运输费用，降低了项目成本风险，并且有利于物资运输的整体筹划、组织、实施和控制，有效地提高了项目物流运输效率，实现了项目物资按期到货，保障了项目的工期。

（11）项目借鉴组织项目管理成熟度模型，根据自身的特点，建立了一套项目管理能力评价体系。通过项目管理评价体系的实施，总结了项目管理的经验和教训，持续改进企业现有的项目管理体系，提高了企业项目管理人员的决策水平和管理水平，增强了企业的综合实力。

（12）在 ADAMA 风电场运行一年后，公司基于 ADAMA 风电场全年的实际运行数据，对风电场的设备性能、发电能力、功率曲线以及电网符合性能等方面进行了分析总结，为提高 ADAMA 风电场运行维护效率和促进企业工程项目产品质量的持续改进打下了基础。

第2章 基于项目管理知识体系的风电EPC 总承包项目管理体系

近年来，随着世界经济一体化加速，国际工程承包市场愈发呈现出全球化的发展态势，国际工程承包市场的规模、范围和开放度逐步扩大，工程项目越发大型化、复杂化，项目所在地的政治、技术、文化、经济等情况各有不同，导致了国内企业对国际工程项目管理的控制难度不断增加，目前的项目管理机制已经不能满足国际项目管理发展的要求。因此，不断完善企业现有的管理模式，建立一套符合国际项目管理环境和规律的项目管理体系，是国内企业项目管理走向科学化、专业化、国际化的重要步骤。水电顾问集团就以PMBOK为基准，建立了这样一套科学管理体系。

ADAMA风电EPC总承包项目管理体系主要包括规划体系、实施体系、改进体系三部分。三个体系相互支撑、相互促进，密不可分，不但确保了ADAMA风电EPC总承包项目综合目标的实现，同时也为进一步提升企业的项目管理能力打下了坚实的基础。

2.1 项目管理体系构建的理论基础

2.1.1 项目管理体系的内涵

项目管理体系是指企业建立一套项目管理的标准方法，并与企业的业务流程集成在一起，形成以项目管理为核心，包括项目管理知识、工具、技术、方法、制度、程序、资源等要素的运营管理体系。项目管理体系不仅可以对项目进行有效的管理，大大提高项目完成的效率，而且能令企业积累丰富的项目管理经验，为企业的发展提供一笔宝贵财富。项目管理体系可以帮助企业解决以下的几项主要问题。

1. 做什么

完成项目到底需要做哪些工作，这是我们要解决的首要问题。因此，在项目管理体系中不仅包括项目的生命周期及对主要过程的定义，使大家对项目有总体认识，而且还要明确每个过程的输入条件是什么，需要经过哪些操作和工作，输出成果、阶段成果又是什么。在明确做什么的同时，还需要明确实施过程的操作规范及需要注意的事项等。

2. 谁来做

明确的角色和职责是项目顺利实施的保障。因此在体系中不仅要定义角色，而且要明确各角色的主要职责，确保每项工作责任到人。

3. 怎么做

在体系中不仅要给出工作流程，阐述工作主要步骤，而且需要明确操作规则和操作模板，以确保过程的一致性，避免人为因素带来的项目执行风险。

4. 如何控制

项目的执行会受到各种因素的干扰和影响，难免遇到这样那样的一些问题，关键是如何及时发现问题、妥善处理问题。因此体系中将阐述如何获取项目状态信息、发现执行偏差应该采用什么控制流程、由谁控制等问题。

5. 共同的语言和沟通平台

共同的语言和沟通平台是项目高效实施的保障，确保团队成员对过程、工作流程、操作要求理解的一致性是和谐工作的基础。因此，体系将给出标准术语及名词解释，以确保团队成员的一致性要求。

2.1.2 项目管理知识体系介绍

埃塞俄比亚 ADAMA 风电 EPC 总承包项目管理体系也在考虑项目特点的基础上，借鉴了国内外著名的项目管理知识体系的杰出成果。项目管理知识体系是项目管理体系的核心内容。目前国内外经典的项目管理知识体系及标准有以下几种。

1. 美国的项目管理知识体系 PMBOK

项目管理知识体系（PMBOK）是美国项目管理协会（Project Management Institute，PMI）于 1984 年首先提出的概念，并于 1987 年推出了第一个基准版本，随后 1996 ~ 2013 年共发布了 5 版《项目管理知识体系指南》（PMBOK® 指南）。

PMBOK 是项目管理职业的知识总和，是项目管理专业人员应该具备的一套完善的项目管理专业知识体系。PMBOK 核心理论知识包括项目生命周期与组织、项目管理过程、项目领域知识管理、专业知识领域。

（1）项目生命周期与组织。

不同项目的规模和复杂性各不相同，但不论其大小繁简，所有项目的生命周期都可以划分为启动项目、组织与准备、执行项目工作、结束项目四个阶段，如图 2-1 和图 2-2 所示。通常成本与人力投入在开始时较低，在工作执行期间达到最高，并在项目快要结束时迅速回落。干系人的影响力、项目的风险与不确定性在项目开始时最大，并在项目的整个生命周期中随时间推移而递减。因此，在不显著影响成本的前提下，改变项目产品最终特性的能力在项目开始时最大，并随项目进展而减弱，而变更和纠正错误的代价在项目接近完成时通常会显著增加。

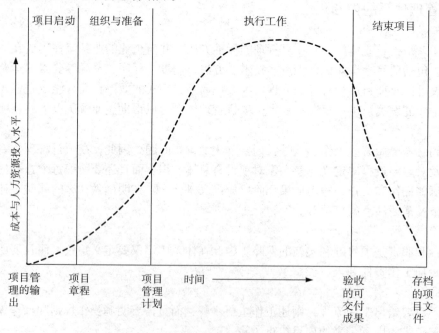

图 2-1　项目生命周期中典型的成本与人力资源投入水平

项目的干系人是积极参与项目或其利益可能受项目实施或完成影响的个人或组织（如客户、发起人、执行组织或公众），也可能对项目及其可交付成果和项目团队成员施加影响。为了明确项目的要求和所有相关方的期望，项目管理团队必须识别所有的内部和外部干系人。此外，为了确保项目成功，项目经理必须针对项目要求来控制各种干系人对项目的影响。图 2-3 显示了项目、项目团队和其他常见干系人之间的关系。

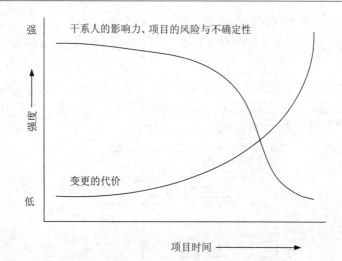

图 2-2 随项目时间而变化的变量影响

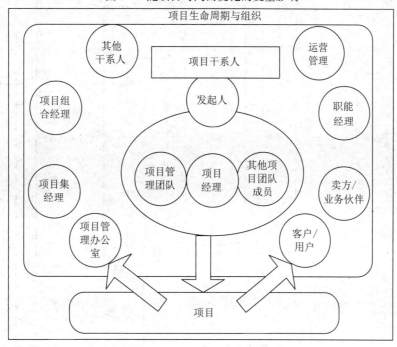

图 2-3 干系人与项目的关系

组织结构是一种事业环境因素,它可能影响资源的可用性,并影响项目的管理模式。组织结构的类型包括职能型、项目型以及位于这两者之间的各种矩阵型结构。不同的项目组织形式对项目实施的影响互不相同。在具体的项目实践中,究竟选择何种项目的组织形式没有一个可循的公式,一般只能在充分考虑各种组织结构的特点、企业特点、项目的特点和项目所处的环境等因素的条件下,然后才能做出较为适当的选择。

(2)项目管理过程。

项目管理就是将知识、技能、工具和技术应用于项目活动,以满足项目的要求,需要对相关过程进行有效管理。这是为完成预定的产品、服务或成果而执行的一系列相互关联的行动和活动。每个过程都有各自的输入工具和技术以及相应的输出。项目经理及其团队成员应认真考虑每一个项目过程及其输入和输出必经的过程,进行重点控制,保障项目顺利实施。PMBOK 的项目管理过程包括五大过程组。

1)启动过程组:获得授权,定义一个新项目或现有项目的一个新阶段,正式开始该项目或阶段。

2)规划过程组:明确项目范围,优化目标,为实施目标而制定行动方案。

3）执行过程组：完成项目管理计划中确定的工作以实现项目目标。

4）监控过程组：监控跟踪、审查和调整项目的进展和绩效，识别必要的计划变更并启动相应的变更程序。

5）收尾过程组：为完结所有过程组的所有活动以正式结束项目或阶段而实施的一组过程。

项目管理的 5 大过程组不是单独存在的，它们之间存在必然的关系，共同作用以保障项目目标实现，图 2-4 显示了项目管理过程组之间的关系。

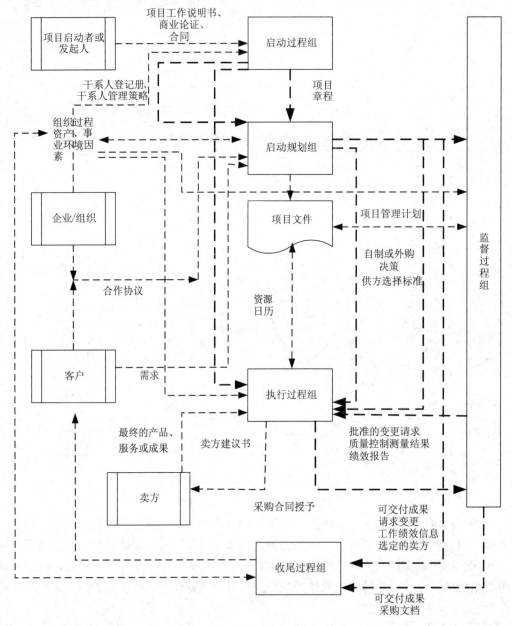

图 2-4　项目管理过程组之间的关系

注：深色虚线表示过程组织间的关系，浅色虚线表示过程组与外部因素的关系

（3）项目管理知识领域

项目管理知识领域是项目管理的具体内容。PMBOK 认为项目管理核心知识领域包括九大部分，即项目整合管理、项目范围管理、项目时间管理、项目费用管理、项目质量管理、项目人力资源管理、项目沟通管理、项目风险管理、项目采购管理，各个领域的核心工作如图 2-5 所示。

项目管理知识领域和项目管理过程组两者相互支持，相互作用，共同实现项目管理目标，图 2-5、

图 2-6 都显示了项目管理领域和过程组之间的关系。

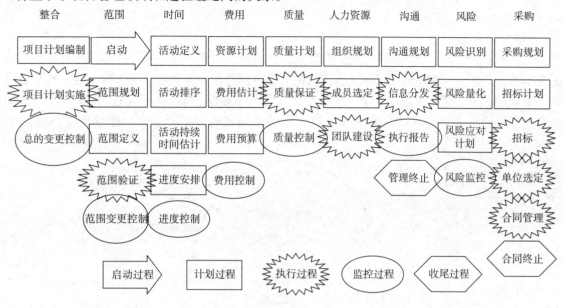

图 2-5　项目管理知识领域

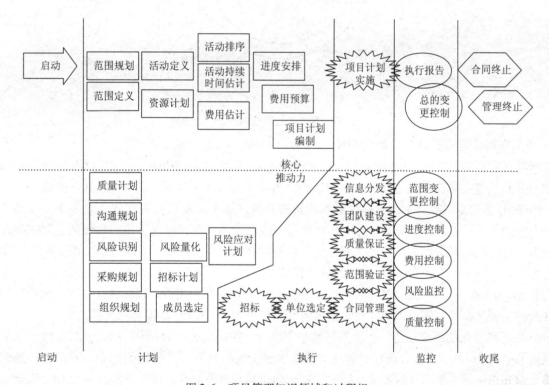

图 2-6　项目管理知识领域和过程组

（4）PMBOK 的专业知识领域。

管理项目所需的许多知识、工具和技术都是项目管理独有的，如工作分解结构、关键路径分析等。然而，单单理解和使用这些知识、技能和技术还不足以有效地管理项目，项目管理团队还必须能够理解和利用至少 5 个专业知识领域的知识与技能。

1）项目管理知识体系。

2）应用领域知识、标准与规章制度。

3）理解项目环境。

4）通用管理知识与技能。

5）处理人际关系技能。

图 2-7 表示了上述 5 个专业领域之间的关系。它们虽然表面上自成一体，但是一般有重叠之处，任何一方都不能独立存在。有效的项目团队在项目的所有方面都要综合运用这些知识，但没有必要使项目团队每一个成员都成为所有领域的专家，这事实上也是不可能的。然而，项目管理团队具备 PMBOK 指南的全部知识，熟悉项目管理知识体系与其他 4 个管理领域的知识对于有效地管理项目也是十分重要的。

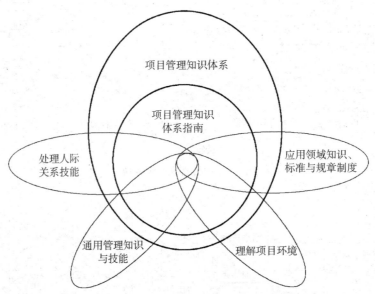

图 2-7 项目管理团队需要的专业知识领域

2. 中国项目管理知识体系 C-PMBOK

中国项目管理知识体系（Chinese-Project Management Body of Knowledge，C-PMBOK）是由中国（双法）项目管理研究委员会发起并组织实施的，2001 年 7 月推出了第 1 版，2006 年 10 月推出其第 2 版。

C-PMBOK 主要是以项目生存周期为基本线索展开的，从项目及项目管理的概念入手，按照项目开发的四个阶段，即概念阶段、规划阶段、实施阶段和收尾阶段，分别阐述了每一阶段的主要工作及其相应的知识内容，同时考虑到项目管理过程中所需要的共性知识和所涉及的方法工具。图 2-8 是 C-PMBOK 体系内容框架，图 2-9 是 C-PMBOK 知识模块及其关系。

与其他 PMBOK 相比较，C-PMBOK 的突出特点是以生存周期为主线，以模块化的形式来描述项目管理所涉及的主要工作及其知识领域。在知识内容和写作结构上，C-PMBOK 有几大特点。

（1）采用模块化的组合结构，便于知识的按需组合。模块化的组合结构是 C-PMBOK 编写的最大特色，通过 C-PMBOK 模块的组合能将相对独立的知识模块组织成为一个有机的体系，不同层次的知识模块可满足对知识不同详细程度的要求。同时，知识模块的相对独立性，使知识模块的增加、删除、更新变得容易，也便于将知识按需组合。模块化的组合结构是 C-PMBOK 开放性的保证。

（2）以生存周期为主线，进行项目管理知识体系知识模块的划分与组织。项目管理涉及多方面的工作，整个项目管理包含大量的工作环节，基于每一工作环节项目管理所用到的知识和方法都有一定的区别，这些相互联系的工作环节组合起来就构成了项目管理的整个周期。相应地，项目管理知识体系也可由其每一工作环节对应的知识构架而成，这也是 C-PMBOK 最基本的特点之一。在 C-PMBOK 中的大多数知识模块都是与项目管理的工作环节相联系的。基于这一思路，C-PMBOK 按照国际上通常对项目生存周期的划分，结合模块化的编写思路，分阶段提出了项目管理各阶段的知识模块，便于项目管理人

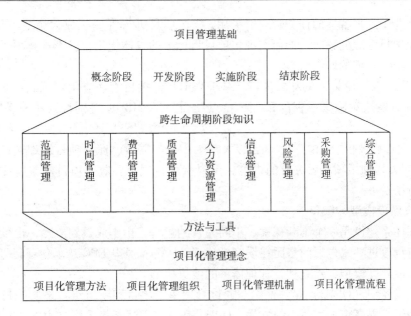

图 2-8　C-PMBOK 体系框架示意图

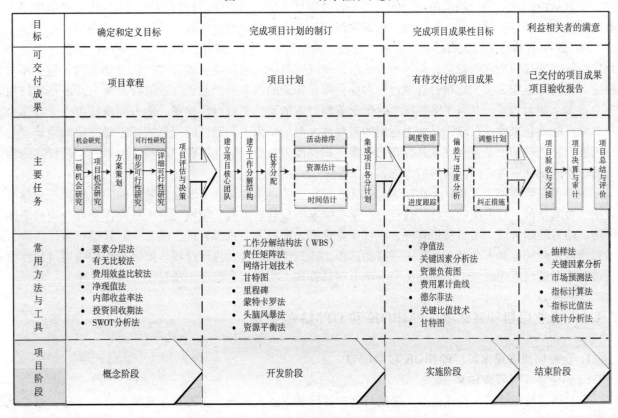

图 2-9　C-PMBOK 知识模块及其关系图

员根据项目的实施情况进行项目的组织与管理。

（3）体现中国项目管理特色，扩充了项目管理知识体系的内容。C-PMBOK 在编写过程中充分体现了中国项目管理工作者对项目管理的认识，加强了对项目投资前期阶段知识内容的讲解，同时将对项目后期评价的问题列入，在项目的实施过程中又强调了企业项目管理的概念。这些在 C-PMBOK 的内容上主要表现为以下几个方面：

1）"企业项目管理"作为一个重要的组成部分纳入到 C-PMBOK 中。国际上包括美国的 PMBOK 在内的各种 PMBOK 版本都是集中在单一项目的管理上，随着商业环境的变化和项目管理的发展，项目管理越来越多地为企业中各种各样的任务管理所采用,"按项目进行管理"成为企业项目管理的代名词。多项目管理是企业项目管理的核心,如何实现多项目目标上的整体优化,已不再是项目经理们所能解决的问题,而是企业项目管理的职责所在。

2) 强化了"项目前期论证"的相关内容。基于当前我国项目管理应用领域的现状,为满足投资项目管理的需要,特别是针对国家投资的重大、重点项目,C-PMBOK 特别加强了有关项目前期论证的内容。

3) 增加了"项目后评价"的内容,基于以客户为中心的需要,促使项目管理人员对项目实施过程进行总结。C-PMBOK 增加了项目后评价的内容,主要从项目竣工验收、项目效益后评价、项目管理后评价三个方面进行了扩展。

3. 组织项目成熟度模型 OPM3

企业项目管理体系建设是一个不断探索、不断完善的过程,由不成熟到成熟,由低级到高级,最后达到自我完善、持续改进。水电顾问集团在埃塞俄比亚 ADAMA 风电 EPC 总承包项目管理体系建设过程中,借鉴组织项目成熟度模型,建立项目管理体系的改进机制。

组织项目成熟度模型(OPM3)是评估组织通过管理单个项目和项目组合来实施自己战略目标能力的方法,还是帮助组织提高市场竞争力的方法。OPM3 是目前国际上最具影响力的项目管理成熟度模型之一,其从组织的战略与战术两个层面定义了通过项目实施组织战略的过程能力。并为使用者提供了丰富的知识和自我评估的标准,用以确定组织的当前状态,并制订相应的改进计划。

OPM3 模型的基本构成有:最佳实践、能力、关键性能指标、路径。最佳实践是指经实践证明并得到广泛认同的比较成熟的做法,即行业公认的实现既定目标的最佳途径或方法。它是动态的,但又相对稳定。能力是组织为了实施项目管理过程和交付项目管理的服务和产品而具备的特定能力。最佳实践由一个或多个能力构成,具备了某些能力就预示着相对应的最佳实践可以实现。能力的现状由一个或多个相关输出的现状来验证,输出是能力运用的有形或无形的结果。关键性能指标能够定量或定性地确定与一种能力相关的输出是否存在及其存在的程度。识别能力整合成最佳实践的路径,包括一个最佳实践内部的和不同最佳实践之间的各种能力的相互关系。

美国项目管理协会(PMI)的 OPM3 模型是一个三维的模型,第一维是成熟度的四个梯级——标准化的、可测量的、可控制的、持续改进的;第二维是项目管理的九个领域——项目整体管理、项目范围管理、项目时间管理、项目费用管理、项目质量管理、项目人力资源管理、项目沟通管理、项目风险管理和项目采购管理和五个基本过程——启动过程、计划编制过程、执行过程、控制过程和收尾过程;第三维是组织项目管理的三个版图层次——单个项目管理、项目组合管理和项目投资组合管理。

2.1.3 企业项目管理体系、PMBOK 和 OPM3 的关系

1. 企业项目管理体系、PMBOK 和 OPM3

(1) 企业项目管理体系。

企业项目管理体系是企业建立一套项目管理的标准方法,并与企业的业务流程集成在一起,形成以项目管理为核心的运营管理体系。项目管理体系是企业有组织地持续改进,有计划地挖掘成功经验和系统化管理创新的重要手段。它运用系统化的思维方式,综合企业项目管理中涉及到的多项目管理、项目群管理和单项目管理的问题,融入企业项目管理的策略和方法,规范项目的工作流程、操作规则及操作方法,方便项目考核评价,也为组织项目管理成熟度的评估奠定基础。

高效的项目管理体系能够支持项目管理的组织体系和企业环境,为企业带来体系化的项目管理理念、可视化的项目管理工具、动态化的过程控制方法以及程序化的项目作业流程。

项目管理体系是由最佳实践中总结提炼出来的管理工作标准。这套标准将组织的项目过程管理分成了独立而紧密联系的有机体,包括组织结构、制度、规范、流程、技术、方法、评估要求等全面的管理

要素。

（2）PMBOK。

PMBOK 是项目管理的知识总和，是项目管理专业人员应该具备的一套完善的项目管理专业知识体系。PMBOK 识别了项目管理知识中普遍公认的良好做法，其中普遍公认是指体系介绍的知识和做法在绝大多数情况下适用于绝大多数项目，其价值和实用性也得到了人们的广泛认同；良好做法是指一致认为正确应用这些技能、工具和技术能够增加范围极为广泛的各种不同类型项目成功的机会。良好做法并不是说这些知识和做法一成不变地应用于所有的项目。对一个指定的项目，项目管理团队负责决定体系中的哪些东西适用。

（3）组织项目管理成熟度模型（OPM3）。

组织项目管理成熟度模型（OPM3）为组织提供了一个测量、比较、改进项目管理能力的方法和工具。美国项目管理协会（PMI）认为 OPM3 是评估组织通过管理单个项目和项目组合来实施自己战略目标能力的方法，还是帮助组织提高市场竞争力的方法。OPM3 的目标是"帮助组织通过开发其能力，成功地、可靠地、按计划地选择并交付项目而实现其战略"。OPM3 为使用者提供了丰富的知识和自我评估的标准，用以确定组织当前的状态，并制定相应的改进计划。

2. 企业项目管理体系、PMBOK 和 OPM3 三者关系分析

企业项目管理体系、PMBOK 和 OPM3 是项目管理范畴内最为重要的内容，他们之间存在着如图 2-10 所示的关系。

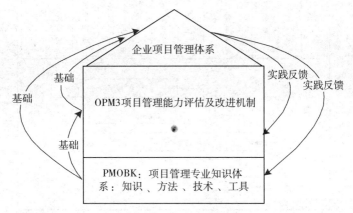

图 2-10　企业项目管理体系、PMBOK 和 OPM3 三者关系

PMBOK 是企业项目管理体系和 OPM3 构建的基础，为它们的建立和形成提供项目管理所需要的项目知识、技术、方法和工具。企业项目管理体系建设过程中需要各种项目管理知识、方法、技术、工具的支持，例如项目进度管理、质量管理、安全管理、费用管理、计划管理、环境管理等，而 PMBOK 正好识别和总结项目管理专业知识，可以支持企业项目管理体系的建立。OPM3 本身就是一种项目管理方法，它也是建立在 PMBOK 项目管理专业知识体系之上的。OPM3 为企业提供了一套有效的评估和改进机制，确保了项目管理体系的适用性和有效性。

企业项目管理体系的实践可指导 PMBOK 和 OPM3 进一步完善。理论知识的产生源于实践经验的总结。因此，企业项目管理体系在实施过程中不断进行经验总结分析，提出理论研究的方向和成果，经过检验之后可以指导 PMBOK 和 OPM3 进一步完成项目管理专业知识体系和项目管理评价和改进体系，保障项目管理理论的先进性。

以 PMBOK 和 OPM3 为理论基础的企业项目管理体系可以有效指导企业在项目组织、项目过程、项目领域以及项目评估和改进机制方面进行高效管理，提升企业的项目管理能力，增强企业的竞争力。

2.2 ADAMA 风电 EPC 总承包项目管理体系

ADAMA 风电 EPC 总承包项目管理体系是在借鉴国内外的项目管理知识体系（PMBOK）和组织项目管理成熟度模型（OPM3）基础上，结合国际风电 EPC 总承包工程项目特点以及企业管理模式而建立的。埃塞俄比亚 ADAMA 风电 EPC 总承包项目管理体系主要包含三个分体系：规划体系、实施体系、改进体系。这三个分体系相互支撑，相互促进，密不可分（见图 2-11）。

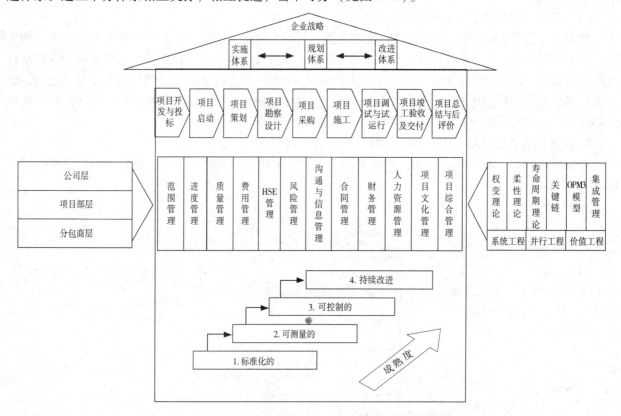

图 2-11　埃塞俄比亚 ADAMA 风电 EPC 总承包项目管理体系框架

2.2.1 项目管理规划体系

ADAMA 风电 EPC 总承包项目管理规划体系包括：体制规划、组织规划、文化规划。

1. 体制规划

体制规划是企业从项目管理的范畴出发，规划设计企业项目管理系统的结构和组织方式，即采用某种组织形式并将这些组织形式结合成为一个合理的有机系统，以某种手段、方法来完成管理任务，实现管理目标。体制规划的结果以企业管理制度呈现。企业通过研究分析，制定各种项目管理制度，规范企业项目管理系统结构和组织方式，明确项目管理范围、权限职责、利益及其相互关系，为项目高效管理提供体制保障。

水电顾问集团国际公司作为 ADAMA 风电 EPC 总承包项目管理执行单位，在集团公司的指导下，以项目管理为核心，建立起一套完整的项目管理制度体系，明确了项目从项目立项决策、项目开发与投标到项目执行等全生命周期管理模式、职责和流程，为项目的顺利实施提供了良好的体制保障。

2. 组织规划

组织规划是基于企业的功能与战略目标，明确企业项目管理组织模式、管理职能框架，结合企业管理现状和项目自身特点整合、优化组织机构，提高企业项目的管理效益。项目管理组织模式是组织规划的重点，是明确组织进行管理的基本思路。

作为 ADAMA 风电 EPC 总承包项目的决策主体，国际公司从自身管理情况和项目自身特点出发，设计了以联营体项目管理委员会为项目决策机构，国际公司为执行监管机构，项目部为项目管理机构、分包商为项目操作机构的组织管理模式，为项目顺利实施提供了有效的组织保障。

3. 文化规划

企业文化是企业上下对信念、价值追求的共识。这种文化深深嵌入在企业的政策、制度、运营、流程和日常工作中。从管理学的角度来讲，项目管理是一系列的工作价值观和独特的管理哲学。在一个组织中从无到有推行项目管理，必然要进行相应的组织文化变革，把项目管理所要求的价值观内在化，使组织文化在潜移默化中朝着适应项目管理的方向发展，形成新的文化氛围。

企业应在项目管理体系中加入文化体系，重点营造符合企业自身文化的项目文化，凸显企业特色。文化规划一般可以从战略决策层、流程制度层、管理执行层三个方面进行规划建设。

ADAMA 风电 EPC 总承包项目管理体系中规范了项目文化建设的内容以及措施。项目实施过程中，项目管理团队形成以水电顾问集团文化为主体、以具体项目文化为特点的、符合中国特色的项目管理文化。例如项目部成员属地化管理、项目部在当地履行社会责任构建和谐文化、项目部党建建设等文化建设活动，得到了集团公司、埃塞俄比亚政府等项目相关方的认可。

2.2.2　项目管理实施体系

ADAMA 风电 EPC 总承包项目管理体系的实施体系包括管理领域、生命周期和项目管理基本过程三个维度，如图 2-12 所示。

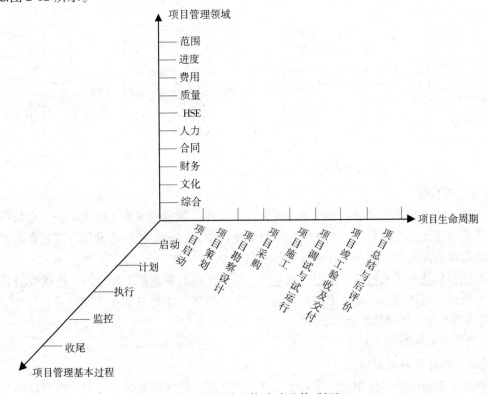

图 2-12　项目管理体系-实施体系框架

1. 项目管理领域维度

根据美国的 PMBOK 和 GB/T50358《建设项目工程总承包管理规范》、GB/T50326《建设工程项目管理规范》的理论以及企业国际工程项目管理的经验，确立了 ADAMA 风电 EPC 总承包项目管理领域维度（见图 2-13），具体包括：项目范围管理、项目进度管理、项目费用管理、项目质量管理、项目 HSE 管理、项目风险管理、项目合同管理、项目财务管理、项目人力资源管理、项目文化管理、项目综合管理。

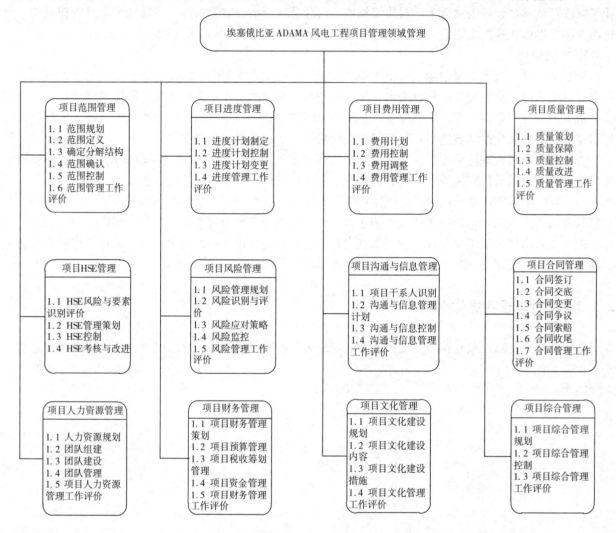

图 2-13　埃塞俄比亚 ADAMA 风电 EPC 总承包项目管理领域框架

（1）项目范围管理。

项目范围指为了成功达到项目目标，规定要完成的工作。项目范围首先确定哪些工作是项目应该做的，哪些工作不应该包含在项目内；其次确定项目管理的模式，确定项目的发包方式和发包范围，确定哪些工作属于总承包商完成，哪些工作应由分包商完成的。

项目部在项目启动和策划阶段，根据总包合同，界定了项目管理的工作边界，明确项目目标和项目的主要可交付成果。选择项目范围作为重点控制要素，是为以下工作奠定基础：

1）提高费用、时间估算的准确性。

2）确定进度测量和控制的基准。

3）清楚地分派任务并确定责任。

项目部制定了项目范围管理制度，规定了项目范围规划、定义与确认、控制等内容以指导项目范围管理。

（2）项目进度管理。

项目进度管理的目的是在规定的时间内，拟定出合理且经济的进度计划（包括多级管理的子计划）。在执行该计划的过程中，检查实际进度是否按照计划进行，若出现偏差，应及时找出原因，采取必要的补救措施，或调整、修改原计划，直至项目完成。

在项目启动和策划阶段，ADAMA 风电 EPC 总承包项目部根据总包合同，制订项目里程碑计划作为项目管控的指导性计划。项目部按项目工作分解结构逐级管理，控制基本活动的进度，从而控制整个项目的进度。项目部利用关键链理论思想，结合赢得值管理技术和工程网络计划技术进行项目基本活动的进度控制，确保项目进度目标的实现。

项目部制定了项目进度管理制度，规定了各级进度计划制定、进度计划控制、进度计划变更等内容以指导项目进度管理。

（3）项目费用管理。

项目费用管理的目的是在批准的费用计划条件下，确保工程项目保质按期完成。ADAMA 风电 EPC 总承包项目部在项目预算目标的指导下，制定了项目费用控制制度，规定了费用控制目标、制定费用计划、费用控制、费用调整等内容以指导项目费用管理。

（4）项目质量管理。

质量是工程项目的重点管理内容。工程项目的成功与否，主要是取决于工程项目的质量是否符合要求，如果质量没有达到项目所在地政府、行业、业主和合同规定的要求，这个项目就是失败的。要使工程项目质量符合要求或标准，必须对质量进行有效的管理。

ADAMA 风电 EPC 总承包项目质量管理贯穿项目管理的全部过程，坚持"计划、实施、检查、改进"的循环工作方法，持续改进项目管理过程的质量和交付实体的质量。项目部在公司综合管理体系的指导下，结合质量标准、规范，制定了质量管理制度，规定了项目质量方针和目标，同时规定了质量策划、质量控制、质量保证、质量改进等内容，以指导项目质量管理。

（5）项目 HSE 管理。

项目的安全管理必须坚持"安全第一，预防为主，综合治理"的方针。通过系统的危险源辨识和风险评估，制订并实施安全管理计划，对人的不安全行为、物的不安全状态、环境的不安全因素以及管理上的缺陷进行有效控制，保证人身和财产安全。

项目的职业健康与环境管理应坚持"以人为本"的方针。通过系统的污染源辨识和评估，全面制订并实施职业健康与环境管理计划，有效控制噪音、粉尘、有害气体、有毒物质和放射物质等对人体的伤害和对项目周围环境的影响。

项目贯彻执行安全设施和职业病防护设施工程与主体工程同时设计、同时施工、同时投入使用的"三同时"原则。根据项目环境影响报告和总体环保规划，全面制订并实施总承包范围内环境保护计划，有效控制污染物及废弃物的排放，同时进行有效治理；保护生态环境，防止因工程建设和投产后引起的生态变化与扰民现象；防止水土流失；进行绿化规划等。

ADAMA 风电 EPC 总承包项目部在公司综合管理体系指导下，建立了项目 HSE 管理体系，编制项目 HSE 管理制度文件和应急预案，指导项目 HSE 管理。

（6）项目风险管理。

风险管理是对项目实施过程中可能出现的影响工程建设的各种因素进行识别、评价以及控制的过程。在项目实施过程中，项目风险识别、评价和控制是一个动态循环的过程。ADAMA 风电 EPC 总承包项目部建立了包括项目风险管理规划、风险的识别与分析、风险应对、风险监控等内容的管理机制，指导项目风险管理。

（7）项目沟通与信息管理。

沟通与信息管理是指管理组织对项目全过程所产生的各种信息能及时、准确、高效地进行管理，为项目实施提供高质量的信息服务。在项目启动与策划阶段，ADAMA 风电 EPC 总承包项目部通过对项目干系人的识别，建立了一套与业主、监理、分包商、当地中国大使馆、当地政府机关、中国进出口银行等干系人的信息与沟通机制，编制了项目沟通与信息管理计划，明确了项目的外部沟通管理、项目文档管理、项目信息管理等内容，保障项目信息的顺利传递与沟通。

（8）项目合同管理。

项目合同是项目业主或其代理人与项目承包人或供应商为完成某一确定项目指向的目标或规定的内容，用以明确相互的权利义务关系而达成的协议。在合同管理过程中项目管理组织应遵守依法履约、诚实信用、全面履行、协调合作、维护权益和动态管理的原则，严格执行合同。ADAMA 风电 EPC 总承包项目部为更好地进行合同管理，制定了项目管理制度，规定了总包合同和分包合同管理内容，具体包括合同签订、交底、变更、争议处理、索赔、收尾等。

（9）项目人力资源管理。

项目人力资源管理是对项目人力资源的取得、培训、保持和利用等方面所进行的计划、组织、领导和控制活动。在项目启动阶段，ADAMA 风电 EPC 总承包项目部制订了人力资源计划，设计了项目内部组织结构以及各岗位职责，提出了项目团队建设、项目成员管理的要求和原则。除此之外，项目部还充分考虑了国际项目管理的特点，积极推进项目部分人员属地化管理，提高项目人力资源管理效率。项目部结合集团公司人力资源管理制度规定，制定了项目人员管理制度，明确了中方人员和当地人员管理要求，以指导现场人员管理。

（10）项目财务管理。

财务管理是企业管理的一个组成部分。它是根据财务法规制度，按照财务管理的原则，组织企业财务活动，处理财务关系的一项经济管理工作。项目财务管理是以企业项目管理活动为对象所进行的财务管理活动。ADAMA 风电 EPC 总承包项目部在集团公司财务制度体系的指导下，建立项目财务管理制度，规范项目预算管理、项目税收筹划管理、项目资金管理等内容。

（11）项目文化管理。

项目文化是项目成员在项目实施过程中树立的思想作风、价值观念和行为规范，是指导项目成员观察、思考和感受有关问题的方式。项目文化管理包括项目文化建设规划、建设内容、建设措施以及建设的总结和评价等内容。ADAMA 风电 EPC 总承包项目部积极创建项目文化，提高水电顾问集团的知名度和美誉度，为中国企业在国外市场创造了良好的声誉。

（12）项目综合管理。

项目综合管理主要是针对项目实施过程中所有支持服务工作的管理。在项目启动与策划阶段，ADAMA 风电 EPC 总承包项目部制订了综合管理计划，规定了现场临时办公室设置及管理、项目部管理人员临时住宿及生活服务管理、办公设备管理、项目 CI 管理、项目外事管理等内容。

2. 项目生命周期维度

ADAMA 风电 EPC 总承包项目生命周期阶段的划分如图 2-14 所示。

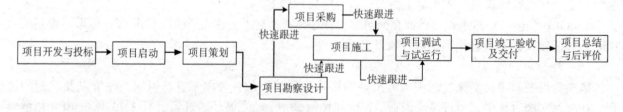

图 2-14　ADAMA 风电 EPC 总承包项目生命周期管理

（1）项目开发与投（议）标。

项目开发与投（议）标是项目合同签订之前的准备工作。项目开发与投（议）标的一般工作包括：市场信息跟踪、编制项目建议书、项目立项、项目投（议）标准备、项目投（议）标、合同签订。项目开发与投（议）标作为项目实施管理的前期工作，在本书中不作为重点研究的对象。

（2）项目启动。

ADAMA 风电 EPC 总承包项目在项目启动阶段中主要的任务包括：召开启动会，分配任务，编制项目执行方案，任命项目经理，工作交接，组建项目部，签订项目目标责任书。

（3）项目实施策划。

项目策划是针对项目本身特点，对项目管理目标、管理措施、管理方法和管理手段进行科学分析和论证的方法。ADAMA 风电 EPC 总承包项目策划一般包括项目实施总体策划、范围管理策划、进度管理策划、质量管理策划、职业健康安全管理策划、费用管理策划、项目风险管理策划、项目人力资源管理策划等，也可以根据项目的规模和特点，简化项目策划的内容。

（4）项目勘察设计管理。

根据工程项目合同内容，企业承担相应的项目勘察和项目设计工作。为了确保勘察设计工作符合工程项目合同要求，企业应进行有效的项目勘察设计管理。ADAMA 风电 EPC 总承包项目勘察设计管理包括项目勘察设计管理策划、项目勘察设计分包、项目勘察设计过程控制、现场设计服务管理等。

（5）项目采购管理。

采购工作是项目实施的重点，是决定项目成本、质量、进度三大目标的关键，因此建立有效的采购管理制度与流程，有助于项目采购管理效率的提升，有助于项目的成功。ADAMA 风电 EPC 总承包项目采购管理包括编制项目采购计划、采买、催交与检验、包装与物流、现场交付与技术服务、分包商采购管理、项目保险管理以及售后服务等。

（6）项目施工管理。

工程项目施工遵守工程所在国和所在地的法律法规，按照设计文件、合同约定的规程、规范、标准的要求，组织实施工程建筑施工、安装、单机调试、联动调试及竣工试验，直至工程竣工验收和工程移交工作，保证工程建设施工的安全、质量、进度和费用目标的完成。ADAMA 风电 EPC 总承包项目施工管理包括施工分包、施工现场准备、开工、施工过程管理、公司项目监督检查、工程交接以及施工接口管理。

（7）项目调试与试运行管理。

调试与试运行始于所有设备安装完工，包括设备调试，单机启动调试运行、整套启动调试运行和生产考核。ADAMA 风电 EPC 总承包项目调试与试运行管理包括编制调试与试运行计划和方案、调试与试运行控制以及调试与试运行接口管理。

（8）项目竣工验收及交付管理。

项目竣工验收是项目建设的最后阶段，是在分项、分部和单位工程验收的基础上进行的，是全面考核项目建设工作，检查是否符合设计要求和工程质量的必要环节。ADAMA 风电 EPC 总承包项目竣工验收及交付管理包括项目竣工验收、项目交付、项目收尾管理。

（9）项目总结与项目后评价。

项目总结是对项目生命周期内各项活动实践的全面回顾、检查和总结。项目后评价是指对已完成项目的目的、执行过程、效益、作用和影响进行系统的、客观的分析，确定项目预期的目标是否达到，项目是否合理有效，项目的主要效益指标是否实现。通过及时有效的信息反馈，为提高未来新的项目决策和管理水平提供基础。在项目结束后，项目管理组织应组织进行项目总结和项目后评价，并将总结与评价结果作为组织管理能力改进的重要输入数据。ADAMA 风电 EPC 总承包项目部组织相关参建单位、项目团队进行项目管理总结，并策划了项目后评价。

3. 项目管理过程维度

ADAMA 风电 EPC 总承包项目管理遵循项目管理的五个基本过程组，即启动、计划、执行、监控、收尾，如图 2-15 所示。

五个基本过程组贯穿于 ADAMA 风电 EPC 总承包项目管理的生命周期过程和领域管理过程。项目每

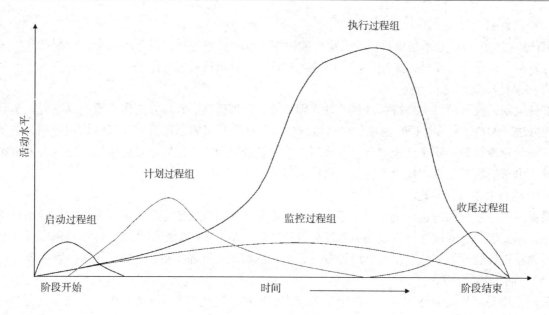

图 2-15　项目管理基本过程组

一周期阶段或领域管理都基本包含从启动到收尾的五个过程组。例如项目设计管理可以按照项目管理五个基本管理过程组进行管理，包括项目设计工作启动、项目设计工作计划、项目设计工作具体执行、项目设计工作执行过程控制以及项目设计工作完成后的收尾，如图 2-16 所示。五个基本过程组的划分使项目管理更加系统化，管理重点更加明确，项目管理效率大大提高。

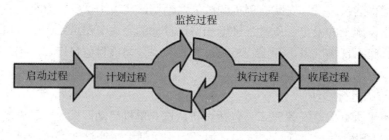

图 2-16　项目设计管理中的管理过程

2.2.3　项目管理改进体系

ADAMA 风电 EPC 总承包项目管理体系在借鉴 OPM3 和 ISO9000 质量管理体系持续改进机制上，建立了 ADAMA 风电 EPC 总承包项目管理体系的改进体系，主要包括两部分内容：基于项目成熟度模型的项目能力评价机制和项目管理体系的审核机制。

1. 基于项目成熟度模型的项目能力评价机制

企业利用项目成熟度模型对项目管理能力进行全面评估，了解企业项目管理能力所处级别，从而决定是否制定项目管理能力的改进措施。ADAMA 风电 EPC 总承包项目管理体系本身是基于项目管理成熟度建立的，因而更有利于项目管理能力的评价，评价结果更具有科学性和针对性。

ADAMA 风电 EPC 总承包项目成熟度模型分为 4 级，根据评估结果可以确定项目管理能力处于哪一级别，然后再根据所处的级别以及具体因素评价结果制定改进措施，使企业有序地对项目管理能力进行改进和提升。如图 2-17 所示，基于项目成熟度的项目管理能力评价是一个循环机制，不断促进企业项目管理能力的提升。

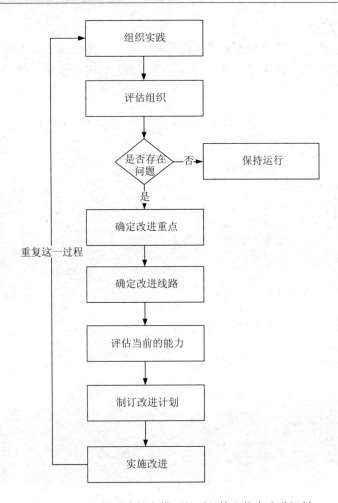

图 2-17　基于项目成熟度模型的项目管理能力改进机制

2. 项目管理体系审核机制

ADAMA 风电 EPC 总承包项目管理体系借鉴了 ISO9000 质量管理体系、ISO14000 环境管理体系、OHSAS18000 职业健康安全管理体系的审核机制，每年组织对企业项目管理体系的运行情况进行内部审核，发现体系中或执行过程中不符合规定的事项，及时制定相应的整改措施，确保项目管理体系的有效性和适宜性。

ADAMA 风电 EPC 总承包项目管理体系审核包括文件审核和项目管理现场审核。文件审核主要是针对项目管理过程中涉及的管理制度文件以及运行记录进行审查，确保项目管理制度的有效性、适宜性，确保项目管理记录的完整、规范、真实性。现场审查主要是通过检查项目管理人员及操作人员的工作情况，进一步对项目管理体系运行情况进行检查。审核结果作为项目管理体系改进基准，有针对性地进行项目管理体系持续改进。

2.2.4　总结与展望

ADAMA 风电 EPC 总承包项目管理体系是在借鉴 PMBOK、组织成熟度模型以及国内工程项目管理标准的理论，结合项目自身特点，建立的一个系统的有机整体。它由三个子体系组成，而三个子体系又由若干更小的体系组成，所有体系都是相辅相成的，充分体现了系统的特征。

本项目管理体系的建设对 ADAMA 风电 EPC 总承包项目的成功起到了关键性的作用，它规范并指导着项目管理过程，提供一致的项目管理方法和通用的项目管理术语，同时提供了可预见的质量保障和项目经验的积累以及有效改进机制。

　　ADAMA 风电 EPC 总承包项目管理体系的建设虽然取得了一定的成功，但是面对企业未来的发展以及市场环境的变化，企业应该不断完善自身的项目管理体系，提升企业项目管理能力，应对未来国际市场竞争，确保企业稳健发展。

第 3 章　系统原理——ADAMA 风电 EPC 总承包项目管理策划

项目管理策划是项目管理实施之前，针对项目本身的特点，为实现项目目标，对项目的实施进行综合规划，包括项目各项目标的确定、项目组织机构建立、分包方案、采购方案、重要管理措施、风险分析以及风险管控等，是项目顺利实施的最基本的保障。ADAMA 风电 EPC 总承包项目运用系统管理原理，在前期项目启动和策划阶段分析项目特点、项目合同条款要求以及内外部环境的基础上，进行了项目执行和实施策划，有效地指导了后期的实施活动。

3.1　系统原理

3.1.1　系统的概念和特征

1. 系统的概念

系统是指由若干相互联系、相互作用的部分组成，在一定环境中具有特定功能的有机整体。组成系统的各个部分，被称为要素、单元或子系统。项目管理可以看作是一个系统，它可以分为项目计划系统、组织系统、领导系统、控制与协调系统。

2. 系统的特征

（1）整体性。

系统的整体性又称为系统性，通常可理解为"整体大于部分之和"，也就是说，系统的功能不等于要素功能的简单相加，往往要大于各个部分功能的总和。它表明要素在有机地组织成为系统时，已具有其构成要素本身所没有的新质，例如工程项目中将建筑用的钢筋、沙石、水泥混合起来，可以支撑高楼大厦，产生的力和作的功，比这些材料单独存在时不知要大多少倍。

根据整体性的这一特点，我们在研究任何一个对象的时候，不能仅仅研究宏观上的整体或是各个孤立的要素，而应该了解整体的要素组成以及各要素在宏观上构成整体的功能。从整体角度看待项目管理，对项目管理系统来说，项目管理者不仅应考虑项目本身的特点，还需考虑项目对企业的影响；对国际工程项目，还需考虑项目对国家的影响。

（2）层次性。

任何较为复杂的系统都有一定的层次结构，其中低一级的要素是它所属的高一级系统的有机组成部分。项目管理系统必然存在着若干层次，各层次之间又相互交叉，相互作用。因此，研究项目管理系统的层次性对于实行有效管理具有重要的意义。当我们面临一个复杂的项目管理系统时，首先应搞清它的系统等级，明确要在哪个层次上研究该项目管理系统；其次，运用分析和综合的方法，根据项目管理系统的实际情况，把系统分为若干个层次；第三，把系统的各个部分、各个方面和各种因素联系起来，考察系统的整体结构和功能。在此基础上，进一步明确层次间的任务、职责和权利范围，使各层次能够有机地协调起来。

（3）目的性。

所谓目的性，是指系统在一定的环境下，必须具有达到最终状态的特性。它贯穿于系统发展的全过程，并集中体现了系统发展的总倾向和趋势。一般而言，系统的目的性与整体性是紧密联系在一起的，若干要素的集合，就是为了实现一定的目的。可以讲，没有目的就没有要素的集合。在实践活动中首先必须确定系统应该达到的目的，明确系统可能达到什么样的最终状态，以便依据这个最终状态来研究系统的现状与发展；其次，实行反馈调节，使系统的发展顺利导向目的。

（4）适应性。

任何系统都存在于一定的环境之中，都要和环境有现实的联系。所谓适应性，就是指系统随环境的改变而改变其结构和功能的能力。对于项目管理系统，其适应性体现在项目管理系统持续改进的能力。高效的项目管理系统会制定项目管理改进机制，不断根据内外部环境变化，改进项目管理系统，确保系统适应组织对项目管理的需求。

3.1.2 系统原理的基本思想

系统观念的出现虽然由来已久，但真正明确地将系统论作为一门崭新学科提出却是在 20 世纪 40 年代。美籍奥地利人、理论生物学家 L. V. 贝塔朗菲（L. V. Bertalanffy）在 1945 年出版了重要论著《关于一般系统论》，1968 年又写作了较完整阐述其系统论思想的代表著作《一般系统论的基础、发展和应用》。

系统论的基本思想方法，就是把所研究和处理的对象，当作一个系统，分析系统的结构和功能，研究系统、要素、环境三者的相互关系和变动的规律性，通过优化系统结构使其达到整体最优目标。系统论与传统的思维方式相比存在几个特点。

（1）整体性。

系统论认为世界是关系的集合体，根本不存在所谓不可分析的终极单元。关系对于关系物是内在的。系统论的整体性特征要求我们必须从非线性作用的普遍性出发，始终立足于整体，通过对部分与部分之间、整体与部分之间、系统与环境之间复杂的相互作用、相互联系的考察达到对对象的整体把握。简单来说，首先单因素分析进入到多因素分析；其次，模型本身成为认识目的；最后，从功能到结构。

（2）结构性和联系。

系统论认为系统内部的结构和联系决定了系统整体的性质。系统元素的性质、数量、比例、空间排列及时序组合构成了系统的结构，系统间发生的物质、能量、信息的传递和交流则是系统的联系。结构和联系的不同导致系统具有不同的性质和功能，我们要认识某一系统就要弄清此系统的结构和联系，要改造某一系统就要调整此系统的结构和联系。

（3）开放性。

系统论认为世界是相互联系的整体。每个系统都与其他系统存在联系，没有完全独立的系统存在，因此系统的性质和功能不能不受到环境的影响和制约。传统的思维方式认为事物是一个封闭的系统。系统论认为一个有机系统必须对外开放，与外界进行物质、能量和信息的交换，才能维持其生命。

（4）动态性。

一切实际系统由于其内外部联系复杂的相互作用，总是处于无序与有序、平衡与非平衡的相互转化的运动变化之中，任何系统都要经历一个系统的发生、维持、消亡的不可逆的演化过程。由此可见，系统存在本质上是一个动态过程，系统结构不过是动态过程的外部表现。而任一系统作为过程又构成更大过程的一个环节、一个阶段。

3.1.3 系统原理在项目管理中的应用原则与要求

在项目管理学科范畴内，系统原理是指人们在从事项目管理工作时，运用系统的观点、理论和方法对项目管理活动进行充分的系统分析，以达到项目管理的优化目标，即从系统论的角度来认识和处理项目管理中出现的问题。项目管理者要实现项目管理的有效性，就必须进行充分的系统分析，把握住项目管理的每一个要素及要素间的联系，实现系统化的项目管理。

1. 系统原理在项目管理中的应用原则

（1）动态相关性原则。

该原则是指任何项目管理系统的正常运转，不仅要受到系统本身条件的限制和制约，还要受到其他有关系统的影响和制约，并随着时间、地点以及人们的努力程度而变化。

（2）整分合原则。

该原则的基本要求是充分发挥各要素的潜力，提高项目管理组织的整体功能，即管理者首先要从整体功能和整体目标出发，对项目管理对象有全面的了解；其次，要在整体规划下实行明确的、必要的分工或分解；最后，在分工或分解的基础上，建立内部横向联系或协作，使系统协调配合、综合平衡地运行。

（3）反馈原则。

成功高效的管理，离不开灵敏、准确、迅速的反馈。项目管理系统中的信息反馈机制是项目管理高效的保障。

（4）封闭原则。

该原则是指任何一个项目管理系统内部的管理手段、管理过程等必须构成一个连续封闭的回路，才能形成有效的管理活动。该原则的基本精神是项目管理系统内各种管理机构之间、各种管理制度和方法之间必须相互制约，管理才能发挥作用。

2. 系统原理运用于项目管理实践中的要求

（1）对项目管理的对象进行系统的分析，包括系统中各个要素、结构、功能、集合、联系、历史等方面。

（2）项目管理的决策和措施建立在系统分析的基础之上。根据系统的目的性，要坚持一个项目管理系统只有一个目的，其子系统要围绕这个目的形成合力，统筹运动。

（3）根据系统的整体性特征，项目管理过程中必须树立全局观点，不能孤立地看问题，局部利益服从整体利益，处理好国家、企业、项目干系人和个人的关系，克服本位主义及自给自足的小生产思想。

（4）根据系统的层次性特征，项目管理系统内部应建立合理的层次结构，上一层级只管下一层级，下一层级只对上一层级负责。领导只做本级领导岗位职责的事，各层做好各层的事。职责分明，各司其职，各负其责。

3.2   ADAMA 风电 EPC 总承包项目管理策划

任何工程项目的管理活动都需要科学整合，需要科学的项目管理策划进行统筹安排，环境复杂的国际工程项目更是如此。对于 ADAMA 风电 EPC 总承包项目的管理，我们首先按照系统理论和方法进行了项目执行策划，然后在此基础上，分别针对项目的各个核心管理领域进行策划，实现了项目策划的整体性、动态性、开放性和权变性。

3.2.1   项目执行策划

ADAMA 风电 EPC 总承包项目执行策划基于系统原理，针对工程所在国项目建设环境条件，在项目启动阶段，项目管理组织依据项目招标文件、合同约定和企业管理层的要求，对项目实施的关键环节、关键流程、关键资源和控制节点进行梳理后，编制了《项目执行方案》，旨在明确项目目标、确定项目管理模式、组织结构、职责分工、资源配置、风险管控、制度建设、信息沟通和对策措施等。

1. 项目成果交付

ADAMA 风电 EPC 总承包项目交付成果为：完成风电场建筑工程，包括综合楼、高低压配电房、综合库房以及其他附属用房；完成交通工程，包括进场道路与场内道路；完成设备安装工程，包括 GW77/1500 型风机 34 台（单机容量 1.5MW，总装机容量 51MW）、34 台箱式变电站和升压站设备（电气一次、二次设备）；完成线路工程，包括 132kV 输电线路（含变电站扩建间隔）、33kV 集电线路。实现 ADAMA 风电场商业运行，确保该风电场满足多年平均年上网发电量 1.574×10^8 KW·h、平均上网等效满负荷 3087h 的设计能力。

2. 明确项目目标

ADAMA 风电 EPC 总承包项目的总体目标：按照中国技术标准设计，工程建设质量目标符合合同标准；开工后 6 个月首批 10 台机组发电、12 个月全部 34 台机组投产发电；不发生安全责任事故；保障员工的健康，保护项目建设区域环境，实现项目预期收益，同时树立中国工程承包商在埃塞俄比亚的良好形象。

3. 建立项目管理组织

（1）项目管理组织模式。

ADAMA 风电 EPC 总承包项目联营体成立了项目管理委员会（以下简称"管委会"）负责项目监控，联营体委托水电顾问集团国际公司负责具体项目执行管理。ADAMA 风电 EPC 总承包项目组织模式如图 3-1 所示。

1）项目决策层：管委会负责项目执行过程中重大事件的决策及协调处理。

2）项目监管层：国际公司作为项目执行管理单位，负责制定并下达项目管理目标，实施项目具体监管，负责指导、监督、检查项目部工作。管委会在国际公司项目管理部门设有办公室，负责处理管委会关于项目管理的日常工作。

3）项目管理层：项目部是项目执行和管理的主体，项目部机构的组建由国际公司牵头负责，联营体双方派人参与。项目部具体负责项目实施、过程控制及分包商的管控。

4）项目操作层：分包商作为项目执行操作层，负责工程项目操作实施。

（2）项目部组织机构。

ADAMA 风电 EPC 总承包项目部是项目执行实施管理机构，设有项目经理、党支部书记、副经理、总工、安全总监等职位，下属包括综合管理部、财务资金部、工程部、对外联络部和国内事务部，负责项目具体实施管理工作。项目部组织机构如图 3-2 所示。

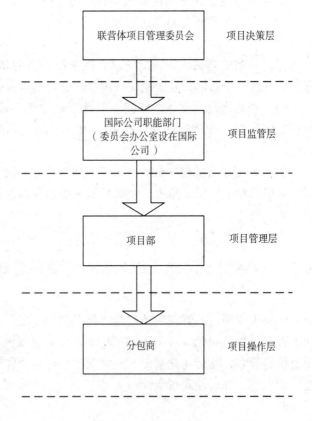

图 3-1　管理组织层级

4. 项目分包方案策划

如何确定项目的分包，实质上是如何确立资源组织模式的问题。本项目的分包采取了主要设备和材料集中采购管理、建安工程分包、设计分包的项目分包管理模式。

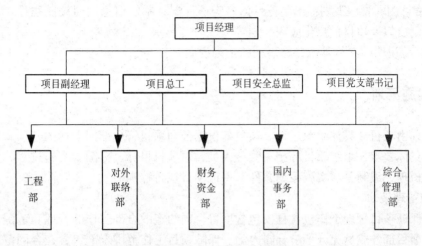

图 3-2　ADAMA 风电 EPC 总承包项目执行机构框图

5. 财务税收策划

国际项目的重要特点除了项目所在地在境外之外，还涉及人员国际化、设备材料采购国际化，最重要的是涉及法律国际化、货币国际化。

该项目虽然使用了中国优惠买方信贷资金，但资金的币种包括 15% 自筹资金为当地币，其余 85% 为美元。项目签约后，面临国际金融危机的大环境，项目成本控制受到美元对人民币贬值与当地货币通货膨胀的双重压力。为有效控制项目成本，根据项目合同的收款计划，在熟悉并掌握项目属地税务规定的基础上，减少项目财务税收的费用损失。因此，项目的财务税收策划就显得十分重要，该项策划与管理工作贯穿于项目始终。

6. 项目风险分析与控制策划

根据项目特性与项目执行的相关需求与条件，以合同为基础，分析项目存在的主要风险，建立风险管控机制，提出风险防范与管控要求，落实风险管理责任。

7. 提出项目管理领域策划要求

针对项目管理领域，项目部组织管理人员进行策划，具体包括：

（1）合同管理策划：建立合同管理组织、合同分包、合同变更、索赔、争议、文档、收尾的管理等。

（2）资源管理策划：编制项目资源配置计划，制定资源控制、调整、优化措施等。

（3）质量控制策划：按照质量目标，建立质量管理组织，编制项目质量计划，建立项目质量保证体系，制定项目质量控制程序，建立项目质量反馈、质量改进等机制。

（4）进度控制策划：按照进度目标，建立进度管理体系，编制项目进度计划体系，明确进度控制工具与方法，制定进度控制与保证措施等。

（5）费用控制策划：按照费用控制计划目标，建立费用管理体系，编制费用控制基准，明确费用控制方法，制订费用控制措施等。

（6）安全环境管理策划：按照项目 HSE 方针和目标，建立项目 HSE 组织，编制项目 HSE 计划，制订项目 HSE 控制程序，建立项目 HSE 应急预案等。

（7）财务管理策划：明确财务管理职责，按照项目所在地的税务情况，进行税务筹划，制定项目财务管理制度。

（8）风险管理策划：编制风险管理计划，明确风险管控职责，制定风险管理应对与控制措施等。

（9）项目综合管理策划：编制现场项目部综合管理计划，包括现场项目部临时办公、生活场所及管理；办公用品及车辆的购置、管理；劳务人员聘用及管理、项目 CI 管理、项目外事管理、考勤制度、考核制度等。

（10）项目信息沟通管理策划：编制项目信息沟通计划，制定信息沟通控制程序、会议制度、报告制度、档案管理制度以及项目信息化应用计划等。

（11）其他事项说明：项目其他特殊事项的策划说明。

3.2.2 项目实施策划

项目实施策划由项目部具体组织进行。项目部根据公司项目管理部门下达的各项管理目标以及项目总体策划文件的具体要求，组织项目部相关管理人员，对项目目标、范围、实施过程、资源组织以及相应管理领域进行梳理，编制分项实施策划文件，保证项目执行顺利。

1. 项目范围管理策划

范围管理是保证项目管理工作包含且仅包含项目合同约定的全部工作的管理。范围管理是以合同范围为依据，要求项目部各成员充分了解合同内涵，保障项目工作范围全部包含在合同范围内。如需增加工作范围，则要先变更合同。

为保证项目范围管理工作落实，在项目启动与策划阶段，项目经理组织包括参与合同谈判人员与项目实施执行人员在内的管理人员，重点开展项目合同交底与分析工作。在分析项目 EPC 总承包合同及相关项目前期资料的基础上，对项目范围管理进行策划，明确了项目范围管理内容，进行了工作分解，建立了项目范围核实、项目范围变更控制的方法和程序，指导项目范围管理工作。

（1）埃塞俄比亚 ADAMA 风电 EPC 总承包项目范围。

根据埃塞俄比亚 ADAMA 风电 EPC 总承包合同的规定，本项目工作范围具体包括：

1）勘察设计。

项目勘察设计工作由水电顾问集团北京勘测设计研究院承担。勘察设计工作包括风电场微观选址、规模、风机选型与布置、发电量预测、勘察、建筑物设计、设备选型与招标技术文件编制、工程建设设计技术服务等全部工作。

2）物资采购。

合同规定 ADAMA 风电场建设过程中所有设备与物资采购均由总承包单位负责。由于项目所在国工业基础差，项目建设所需的所有设备和主要材料几乎全部从中国采购，包括风机、塔筒、主变压器、箱变、升压站设备及材料、集电线路材料、吊装设备等。

3）施工安装。

a. 风电场土建工程。

ADAMA 风电场土建工程包括风机基础、箱式变压器基础、道路工程、风机安装场、132kV 升压变电站内的全部土建工程（包括综合楼、综合库房、高低压配电房、餐厨娱乐用房、警卫室、变电工区构筑物及电缆沟、主变基础及事故油池、消防水泵房及消防水池、简易仓储区、场区内道路、场区围墙、大门、场区内地面硬化）等。

b. 风电场安装工程。

ADAMA 风电场安装工程包括风机设备吊装、箱变安装、升压站设备及变电工区设备安装、132kV 输电线路工程及系统接入站（纳兹雷特变电站）扩建间隔电气设备安装工程、33kV 集电线路工程等。

4）调试与试运行。

项目调试包括分项调试与系统联合调试。分项调试包括升压站区域设备调试、线路工程调试、箱变调试、风机调试。电气设备调试以 72 小时连续无故障运行为合格标准，风机调试按照 240 小时连续无故障运行为合格标准。相关工作还包括调试计划编制、调试前检查验收、试运行及试运行指导和服务、试运行报告编制与提交。

5）培训。

项目培训包括设备运行培训与风电场运行维护管理培训，到项目完工时，共为项目业主培训了 29

名运行与维护管理人员。

6）工程变更通知单要求完成的其他工作。

（2）项目工作分解。

为了更加明确项目实现过程的各项工作，项目部组织对项目范围进行进一步的分析细化，并制定了 ADAMA 风电 EPC 总承包项目施工工作 WBS，如图 3-3 所示。

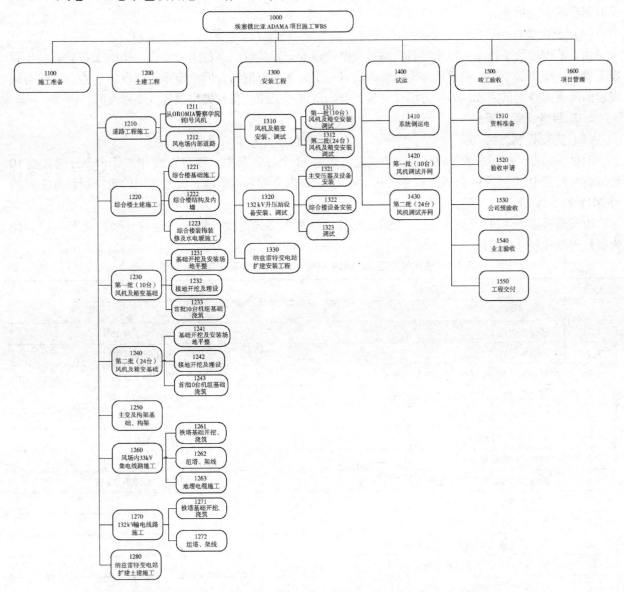

图 3-3　埃塞俄比亚 ADAMA 风电 EPC 总承包项目施工 WBS

（3）范围确认。

ADAMA 风电 EPC 总承包项目的工作范围由项目部提出、公司职能管理部门审核确认，必要时组织会签或评审。

（4）范围控制。

项目范围控制实行分级管理，项目部对项目范围控制负有直接责任，公司项目管理职能部门负监管责任，重大变更由管委会负领导责任。

1）项目部工作范围控制。

项目部按照项目合同约定的工作范围界定工作内容，制订工作计划，下达工作任务，组织检查并监督实施。项目的监督检查措施主要有定期召开会议、定期将工作范围完成情况编制成工作报告（包括勘察设计报告、综合月报、采购工作报告等），提交项目部主管人员汇总分析。如果工作范围发生变化，包括减少、增加或调整工作内容，要及时启动变更、索赔管理工作。

2）项目总体工作范围控制。

一般情况下，项目经理可根据项目实施状态，采取必要的预防措施和纠正措施，或按照变更权限进行审批处理。若出现重大变更，项目部须向公司主管部门、联营体管委员会上报审批，并根据审批意见采取相应的管理措施。

（5）范围验收。

项目范围验收工作主要包括项目实施过程中的隐蔽工程验收、单位工程验收、单项工程验收、项目竣工验收。项目验收时，项目经理应组织人员对比实际工作范围与合同范围是否一致，一方面确保合同规定的所有工作均已完成，另一方面，对超出合同范围的工作，及时提出报告并加以说明。

2. 项目进度管理策划

（1）进度控制目标。

ADAMA 风电 EPC 总承包项目合同的规定工期为 12 个月，其中，项目正式开工后 6 个月内首批 10 台风机并网发电，全部 34 台风机在正式开工后 12 个月内全部并网发电。按照合同约定，项目开工时间为 2011 年 6 月 14 日。

项目部根据上述进度目标与开工时间，制订项目总体实施进度计划（里程碑计划，见表 3-1），作为项目进度控制基准目标。

表 3-1 埃塞俄比亚 ADAMA 风电 EPC 工程项目里程碑计划表

序号	里程碑节点名称	控制工期
1	土建工程	
1.1	道路工程施工	2011 年 7 月 15 日
1.2	综合楼土建施工	2011 年 9 月 10 日
1.3	第一批（10 台）风机及箱变基础施工	2011 年 7 月 31 日
1.4	第二批（24 台）风机及箱变基础施工	2011 年 10 月 31 日
1.5	主变及构架基础、构架	2011 年 8 月 31 日
1.6	33kV 集电线路施工	2011 年 8 月 15 日
1.7	132kV 送出线路施工	2011 年 9 月 15 日
1.8	纳兹雷特变电站扩建土建施工	2011 年 10 月 20 日
2	安装工程	
2.1	风机及箱变安装、调试	
2.1.1	第一批（10 台）风机及箱变安装、调试	2011 年 9 月 15 日
2.1.2	第二批（24 台）风机及箱变安装、调试	2012 年 2 月 15 日
2.2	132kV 升压站设备安装、调试	
2.2.1	主变压器及设备安装	2011 年 9 月 25 日
2.2.2	综合楼设备安装	2011 年 10 月 30 日
2.2.3	调试	2011 年 10 月 10 日
3	试运行	
3.1	系统返送电	2012 年 3 月 31 日
3.2	第一批（10 台）风机调试并网	2012 年 3 月 31 日
3.3	第二批（10 台）风机调试并网	2012 年 3 月 15 日
3.4	第三批（14 台）风机完成试运移交发电	2012 年 5 月 15 日
3.5	全部完成竣工移交	2012 年 12 月 1 日

（2）进度管理组织体系。

项目进度管理组织采取分层负责方式进行。本项进度管理分为三级：公司层级（包括联营体管委会和公司职能管理部门）、项目部层级、分包商层级。三个层级根据各自项目的管理内容，负责其职责范围内的进度管理工作。

（3）进度计划体系。

项目进度计划根据合同中的进度目标和工作分解结构层次，按照上一级计划控制下一级计划的进度、下一级计划深化分解上一级计划的原则制订各级进度计划。项目编制的三级进度计划体系为：

1）项目总体进度计划，即一级进度计划。该计划由公司组织编制，主要明确项目重要里程碑计划，确立项目里程碑事件的开始、完成时间和相互间制约关系，以及各主要里程碑事件的责任人，用于项目重要里程碑的控制与管理，并向决策层和高级管理层报告计划实施情况。该计划一旦确定且得到管理层和业主的批准后，除非由于合同的工作范围发生变化或管理层认可的其他原因，一般不对其做任何调整。

2）二级进度计划又称项目控制计划，是对项目总进度计划的细化。二级进度计划应由项目部依据项目一级计划以单项工程编制。此计划作为项目部协调控制单项工程设计、采购、施工、试运行进度的依据，规定了各分包单位的主要节点工作。

3）三级进度计划是项目各分包商（包括设计单位、施工单位、供应商等）所编制的进度计划，是对二级进度计划的进一步细化，又称操作层计划。这层计划要求达到可以实施的程度，一般包括月度进度计划、季度进度计划。

（4）进度控制程序。

1）进度控制方法。

进度控制即在项目实施过程中，对工程进度对比计划进行检查、分析，提出计划纠偏措施与要求的管理过程。

项目采用关键链的项目进度管理思想，在进度过程中抓 3 个关键管理点：一是设备材料采购物流计划管理，二是土地征用移交的计划管理，三是施工资源（包括施工机械设备与管理人员、劳动力组织）的组织与管理。同时，针对具体情况设计了进度缓冲区，实施过程中遵循 PCDA 循环管理，有效地控制了进度缓冲区在可控的范围内。

2）进度计划跟踪与检查。

a. 现场跟踪检查。

项目部建立相应制度，组织定期或不定期的项目施工现场监督检查，确保项目实际进度与计划进度一致。

b. 会议制度。

项目部制定会议制度，定期或不定期召开会议，分析总结进度管理现状，解决存在问题，提出下一步计划。项目进度会议包括周期性（周、月）会议和专题会议。

c. 进度报告。

进度报告是通过对项目建设进度进行监测、检查和比较分析形成的书面报告，用以反映项目实际进展情况，定期或不定期向项目管理决策层提交。完善的进度报告体系是进度综合分析、进度控制以及进度决策的重要基础，是项目进度管理的重要工具。

进度报告具体包括：项目进度执行情况的综合描述；实际进度与计划进度的对比分析；进度计划执行问题及原因分析；进度执行情况对质量、安全、成本等的影响情况；采取的措施和对未来计划进度的预测。进度报告可以按上述内容单独编制，也可以与质量、成本、安全、及其他报告合并编写，提出综合管理报告。项目进展报告经审批后，按照信息沟通管理要求，报送业主、监理、项目经理、分包商、公司主管部门以及上级单位等相关方。ADAMA 风电项目进度报告采取综合月报的形式，一般每月报告一次，特殊情况单独报告。

3）进度计划的纠偏。

在进度实施过程中，根据监督检查结果，如果发现项目实际计划与计划进度安排有所偏差，应及时采取纠正措施。一般进度纠正措施分为组织措施、技术措施、管理措施、经济措施。项目管理者应综合采用各种纠正措施，力争成本增加最小或损失最小。对于需要调整的计划，要综合分析该调整对后续计划的影响，提出专题报告，执行规定的审批流程，经批准后实施。

4）进度计划的变更。

进度计划变更是指在项目的实施过程中，由于各种因素（例如自然环境、社会环境和项目技术系统等）的影响而引起项目进度计划的改变。

ADAMA 风电项目进度变更分三级管理。三级进度变更应由项目部负责人或委托人审批，二级进度计划变更由公司主管领导或委托人审批，一级项目计划变更应由业主审批。

3. 项目质量管理策划

质量管理是指在项目生命周期各阶段，通过建立、完善、实施质量管理体系和项目质量计划，对项目实施质量控制，保证项目质量目标实现的过程。

（1）质量管理方针和目标。

ADAMA 风电 EPC 总承包项目质量管理遵照"质量是企业生命"的方针，结合项目特点、合同约定和相关方要求，制订了本项目质量控制目标：

1）杜绝质量责任事故发生。

2）工程设计满足总承包合同要求。

3）所有设计及设计变更 100% 经过业主审核同意。

4）土建、安装工程验收合格率 100%。

5）240h 试运结束时，电气、保护、程控、自动、仪表投入率均为 100%，保护动作正确率 100%。

6）安装原因造成 240h 试运期间停运次数不大于 1 次。

7）力争顾客满意度达到 100%。

8）供方评审率 100%。

（2）项目质量管理体系。

ADAMA 风电 EPC 总承包项目参照 ISO9001：2008 体系标准和公司综合管理体系（QHSE），建立项目质量管理体系。该体系包括项目质量管理组织体系和文件体系。

1）项目质量管理组织体系。

该项目质量管理组织体系具体如图 3-4 所示。

公司授权项目经理负责项目质量管理，是项目质量

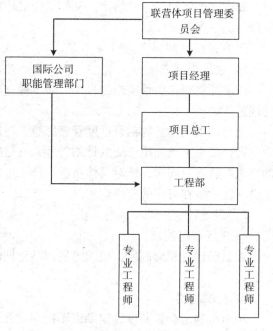

图 3-4 埃塞俄比亚 ADAMA 风电 EPC
总承包项目质量管理组织体系

的第一责任人。项目经理在项目部内部授权项目总工为项目质量的具体负责人，工程部为项目质量管理负责部门。公司职能管理部门监管项目部质量管理工作，保障项目质量目标的实现。项目质量管理组织机构职责与分工具体如下：

a. 联营体管委会：负责项目质量重大事件的决策和协调处理。

b. 公司职能部门：负责项目部质量管理工作的监控，审阅项目综合月报，定期向管委会委员报告项目质量执行情况，执行公司关于质量管理的指令，协助管委员会处理项目质量的重大事件。

c. 项目经理：负责按照公司的要求建立项目部的质量管理体系；负责组织贯彻执行项目部质量管理体系制度文件；为质量体系的运行配置充分的资源；授权项目总工为项目质量管理直接领导；敦促、检查、领导项目总工的质量管理工作。

d. 项目总工：协助项目经理建立项目部质量管理体系；负责项目部质量管理体系日常工作；负责项目质量技术管理；负责组织有关项目技术、质量事件的协调与处理；定期向项目经理汇报质量管理情况。

e. 工程部：负责项目质量目标的管理、策划和控制；负责项目部的文件资料和工程施工过程中形成记录的控制和管理；负责施工技术日常管理、监督和控制；负责项目质量数据分析和改进的管理；负责项目部质量管理体系相关制度文件的编制、运行和修改；负责质量管理体系的运行实施监督检查，组织内部质量管理体系审核；负责重大工程项目的质量监督及工程施工过程中的现场检查。

2）项目质量管理文件体系。

ADAMA 风电 EPC 总承包项目质量管理文件体系包括项目质量制度、项目质量计划、项目质量标准和规范，以及项目实施过程中各类作业指导书、质量报告、各类质量数据表格等。

（3）质量控制程序。

ADAMA 风电 EPC 总承包项目质量管理贯穿项目管理的全部过程，坚持"计划、实施、检查、处理"的循环工作方法，持续进行项目实施全过程的质量控制。

1）设计质量控制措施。

a. 组织进行初步设计技术方案审查。

b. 组织并认真做好施工图样会审，包括符合性会审、工艺要求会审和施工条件会审。

c. 制定设计变更管理办法，明确审批程序、权限和责任，变更必须分级审核、签字，对重大设计变更，应按设计原审批程序审批。

d. 控制设计的差错率、变更率。

2）采购质量控制措施。

a. 按照设计要求开展设备、材料的采购供应工作，设计单位对技术参数的准确性、完整性负责。

b. 严格执行供应商准入制度。

c. 严格采购招标文件审批管理。

d. 严格采购过程监控、管理。明确采购负责人，实行采购计划、方法、结果报审报批，包括招标、洽谈至合同签署等采购过程实施监管、监督，保证采购质量与效益，包括设备与材料技术参数和性能的符合性、服务的可靠性以及纠纷处理的合法性、责任可追索性。

e. 重要设备原则上不允许选用无同类设备制造业绩的供应商，特殊情况必须事先组织进行专题论证与评估，确认可行后方可实施。

f. 关键设备委托有资质的专业监造单位进行驻厂监造。ADAMA 风电 EPC 总承包项目的塔筒选用 SGS（通标标准技术服务有限公司）承担专业监造，较好地保证了塔筒加工制造质量。

g. 设备、材料实行到货检验、"三证"检验、交接检验和安装前检验。

h. 对设备材料不符合质量规定要求的，应追究供应商和相关方面的责任。

由于项目工期紧，ADAMA 风电 EPC 总承包项目采购工作启动早、交货及时，且质量良好，有力地保证了项目进度计划目标的实现，避免因交货晚赶工期造成质量缺陷。

3）施工质量控制措施。

a. 认真审查施工组织设计和施工方案，确定质量控制点，明确质量检验制度、检验标准、工作流程。做到标准明确、同步检查、同步确认、同步形成质量检查和检验报告及交工技术文件。

b. 组织抽检和定期检查，动态掌握施工质量情况，督促相关单位加强质量管理工作。

c. 检查分包商的质量管理体系是否正常运行。

d. 加强对工程重点部位和隐蔽工程的检查，确保施工质量。

e. 对涉及工程质量和使用功能的试块、试件、材料和产品，按合同或项目所在国有关技术标准规定取样数量，送第三方进行检验。

4）试运行质量控制措施。

a. 在试运行前按公司有关规定认真落实试运行条件和试运行检查责任制，组织编制试运行计划、方案。

b. 组织各分包商做好项目试运行准备，协助业主完成项目试运行工作。

（4）质量持续改进。

质量改进要从收集信息、发现问题、分析原因、提出对策到实施改进、检查改进效果直至进入新的改进循环。

ADAMA 项目通过项目质量管理体系运行与内外部审核、预防与纠正、项目质量管理总结三种手段来进行项目质量的持续改进。

4. 项目费用管理策划

（1）项目费用管理体系。

ADAMA 风电 EPC 总承包项目费用管理建立了以公司财务制度和项目费用管理规定为基础的项目费用管理体系。该体系包括项目费用管理组织体系和文件体系。

ADAMA 风电 EPC 总承包项目费用管理采取三级费用管理组织体系。联营体项目管委会负责项目费用管理的重大决策；公司职能部门负责指导、协助、监督、检查、考核项目部费用管理工作，并定期向联营体管委会报告项目费用控制情况；项目部在项目经理的领导下，具体负责项目费用控制，确保项目费用控制目标的实现。

（2）项目费用计划体系。

ADAMA 风电 EPC 总承包项目费用计划体系具体如下：

1）根据合同确定的项目费用目标，进行范围分解，编制公司级项目费用计划（一级费用计划）。

2）在一级费用计划约束下，项目经理组织编制项目执行管理层级费用计划（二级费用计划）。

3）在分项费用计划约束下，由项目部各专业负责人编制分项详细费用计划（三、四级费用计划）。

具体的费用计划体系如图 3-5 所示。

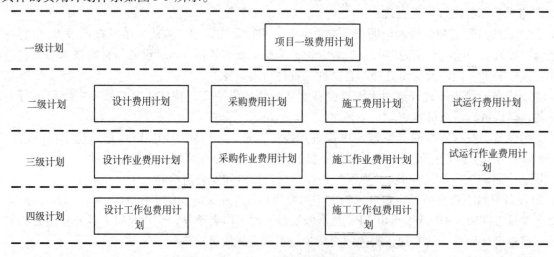

图 3-5　费用计划体系图

（3）项目费用控制方法。

ADAMA 风电 EPC 总承包项目采用费用偏差分析法、成本核算与施工图预算控制法控制项目费用。

1）费用偏差分析法。

费用偏差分析法是将实际完成的工程量与计划的工程量进行比较，确定项目在费用支出和进度计划方面是否符合原定计划目标要求。它包括以下几个重要变量：

计划工程量的计划费用（Budgeted Cost for work Scheduled，BCWS）。BCWS 是指根据进度计划安排，在某一确定时间内计划完成的工程对应的费用，其计算公式为：BCWS＝计划工程量×计划单价。BCWS

主要是反映进度计划应当完成的工程量，而不反映应消耗指标。

已完成工程量的实际费用（Actual Cost for Work Performed，ACWP）。ACWP 是根据实际进度完成状况，在某一确定时间内已经完成的工程对应的实际费用，其计算公式为：ACWP = 已完工程量 × 实际单价。ACWP 主要反映项目执行的实际消耗指标。

已完成工程量的计划费用（Budgeted Cost for Work Performed，BCWP）。BCWP 是指项目实施过程中某阶段实际完成工程量及按计划单价计算出来的费用。计算公式为：BCWP = 已完成工程量 × 计划单价。BCWP 主要是为了辨析进度偏差和费用偏差而引入的变量。

为了衡量费用是否按照费用计划进行，引入以下两个量：

费用偏差（Cost Variance，CV）：CV 是指检查期间 BCWP 与 ACWP 之间的差异，计算公式为：CV = BCWP − ACWP。当 CV 为负值时，表示执行效果不佳，即实际费用超过计划费用，超支；当 CV 为正值时，表示实际费用低于计划费用，即有节余；当 CV 等于零时，表示实际费用等于计划费用。

费用执行指标（Cost Performed Index，CPI）：CPI = BCWP/ACWP。当 CPI > 1 表示低于预算，CPI < 1 表示超出预算，CPI = 1 表示实际费用与预算费用吻合。

2）成本核算与施工图预算控制法。

实际成本核算过程主要有：记录各分项工程中消耗的人工、材料、机械台班及费用的数量；本期内工程完成状况的计量、工程现场管理费及总管理费开支的汇总、核算和分摊；各分项工程以及总工程的各费用项目核算及盈亏核算，提出工程成本核算报表。

成本开支监督主要包括：落实成本目标，其中包括分项工程及项目单元的成本目标、资源消耗和工作效率指标；各种费用开支审查和批准；严格控制分包合同价。

（4）项目费用控制程序。

1）制订费用控制基准。

在项目实施阶段，公司下达项目一级费用计划，项目经理组织编制项目二级费用计划，在批准的二级费用计划的基础上建立项目费用控制基准（包括限额设计控制基准），经公司审批后实施。

2）费用偏差控制。

a. 项目部费用控制人员在项目执行过程中，通过对比费用实际值和费用计划值，如果发现偏差，组织人员进行分析，确定费用偏差是否合理。如果超出可接受范围，编制费用偏差报告，报告中应详细进行偏差原因分析和建议的纠偏措施等内容，报项目经理审批。

b. 根据项目费用控制标准，项目经理审批费用偏差报告。

c. 偏差报告未经领导审批通过的，项目部费用控制人员重新进行费用偏差原因分析，编制新的费用偏差报告。

d. 偏差报告经领导审批通过后，项目部组织人员采取必要的纠偏措施，保障项目费用在整体可控范围内。项目费用的纠偏措施包括：组织措施，明确各级费用控制人员的任务；经济措施，从全局考虑问题，检查费用计划有无保障、是否与施工进度计划冲突等；技术措施，对不同的技术方案进行技术经济分析后加以选择；合同措施，主要指索赔管理。

e. 费用计划调整。项目费用计划下达后，项目部对项目计划执行情况进行跟踪、分析，对于偏差比较大、需要调整费用计划的情况，项目部组织编制调整费用计划，将结果按照费用计划原审批流程进行审批，经批准后重新发布实施。

上述流程如图 3-6 所示。

5. 项目风险管理策划

ADAMA 风电 EPC 总承包项目在管理过程中，项目管理组织吸收国外先进的项目风险管理的理念和方法，借鉴了其他国际工程项目风险管理经验，构建了项目从立项到收尾的全生命周期、多层级的全面风险管理组织，包括企业级、项目部级和分包商级，确保项目进度、质量和成本目标的实现。

（1）风险管理模型。

ADAMA 风电 EPC 总承包项目风险管理首先将风险管理视为一个动态的过程，运用系统工程的方法论进行风险的识别、评价和控制，以减少工程项目在各个阶段、各相关影响因素中的不确定性。其次，将风险识别、风险分析、风险评价与风险管控等风险管理工作责任落实到项目各个阶段、各个方面与各个岗位，构建了一个全过程、全方位、全系统、多维度的风险管理模型。

（2）风险管理体系。

1）ADAMA 项目风险管理组织体系。

项目风险管理组织体系由公司层级、项目部、分包商三个层级组成。

a. 公司级包括联营体管委会和公司职能管理部门，负责指导、监督、检查、考核项目部风险管理工作，以及重大风险事件的决策和处理。

b. 项目部是项目风险管理的执行机构，在内部建立以项目经理为风险管理第一负责人的组织机构，项目党支部书记、副经理、总工、总监等负责各自管辖范围内的风险管理，其他各部门负责各自业务范围内的风险管理。

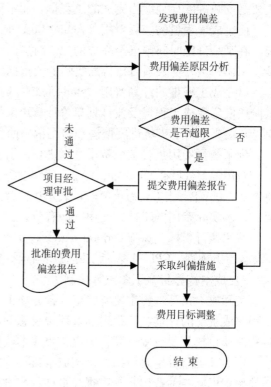

图 3-6　费用偏差控制程序

c. 分包商作为项目具体实施的主体，重点控制项目实施过程中的风险事件，定期或不定期向项目部汇报项目执行情况，监控项目风险事件。

2）项目风险管理文件体系。

项目风险管理文件体系包括风险管理制度文件，风险识别、分类、排序和定义，以及风险管控制度、措施和风险管理过程中涉及的所有表格的汇总。

（3）风险管理程序。

1）项目风险识别。

项目风险识别是项目风险管理的一项基础性工作，它主要是通过收集必要的信息，确定哪些风险会影响项目的顺利实施，描述其风险特征并形成文件，从而使风险的估计和评价工作更加有效。风险识别是一个反复的过程，随着项目生命周期的进行，新的风险可能会出现，因此应当在项目实施过程中及时地进行风险识别。

ADAMA 风电 EPC 总承包项目按照风险因素性质将项目风险分为内部风险和外部风险。项目部针对不同类型风险，综合运用核查表法、流程图法、头脑风暴法等方法，确定该项目风险事件。

2）风险评价。

项目风险评价主要是在项目风险因素识别的基础上，通过定性、定量或是两者相结合的技术手段和方法，对风险可能发生的概率以及风险发生后对项目造成的损失和危害程度进行评价和衡量。

ADAMA 风电 EPC 总承包项目制定风险评价制度规定和流程，明确了风险评价的人员以及采用的方法，科学评价已识别出来的风险因素，为项目应对提供准确的信息。

3）应对规划。

项目风险的应对就是在风险识别、风险分析和评估、风险评价的基础上，针对项目风险的性质和其潜在的程度，提出有效的风险防范措施，从而达到控制风险的目的。

ADAMA 风电 EPC 总承包项目结合项目风险特点，综合运用风险规避、风险转移、风险缓解、风险自留等风险应对措施，最大化地减少风险发生的可能性或降低风险发生后的损失。例如，项目设计基本采用中国标准进行设计。由于该项目为首个采用中国标准设计的国际风电项目，可能存在中国标准国际接受认可度低或不被认知而造成验收移交困难的技术风险。在项目实施过程中，项目部提前制定预案，要求所有管理人员提前与业主代表、监理工程师沟通、宣讲，使之接受认可。再比如汇率与税收的风险、当地货币存留和通货膨胀的风险等，也都通过风险缓解的办法，有效降低风险带来的损失。

（4）风险监控。

项目风险监控是指在整个项目生命周期中，跟踪已识别的风险、监测风险、识别新风险和实施风险应对计划，并对其有效性进行评估。ADAMA 风电 EPC 总承包项目主要采用以下风险监控措施：

1）项目风险监控体系。

联营体项目管委会和公司职能部门、项目部、分包商组成风险监控三层监控体系，每一层组织定期或不定期对项目实施过程进行监督检查，掌握项目风险管理情况，及时处理发现的问题，降低风险发生的可能性和损失。

2）建立重大风险监控表。

项目部编制项目重大风险监控表，并进行定期动态检查评估，根据评估结果，对项目风险进行适应性的增加、删除和修改。

3）编制应急预案或措施。

项目部对项目风险中某些因素发生导致的应急情况，例如境外人员安全风险、火灾风险、当地疾病、自然灾害等制定应急方案或措施，定期组织项目部人员进行应急预案的演练。

4）风险报告制度。

项目部制定风险报告制度，明确风险报告内容、格式、发生时间、责任人，确保风险信息得到及时、准确、有效的沟通。风险报告一般分为周期性报告和专题报告。

6. 项目沟通与信息管理策划

项目沟通与信息管理策划是通过对项目资料分析，识别各项目干系人和各自的信息沟通需求，然后针对识别的需求进行策划，明确信息沟通的内容、方式以及管理程序，保证项目各方之间顺利沟通，保障工程项目的顺利实施和工程档案文件顺利收集、归类和移交。

ADAMA 风电 EPC 总承包项目以项目部为核心，建立项目信息沟通网络，规范项目沟通程序，从而确保信息沟通的及时性、准确性和有效性。

（1）信息沟通管理要求。

1）全面性。

ADAMA 风电 EPC 总承包项目是中国第一个以中国标准、技术、施工、设备、运行管理全产业链整体出口的国际风电 EPC 总承包项目。面对复杂的国际环境以及众多的项目干系人，项目部不但要与业主、监理、分包商、供应商、咨询单位、金融机构等项目实施过程中主要干系人进行沟通，还要与国内政府机构（包括中国驻埃塞俄比亚大使馆及其经济商务参赞处、进出口银行、海关、税务等）、项目所在地的政府机构（埃塞俄比亚财政部、水能源部、电力公司、外交部、大使馆、警察局以及项目所在地地方政府等）、项目所在地的医院、媒体、社会组织、附近居民等外部组织进行沟通。沟通网络结构庞大，信息传递与沟通量大，确保项目信息在项目所有干系人之间有效传递，是保障项目顺利实施的重要管理工作之一。

2）准确性和及时性。

针对沟通的重要性与复杂性，项目部制定了信息收集、整理、分析、编制、传送、保存、以及信息核查、报告等制度，明确沟通管理责任人，确保项目信息的准确、真实与及时性。

3）完整性。

项目信息沟通应保持完整性，包括意思完整、覆盖面完整和沟通过程完整，不能扣押信息。一般情况不越级沟通，尽量保持传递渠道的完整。

（2）项目干系人识别。

项目干系人指积极参与项目，或其利益可能受到项目实施或完成的积极或消极影响的个人和组织，如客户、发起人、执行组织和公众。他们也可能对项目及其可交付成果施加影响。干系人可能来自组织内部的不同层级，具有不同级别的职权；也可能来自项目执行组织的外部。

ADAMA 风电 EPC 总承包项目依据项目合同（包括项目主合同及分包合同）、项目条件及环境资料分析识别出的项目干系人具体包括：

1) 业主：埃塞俄比亚电力公司。

2) 总承包单位：水电顾问集团与中地海外建设集团有限公司联营体（联营体内股份水电顾问集团占 51%、中地海外建设集团有限公司占 49%）。

3) 项目执行管理单位：水电顾问集团国际公司。

4) 项目部：EPC 联营体项目部。

5) 监理单位：埃塞俄比亚亚的斯亚贝巴大学工程技术学院。

6) 分包单位/供应商：

a. 设计：水电顾问集团北京勘测设计研究院。

b. 土建和设备安装：水电顾问集团西北勘测设计研究院—中地海外建设集团埃塞俄比亚分公司联合体。

c. 风机供货商：新疆金风科技股份有限公司。

d. 变压器供货商：保定天威集团特变电气有限公司。

e. 海运：埃塞俄比亚船运与物流公司。

f. 陆运：中国外运股份有限公司。

7) 国内：中国商务部、中国进出口银行、中国对外承包工程商会、中国机电产品进出口商会等。

8) 境外：中国驻埃塞俄比亚大使馆经济商务参赞处、埃塞俄比亚政府、项目所在地的政府。

（3）项目信息种类。

ADAMA 风电 EPC 总承包项目实施过程中沟通的信息可以分为：合同类信息、技术类信息、计划类信息、质量类信息、进度类信息、HSE 类信息、成本类信息、采购类信息、专题类信息和综合管理类信息。

（4）项目沟通方式。

ADAMA 风电 EPC 总承包项目实施过程中的沟通方式分三种，即书面沟通、口头沟通和网络沟通。

1) 书面沟通。书面沟通信息载体或形式有：技术文件、图样、上级发布的指令文件、会议纪要、项目进展报告、专题报告、专业报表、各类简报、相关函件、传真、通知、电话记录等。

2) 口头沟通。口头沟通用于问题讨论、紧急事件通报、报告等。口头沟通的信息载体或形式有：电话、会议、当面请示、汇报、讨论等。

3) 网络沟通。网络沟通是指项目成员利用现代网络技术，例如网络视频、QQ、邮件以及项目管理软件等技术进行信息的传递。

（5）信息沟通管理程序。

1) 制定会议制度。

项目会议是项目干系人沟通最直接有效的方式。项目会议包括项目例会和项目专题会。

a. 项目例会：定期组织召开，由项目参建各方参与，主要目的为沟通项目进度与质量情况、查找项目存在问题并制定相关行动措施，一般每周进行一次。

b. 项目专题会：面对重大变更或突发事件，为找出问题所在，商讨问题的解决方案，制定解决措施，或在必要时商讨修订项目计划，项目经理召集组织参建各方参与的解决上述专项问题的会议。

2) 项目文档编码。

规范编制项目文件编码是项目信息沟通管理的基础。ADAMA 风电 EPC 总承包项目按照公司项目文件管理制度和 NBT31021－2012《风力发电企业科学技术档案分类规则与归档管理规范》，制定了项目文件编码原则，具体包括：公司代号、项目代号、文件分类号、文件代号、流水号，如图 3-7 所示。

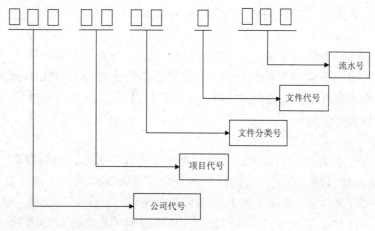

图 3-7　项目文件编码示意图

3）项目文档管理。

针对项目的归档文件资料，ADAMA 风电 EPC 总承包项目制定了文档管理制度，明确了项目收文、发文以及档案管理程序，认真进行项目档案的编码，确保项目文档高效管理。在项目开工之前，项目部与监理、分包商就项目实施过程中的资料、表格进行讨论协商，确定项目表格使用的统一格式，提高项目信息沟通效果。项目完工后，项目部按照公司档案管理规定收集和整理项目资料，并如数移交给公司档案管理部门。

4）组织人员培训。

项目部制定项目人员培训制度，对新人进行项目各类规范制度宣贯，熟悉各类信息沟通制度、方式、程序，提高项目人员信息沟通能力、水平与工作效率。

7. 项目 HSE 管理策划

HSE 管理是对健康（Health）、安全（Safety）和环境（Environment）的全面综合管理。建立和实施项目 HSE 管理体系，可有效地规范生产活动，实现项目全过程的健康、安全与环境的风险控制，从而有利于工程建设的顺利进行。HSE 管理是工程项目管理科学化的重要基础，是贯彻国家可持续发展战略的要求，是企业的社会责任，也是对实现国民经济可持续发展的贡献。

ADAMA 风电 EPC 总承包项目在项目启动与策划阶段由公司依据《职业健康安全管理体系》GB/T28000 标准和埃塞俄比亚政府对 HSE 管理的要求制定并下达。

（1）项目 HSE 方针和目标。

ADAMA 风电 EPC 总承包项目 HSE 管理目标如下：

1）员工定期体检率达到 100%。

2）提高全员的健康安全防范意识，安全教育普及率达到 100%。

3）人身死亡事故为零。

4）重大机械、设备事故为零。

5）重大火灾事故为零。

6）不发生人身伤亡责任事故。

7）轻伤事故频率≤5‰，并逐年降低。

8）设计、采购的设备和产品 100% 满足环保要求。

9）施工中严格控制各种污染源，使污染物的排放符合当地标准。

10）不发生重大环境污染事故。

11）不对当地动植物及水土保持造成破坏。

（2）项目 HSE 管理组织机构。

ADAMA 风电 EPC 总承包项目建立三级 HSE 管理机构，即公司层级、项目部层级和分包商级，并层层签署管理协议，明确各级 HSE 管理责任，如图 3-8 所示。

1）公司层级。

公司层级包括联营体管委会和公司安全管理委员会（以下简称"安委会"）。联营体管委会负责项目执行过程中重大 HSE 事件的决策和协调处理。公司安委会负责对项目 HSE 管理的监控，安委会下设办公室具体负责安委会的日常工作，负责定期或不定期对项目 HSE 管理情况指导、协助、监督、检查、考核，并定期向联营体管委会报告。

2）项目部层级。

项目经理是项目 HSE 管理第一负责人。项目部在实施过程中，组建项目安全管理委员会（包括环境和职业健康管理），由项目部、业主、监理以及各分包商负责人参与，全面负责项目安全生产工作。安委会办公室与综合部合署办公，负责项目 HSE 日常管理工作。

项目部工程部是项目 HSE 管理的具体执行部门，负责项目工程实施过程的 HSE 管理。工程部按照法律和规范要求，配备 HSE 管理人员，具体负责现场 HSE 的管理。

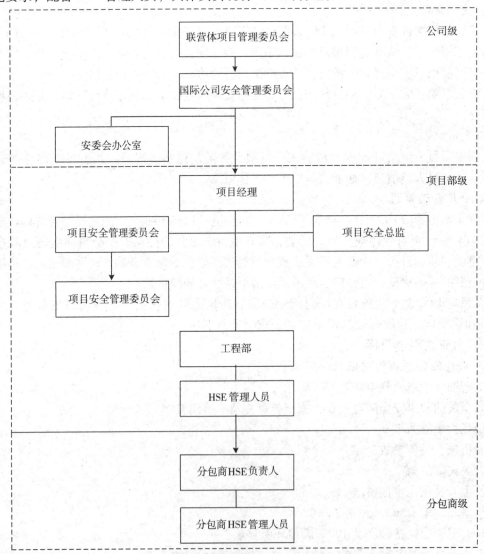

图 3-8 埃塞俄比亚 ADAMA 风电 EPC 总承包项目 HSE 管理机构图

3）分包商级。

项目分包单位按照项目部要求，建立项目 HSE 管理机构，确定 HSE 负责人，配备项目 HSE 管理人员，制定 HSE 管理方案并组织实施，定期进行考核、评审，并接受项目部、业主、监理等相关方的监督、检查和考核。

（3）项目危险源、环境因素的识别和评价。

项目 HSE 因素包括项目危险源和项目环境因素。项目危险源是在项目执行过程中可能对工作人员的人身安全或健康产生威胁的因素。项目环境因素即在项目执行过程中可能对周边环境产生不良影响的因素。

项目策划阶段，由项目经理组织项目部成员识别项目执行各阶段的危险源、环境因素，通过项目危险源评价程序得出项目各阶段重要危险源、重要环境因素清单，并制定相应处置措施。

1）危险源、环境因素识别时应考虑的识别对象：

a. 所有作业活动（包括常规的和非常规的活动）及其他场所（包括生活、办公和文体娱乐场所活动），如土方开挖、混凝土工程、模板工程、起重吊装工程、安装工程等。

b. 所有进入工作场所人员，包括本单位的员工、业主方人员、合同方人员和访问者的活动。

c. 工作场所的设施，包括永久的和临时性的建筑物、设备、车辆及租赁设施。除组织自有的设施，还包括顾客提供的设施、供应商提供和分包方带入工作场所的所有设施等。

2）危险源、环境因素识别时应考虑的因素：

a. 应考虑工作或施工作业各项活动在三种状态（即正常、异常和紧急情况）和三时态（即过去、现在和将来）下可能的危险源和环境因素，以及以往发生的事故。

b. 危险源可考虑的类型：物体打击、车辆伤害、机械伤害、起重伤害、触电、淹溺、灼烫、火灾、高处坠落、坍塌、压力容器爆炸、化学或食物中毒、窒息以及其他爆炸或伤害。

c. 环境因素可考虑大气污染物、水污染物、固体废弃物、放射性污染、噪声、原材料与自然资源的使用及其他环境问题和地（社）区性问题。

3）危险源风险评价方法。

危险源风险评价以"作业条件危险性评价法（LECD 法）"为主，专家经验判断为辅。具体公式为

$$D = L \times E \times C$$

式中，L 是危险发生的可能性；E 是暴露于危险环境的频繁程度；C 是发生事故后果的严重程度；D 是危险源的综合打分（风险值）。

4）环境因素评价方法。

a. 先用"是/非判断法"将能直接判定为重要环境因素，在表中"直接判定"栏中画上"√"。可直接判定的重要环境因素包括：

·法律法规有要求的情况：已违反或接近违反法律法规及强制标准要求的，如排放超标；虽未超标，但当地政府高度关注或强制监测的；政府或法律明令禁止使用、限制使用或限期替代的物质，重污染工艺，大耗能装置。

·异常或紧急状态下可能产生严重环境影响的。

相关方有合理投诉的。

·对相关方能够施加影响且环境影响严重的。

b. 用"因子打分法"对其余环境因素进行评价。

·取 A~G 七个因子，其中 A~E 用于污染类环境因素的评价，F 和 G 用于能源资源类环境因素的评价。

·污染类环境因素的总分 M = A + B + C + D + E。当 M≥15 时，该环境因素为重要环境因素。

·能源资源类环境因素的总分 N = F + G。当 N≥7 时，该环境因素为重要环境因素。

5）控制措施。

控制措施包括：维持现状；制定目标、指标和管理方案；制定专项方案；制定应急预案；教育和培

训；加强现场监督检查等。

项目危险源、环境因素识别结果为项目危险源清单和项目环境因素清单如表3-2和表3-3所示。

表3-2 埃塞俄比亚ADAMA风电EPC总承包项目危险源清单表

编号：

序号	作业活动	危险源	危险源类型	作业条件危险性评价				危险级别	控制措施	备注
				L	E	C	D			

编制： 审核： 审批：

表3-3 埃塞俄比亚ADAMA风电EPC总承包项目环境因素清单表

编号：

序号	作业活动	环境因素	环境影响	环境因素评价									评价		控制措施	备注
				是非判断法		综合评分法							重要	一般		
				是	非	A	B	C	D	E	F	G	总分				

编制： 审核： 审批：

（4）建立项目HSE管理制度和管理方案。

1）项目HSE管理制度。

ADAMA风电EPC总承包项目部根据公司HSE管理制度，建立了项目HSE管理制度文件，具体包括安全生产目标管理办法、HSE岗位责任制、安全投入制度、HSE教育培训制度、施工设备安全管理制度、特殊作业安全管理制度、职业健康管理制度、应急预案管理制度等。

2）项目HSE管理方案。

项目部根据项目危险源、环境因素的识别评价结果，编制或组织分包单位编制危险性大分部分项工程安全技术措施和方案、项目安全事故应急预案，组织培训并监督检查实施。必要时，根据实施结果调整方案。

（5）项目HSE控制。

项目HSE控制手段主要是教育培训、技术控制、HSE会议、现场监督检查、编制HSE报告及应急方案和事故处置。

1）教育培训活动。

该项活动包括制定相关安全教育培训制度，定期或不定期组织项目管理人员HSE教育培训，对分包商教育活动进行检查。项目部HSE教育培训包括入职培训、岗前培训、换岗或转岗培训等。

2）项目现场 HSE 控制内容。

现场 HSE 控制内容包括：评价分包商安全生产条件；特种设备登记、检查、验收；安全保护设施、配备检查等管理活动，确保项目现场 HSE 得到有效地控制。

3）HSE 会议。

HSE 会议包括项目例会和专题会议。

项目部在组织召开每周工作例会时，同时讨论、沟通、检查 HSE 管理工作情况并形成会议纪要。每个施工作业点的 HSE 会议按照该工作点的管理情况制订会议计划。每次施工作业点形成的会议纪要在会后两天之内报项目经理部，汇总后向各分包单位发放，并监督整改。项目实施过程中发生 HSE 重大事故或其他突发事件后，项目部根据情况组织召开项目专题会议，讨论决策相关事件的处理。

4）监督检查。

项目部制定项目 HSE 监督检查规定，通过对项目现场进行日常监督检查、专项安全检查、季节性安全检查、节假日前安全检查，了解项目 HSE 管理现状，对发现的问题责令责任单位整改，有效防止 HSE 事故发生。

5）项目 HSE 报告。

项目部制定项目 HSE 报告制度，确定项目报告类型、内容、格式、频率、责任人，确保项目 HSE 信息的及时、准确、有效传递。项目 HSE 报告一般分为项目例行报告（周报和月报）和例外报告（事故报告）。

6）应急救援和事故处理。

项目部制定了应急救援和事故处理制度，确定项目应急救援和 HSE 事故处理流程、方式、程序，确保在项目 HSE 事故发生时，项目部可以及时、有效地处理，最大限度降低因项目 HSE 事故给项目组织或其他事故相关方造成的损失。

3.2.3 总结

ADAMA 风电 EPC 总承包项目基于系统原理进行了项目执行策划和项目实施策划（包括范围管理、进度管理、质量管理、费用管理、风险管理、沟通与信息管理、HSE 管理的策划），对项目实施的全过程、全方位、全系统做了计划性安排，有效地指导了该项目的实施。

基于系统原理的 ADAMA 风电 EPC 总承包项目管理策划取得了相当的成效。但是在项目具体策划过程中，还应加强项目计划分析、预测以及项目计划监控的能力，以确保项目策划的准确性及可控性。

第4章 权变理论——ADAMA 风电 EPC 总承包项目柔性组织管理

组织是一切管理活动取得成功的基础。项目组织的主要目的是充分发挥项目管理职能，提高项目管理的整体效率，以达到项目管理的目的。埃塞俄比亚 ADAMA 风电 EPC 总承包项目是一个联营体总承包项目，管理环境复杂多变，任何一种外部或内部、客观或人为的管理因素的变化都会给项目的顺利完成带来影响。

ADAMA 风电 EPC 总承包项目针对复杂多变的环境，引入权变理论的思想，在分析了影响 ADAMA 风电 EPC 总承包项目组织结构设计权变因素的基础上，结合项目组织的特点，科学地设计了项目组织结构。与此同时，通过项目团队建设，促进项目组织学习和柔性组织管理的实施，增强了组织的适应性，提高了项目管理效率。

4.1 项目组织

4.1.1 项目组织的概念

"组织"是人们从事生产活动中经常用到的词，它对人们生产活动的影响至关重要。"组织"一词有两个含义：一是作为名词；二是作为动词。首先，"组织"作为一个名词，是指为了达到自身的目标而结合在一起的具有正式关系的集体或团体，例如企业、党团组织、工会组织、慈善组织等。其次，"组织"作为一个动词，是一个过程，主要指人们为了达到目标而创造组织结构，为适应环境的变化而维持和变革组织结构，并使组织结构发挥作用的过程。作为动词的"组织"简单来说就是从工作划分到工作归类，最终形成组织结构的一个过程。具体的组织形成过程如图 4-1 所示。

图 4-1 组织结构的形成过程

从项目管理的角度来说，项目组织是指为了完成某个特定的项目目标而由不同部门、不同专业的人员组成一个特别的工作团队或集体，通过内容人员计划、组织、领导、协调与控制等活动，对项目所需的各种资源进行合理优化配置，以确保项目综合目标的实现。

项目的性质、复杂程度、规模大小和持续时间长短等因素直接影响项目组内部的具体职责、组织结构、人员构成和人数配备等。

4.1.2 项目组织的特征

项目组织除了具有目的性、专业化分工、依赖性、等级制度、开放性、环境适应性等组织的一般特征外，与一般的企业组织、社团组织和政府组织相比，还有其自身特有的特征，主要包括以下几点。

1. 一次性和暂时性

项目组织的建立是为完成某一特定项目任务，项目任务完成后，项目组织就会解散，这是其区别于其他组织的最为显著的一个特征。最为常见的例子就是工程企业承包某一工程项目时，组建项目组织，待这一工程项目完工后，项目组织就会按照公司规定解散，待有新的工程项目时，重新进行项目组织的组建。由此可见，项目组织是一次性的，存在是暂时性的。

2. 与项目一样具有生命周期

项目组织伴随项目而产生，在项目的生命周期内形成自身的生命周期。项目组织的生命周期一般经历建立阶段、磨合阶段、规范与执行阶段和解散阶段。因事设人、因岗用人是项目组织设置的基本原则，当项目所处的内外环境发生变化时，应及时调整项目组织内部结构，以便适应项目管理需要。

3. 柔性组织

柔性组织主要特征是组织内部形式和用人机制具有机动灵活性，对组织所处的内外环境具有很强的适应性。项目组织的柔性是指随着项目的不断发展，需要适时调整组织内部配置，以保障项目组织的高效运行。

4. 强调沟通和协调

项目组织内部成员往往来自不同部门、不同专业，工作过程中难免出现各种冲突。沟通和协调是项目组织内部最为重要的一项工作，通过大力协调、充分沟通与发挥集体决策的作用，有效减少项目组织内部冲突和突发性问题，提高项目组织的运行效率。

5. 团队精神

影响项目成功的因素有许多，例如项目建设的时间、地点、条件、项目技术、项目投资、项目所处地区的政治、经济、社会、文化等，每一个因素的变化都可能给项目的实施带来风险。因此，项目管理工作不是简单的工作，它涉及的领域、专业众多，不是一个人可以完成的，需要项目组织内的项目团队共同协作完成。项目的成败很大一部分取决于项目团队合作效率、团队精神。高效的项目团队面对项目任务会齐心合力，共同攻克难关，解决问题，完成项目目标。

6. 项目经理负责制

项目组织内部结构形式最为重要和最为常用的就是项目经理负责制。项目经理负责制是以项目管理为主体，明确项目经理、项目成员与企业在项目建设过程中权、责、利的关系，提高项目管理效率。

4.1.3　项目组织形式

项目组织形式的设置是项目成功实施的关键。项目组织形式多种多样，但是目前为止没有任何证据表明哪一种组织形式是最好的。每一种项目组织形式都有各自的优点与缺点，有其各自适用的环境和场合。因此人们在进行项目组织设计选择时，对具体项目要具体分析，选择合适的组织形式。一般的项目组织形式有职能式、项目式和矩阵式。

1. 职能式

职能式组织形式是企业按照职能以及职能的相似性来划分部门，如一个工程承包企业承接工程项目并对其实施管理时，肯定涉及工程设计、采购、施工、财务、人事、质量、安全等职能，那么企业在设置组织部门时，按照职能将所有设计的人员划为设计部门、从事采购的人员划为采购部门等，于是便有了设计、采购、施工、财务、人事等部门。

采用职能式组织形式的企业在进行项目管理组织设计时，是从企业各职能部门抽调人员派驻项目，承担项目需要的职能范围内的工作。这种组织形式的特点一是组织界限不十分明确，组织的成员并没有脱离原来的职能部门，从事项目管理工作多属于兼职；二是没有明确的项目主管或项目经理，项目中各种职能的协调只能由相应职能部门主管或分管领导来协调。例如，若实施过程中设计人员与施工人员发生矛盾，只能由设计主管部门经理和施工主管部门经理协调处理。图 4-2 为某一工程承包企业采用职能式组织进行项目工作时的组织形式示例图。

职能式组织形式的优点主要有：

（1）有利于企业专业技术水平的提升。由于职能式组织形式是以职能的相似性来划分部门的，同一部门的人员可以交流经验及共同研究，有利于专业人才专心致志地钻研本专业领域的理论知识，有利

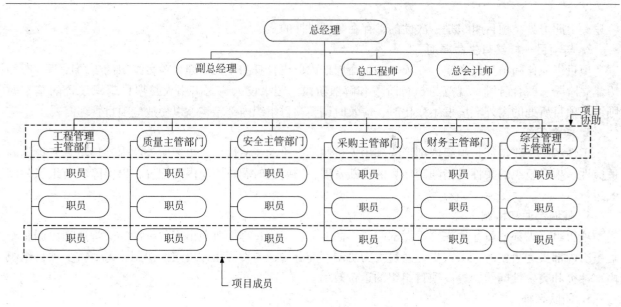

图 4-2　职能式组织结构示例图

于职员积累经验并提高业务水平。这种结构为项目实施提供了强大的技术支持，当项目遇到困难之时，其相关职能部门可以联合攻关。

（2）资源利用的灵活性与低成本。职能式组织形式下，项目实施组织中的人员或其他资源仍归原职能部门领导，因此职能部门可以根据企业承担的不同项目的需要分配资源。当某人从某项目退出或暂时闲置时，部门主管可以安排他到另一个项目去工作，灵活配置人力资源，降低闲置成本。

（3）有利于从整体协调企业活动。由于职能部门只能承担项目中本职能范围的责任，并不对项目的最终结果负责，每个部门负责人都直接向企业主管负责，因此要求企业主管要从企业全局出发进行协调与控制。因此有学者说这种组织形式"提供了在上层加强控制的手段"。

职能式组织形式的缺点主要有：

（1）协调的难度。由于项目实施组织没有明确的项目经理，而每个职能部门出于职能的差异性及本部门的局部利益，容易从本部门的角度去考虑问题，因此发生部门间的冲突时，部门经理之间很难进行协调，这会影响企业整体目标的实现。

（2）项目组成员责任淡化。由于项目实施组织成员只是临时从职能部门抽调而来的，有时工作的重心还在职能部门，因此很难树立起积极承担项目责任的意识。尽管个人在职能范围内也承担相应责任，然而项目是由各部门组成的有机系统，还必须要有人对项目总体承担责任。这种职能式的组织形式不能保证项目责任的完全落实。

2. 项目式

项目式组织形式是企业按项目划归所有资源，即每个项目有完成项目任务所必需的所有资源，组织的经营业务由一个个项目组合而成，每个项目之间相互独立。每个项目的实施组织有明确的项目经理或项目负责人，责任明确，对上直接接受企业总经理或项目主管领导，对下负责本项目资源的运用以完成项目任务。在这种组织形式下，项目可以直接获得企业内部的大部分资源，必要时还可以从企业外部获取必要资源，项目经理具有较大的独立性和对项目的绝对权力，项目经理对项目的总体负责。如某企业承包了三个项目，分别是风电建设项目、水电站建设项目和火电厂建设项目，企业总经理则按项目建设的需要获取并分配人员及其他资源，形成三个独立的项目部，即风电建设项目部、水电站建设项目部和火电厂建设项目部，结束以后项目组织随之解散，具体结构如图 4-3 所示。项目式组织形式适用于规模大、项目多的公司。

项目式组织形式的优点主要有：

（1）目标明确及统一指挥。项目式组织形式是基于某项目而组建的，有明确的项目目标，而每个

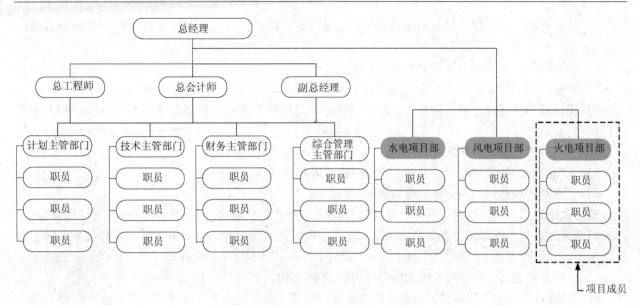

图 4-3　项目式组织结构示例图

项目成员的责任及目标也是通过对项目总目标的分解而获得的。同时项目成员只受项目经理领导，不会出现多头领导的现象。

（2）有利于项目控制。由于项目式组织形式按项目划分资源，项目经理在项目范围内具有绝对的控制权，有利于项目进度、成本、质量等方面的控制与协调。

（3）有利于全面型人才的成长。一方面，项目实施涉及计划、组织、用人、指挥与控制等多种职能，因此项目式组织形式提供了全面型管理人才的成长之路；另一方面，一个项目组织由不同专业才能的人员组成，人员之间的相互交流学习也为员工的能力开发提供了良好的场所。

项目式组织形式的缺点主要有：

（1）机构重复及资源的闲置。项目式组织形式按项目所需来设置机构及获取相应的资源，这样一来就会使每个项目有自己的一套机构，一方面是完成项目任务的必须，另一方面是企业从整体上进行项目管理的必要，这就造成了机构重复设置。在包括人员在内的资源使用方面，无论使用频率高低都要拥有资源，这样当这些资源闲置时，也很难被其他项目利用，造成闲置成本很大。

（2）不利于企业专业技术水平的提高。项目式组织形式并没有给专业技术人员提供同行交流与互相学习的机会，不利于形成专业人员钻研本专业业务的氛围。

（3）不稳定性。项目的一次性特点使得项目式组织形式随项目的产生而建立，也随项目的结束而解体，因此，无论从企业整体角度还是项目组织内部来看，其资源及结构会不停地发生变化而导致组织不稳定。

3. 矩阵式

矩阵式组织形式是综合职能式组织形式和项目式组织形式各自优缺点的一种组织形式。矩阵式组织形式的特点是企业将按照职能划分的纵向部门与按照项目划分的横向部门结合起来，以构成类似矩阵的管理系统。矩阵式组织形式首先在美国军事工业中实行，它适应于多品种、结构工艺复杂、品种变换频繁的场合。

在矩阵组织中，项目经理在项目活动的"什么"和"何时"方面，即内容和时间方面对职能部门行使权力，而各职能部门负责人决定"如何"支持。每个项目经理直接向最高管理层负责，并由最高管理层授权。而职能部门则从另一方面来控制，对各种资源做出合理的分配和有效的控制调度。职能部门负责人既要对他们的直线上司负责，也要对项目经理负责。

（1）矩阵式组织形式的基本原则。

矩阵式组织形式的基本原则包括：

1）任命专职项目经理，其有明确的责任，也有充分的授权。项目经理必须在项目上花费全部时间和精力。

2）必须同时存在纵向和横向两条通信渠道。

3）要从组织上保证有迅速、有效的办法来解决矛盾。

4）无论是项目经理之间，还是项目经理与职能部门负责人之间，都要有确切的沟通渠道和自由交流的机会。

5）各个经理都必须服从统一的计划。

6）纵向或横向的经理都要为合理利用资源进行谈判和磋商。

7）必须允许项目作为一个独立的实体来运行。

矩阵式组织形式中的职权以纵向、横向和斜向在一个企业里流动，因此在任何一个项目的管理中，都需要项目经理与职能部门负责人共同协作，将两者很好地结合起来。要使矩阵组织能有效地运转，必须考虑和处理好以下几个问题：

1）应该如何创造一种能将各种职能综合协调起来的环境？

由于具有每个职能部门从其职能出发只考虑项目的某一方面的倾向，考虑和处理好这个问题是非常必要的。

2）一个项目中某个要素比其他要素更为重要是由谁来决定的？

考虑这个问题就可以使主要矛盾迎刃而解。

3）纵向职能系统应该怎样运转才能保证实现项目的目标，而又不与其他项目发生矛盾？

要处理好这些问题，项目经理与职能部门负责人要相互理解对方的立场、权力以及职责，并经常进行磋商。

（2）矩阵式组织形式的分类。

按项目经理权力大小及其他项目特点，矩阵式项目组织形式又可以分为强矩阵式、弱矩阵式和平衡矩阵式。

在强矩阵式组织形式中，资源均由职能部门所有和控制，每个项目经理根据项目需要向职能部门借用资源。各项目是一个临时性组织，一旦项目任务完成后就解散，各专业人员又回到各职能部门再执行其他任务。项目经理向项目管理部门经理或总经理负责，他领导本项目内的一切人员，通过项目管理职能，协调各职能部门派来的人员以完成项目任务。图 4-4 为某工程承包企业采取强矩阵式组织进行项目工作时的组织形式示例图。

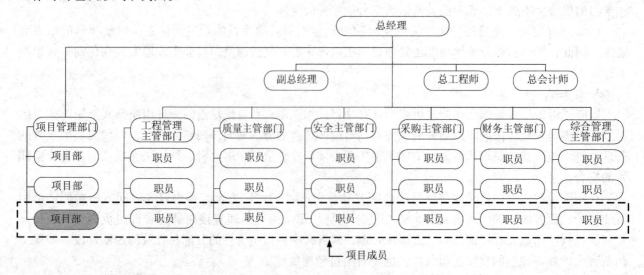

图 4-4　强矩阵式组织结构示意图

弱矩阵式组织形式基本上保留了职能式组织形式的主要特征。但是为了更好地实施项目，建立了相对明确的项目管理团队，团队成员由各职能部门派出人员组成。但这种组织形式并没有明确对项目目标负责的项目经理，即使有项目负责人，他的角色只不过是一个项目协调者或项目监督者，而不是真正意义上的项目管理者，项目团队成员唯一直接领导还是各自职能部门的负责人。弱矩阵式组织形式优于项目的职能式组织形式，但是由于项目化特征较弱，当项目涉及各职能部门且产生矛盾时，还是会发生协调难的问题。图 4-5 为某企业采取弱矩阵式组织进行项目工作时的组织形式示例图，该企业在实施某项目时，在工程管理职能部门任命一位项目协调/监督员，负责项目协调和监督工作。但是这一项目协调/监督员没有项目经理应有的权力，项目成员唯一的直接领导是各自的职能部门负责人。

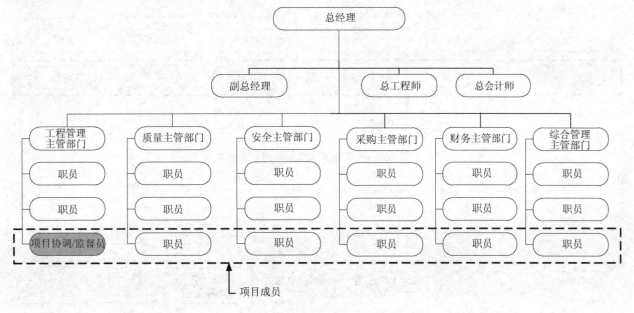

图 4-5　弱矩阵式组织结构示例图

平衡矩阵式组织形式，或称中矩阵式组织形式，是为了加强对项目的管理而对弱矩阵形式的改进。其与弱矩阵组织形式的区别是从职能管理部门参与本项目的人员中任命一位项目经理，并赋予项目经理一定的责任和授予一定权力，对项目总体目标的实现负责。在平衡矩阵式组织形式中，项目经理为实现项目目标可以调动和指挥职能部门中的相关资源。图 4-6 为某企业采取平衡矩阵式进行项目工作时的组织形式示例图，该企业在实施某项项目时，在工程管理职能部门任命一位项目经理，对项目总体与项目目标负责。

尽管矩阵式组织形式结合了项目职能式和项目式组织形式的优点，但是它本身还有一定的不足。矩阵式组织形式的不足也正是项目式及职能式组织形式的优点，其主要不足表现在有项目行政和职能两个上级，这导致：第一，项目成员受到多头领导而无所适从；第二，在多项目争取职能部门资源时，可能的协调问题使资源无法得到有效配置；第三，项目成功之时，职能经理与项目经理可能会争抢功劳，而项目失败之时，两者又可能会争相逃避责任。因此尽管从图形上看，任何一种矩阵式组织形式都是棋子状，然而现实中可能出现不规则的渔网状形态，还会可能出现矩阵式组织形式与其他形式混合使用的情况。

在实际中企业很少单独使用一种组织形式，许多企业采用矩阵形式与其他两种形式混合使用。例如当一个部门的某一个小组成员经常为某项目提供服务之时，一般可以将该小组作为一个独立的职能单元，而从项目组角度出发可以将这部分服务作为独立的子项目转包给这个职能小组。图 4-7 为某承包企业采用复合式矩阵组织形式进行风电建设项目实施，其中企业设备采购由物资设备部统一负责，也即企业将项目采购任务看作风电建设项目的子项目委托企业物资设备部执行。

（3）矩阵式组织形式的优缺点。

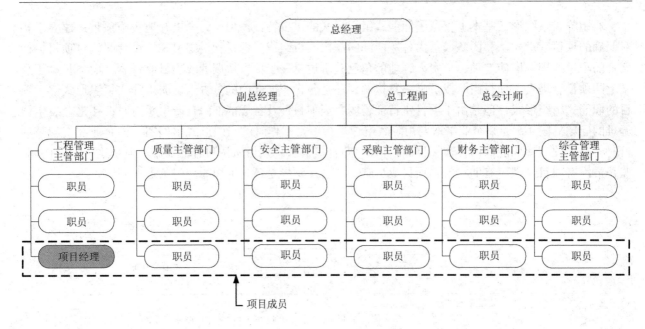

图 4-6　平衡矩阵式组织结构示意图

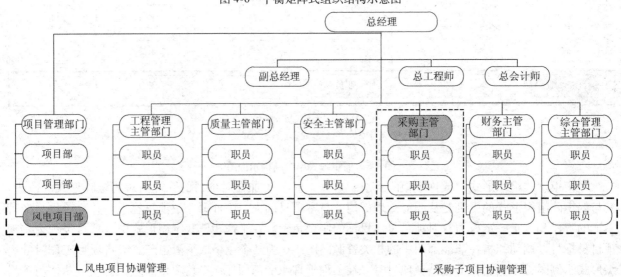

图 4-7　复合式矩阵组织结构示例图

矩阵式组织形式有很多优点：

1）强调了项目组织是所有有关项目活动的焦点。

2）项目经理拥有人力、资金等资源的最大控制权，每个项目都可以独立地制订自己的策略和方法。

3）职能组织中专家的储备提供了人力利用的灵活性，对所有计划可按需要的相对重要性使用专门人才。

4）由于交流渠道的建立和决策点的集中，对环境的变化以及项目的需要能迅速地做出反应。

5）当指定的项目不再需要时，项目人员有其职能归宿，大都返回原来的职能部门。他们对于项目完成后的鉴定与奖励有较高的敏感度，能指出个人的职业努力方向。

6）由于关键技术人员能够为项目所共用，充分利用了人才资源，使项目费用降低，有利于项目人员的成长和提高。

7）矛盾最少，一旦出现也能通过组织体系快速解决。

8）通过内部的检查和平衡，以及项目组织与职能组织间经常性的协商，可以得到时间、费用以及运行的较好平衡。

但矩阵式组织形式也有一些缺点：

1）职能组织与项目组织间的平衡需要持续进行监督，以防止双方相互削弱。

2）在开始制定政策和方法时，需要花费较多的时间和劳动量。

3）每个项目独立进行，容易产生重复性劳动。

4）对时间、费用以及运行参数的平衡必须加以监控，以保证不因时间和费用而忽视技术运行。

项目的组织结构对于项目的管理实施具有一定的影响，然而任何一种组织形式都有它的优点和缺点，没有一种形式能适用于一切场合、甚至同一个项目的寿命周期。所以，项目管理组织在项目寿命周期内为适应不同发展阶段的不同突出要求而加以改变也是很自然的。项目应围绕工作来组织，工作变了，项目的范围也应跟着改变。在实际工作中，必须注意这一点。一般来讲，职能式结构有利于提高效率，项目式结构有利于取得效果，矩阵式结构兼具两者优点，但也有某些不利因素。

4.1.4　项目组织设计

1. 项目组织设计的一般原则

项目组织设计是项目管理活动的关键，它以项目的目标和任务为基础，研究项目所处的内部与外部环境，确定相应的内部组织结构，再划分和确定组织内部各部门或分支，使它们之间有机地相互联系和协调，为实现项目综合目标而共同协作。简而言之，项目组织设计就是要弄清楚谁要做什么，谁要对何种结果负责，以及组织各部门和个人之间的任务分工和管理职能。与此同时，组织内部应该提供能反映和支持项目管理活动的信息沟通网络。项目组织设计的核心内容是项目组织机构设置，从现代管理的理论和实践来看，项目组织机构的设置应遵循以下原则。

（1）目的性原则。

项目组织的第一个特征就是组织的目的性，因而项目机构设置也具有目的性。项目组织设置的目的是为了产生项目组织内部各部门的功能，实现项目管理的综合目标。以这一根本目标为基础，项目组织机构内部应根据项目各目标设定内部事务，因事务设定组织机构、确定编制，按编制设定岗位、确定人员，以职责定制度、授权力。相反，如果项目组织机构设置过程中因人设事，则势必会导致组织机构的臃肿、各部门和人员职责不清、项目成员之间相互扯皮、办事效率低下。

（2）精干高效原则。

项目组织机构的人员设置不应追求全、多，应以满足项目管理为原则，尽量简化项目组织机构，做到精干高效。人员配置应注重使用综合性人才，力求做到一专多能，一人多职。

（3）管理跨度和分层统一的原则。

管理跨度亦称管理幅度，是指一个主管人员直接管理的下属人员的数量，它直接影响领导者的管理工作效率。一般管理跨度越大，管理人员接触关系越多，处理人与人之间关系的数量也就越多。因此，项目组织机构设计时，必须综合考虑，设定合适的管理跨度，确保项目管理人员有较高的管理效率。然而管理跨度大小一般又与管理分层有关：管理层次多了，管理的跨度就会小；管理层次少了，管理跨度就会大。因此，项目组织机构设置时应通过分析项目管理者的能力、项目的规模以及项目的内外部环境，确定合理的跨度和层次。一般对工程项目管理层来说，管理跨度应尽量少些，以集中精力于项目管理。例如，鲁布革水电站工程中，项目管理层次为 4 层，包括所长、课长、系长、工长，项目经理的管理跨度是 5。

（4）业务系统化管理原则。

项目管理是一个系统工程，各管理子系统共同构成项目管理系统，各系统之间存在着矛盾或重叠的工作内容，这就要求在设计项目组织机构时以项目业务工作系统化为指导原则，全面考虑各层间的关系、分层与跨度关系、内部部门划分、授权范围、人员配备及信息沟通等因素。项目组织机构应是一个严密的、封闭的组织系统，内部分工明确，各成员共同协作完成项目管理综合目标。

（5）灵活性原则。

工程建设项目生命周期内各阶段的工作目标、任务和要求不同，而且随着项目内外部环境的变化，项目目标、任务和要求可能也将随之变化。因此，项目组织机构设置时不能一成不变，应具有灵活性，要随时准备调整组织内部门和人员设置，以适应项目目标、任务和要求的变动。

（6）项目组织与企业组织一体化原则。

项目组织机构的设置以企业组织机构为基础，它是企业组织机构的有机组成部分。从管理角度来看，企业是项目组织的外部环境，项目组织内部人员全部来自企业各部门，项目组织解体后，其人员仍回到企业各部门。因此，项目的组织形式必然与企业的组织形式存在一定的关系，不能离开企业的组织形式去研究设计项目的组织形式。

2. 项目管理组织形式的选择

项目管理以其目标明确、组织灵活、效果显著、适应性强等优势而倍受现代企业青睐。项目管理的基本核心是项目组织，作为完成一个项目主要工作的相关利益主体——项目组织所起的作用是非常重要的。项目组织，顾名思义，就是为了产生组织功能，实现项目目标而设立的组织，项目组织形式的选择直接关系到项目完成的质量。而不同的项目组织形式在项目管理上都呈现不同特点。职能式、项目式和矩阵式三种组织形式的主要优缺点如表4-1所示。

表4-1 三种组织结构形式的比较

组织结构	优点	缺点
职能式	·管理连续 ·没有重复活动 ·职能优异	·管理没有权威性 ·不利于交流 ·不注重客户
项目式	·指令一致 ·能控制资源团队 ·向客户负责	·成本较高 ·项目间缺乏知识信息交流
矩阵式	·有效利用资源 ·所有专业知识的共享 ·促进学习、交流知识 ·沟通良好 ·注重客户	·双层汇报关系 ·需要平衡权力 ·信息回路复杂

不同的项目组织形式对项目实施的影响不同，表4-2列出了主要组织结构形式及其对项目实施的影响。

表4-2 项目组织结构形式及其对项目的影响

特征 ＼ 组织形式	职能式	矩阵式			项目式
		弱矩阵	平衡矩阵	强矩阵	
项目经理的权限	很少或没有	有限	小到中等	中等到大	很高，甚至全权
全职工作人员的比例	几乎没有	0～25%	15%～60%	50%～95%	85%～100%
项目经理投入时间	半职	半职	全职	全职	全职
项目经理的常用头衔	项目协调员	项目主管	项目经理	项目经理	项目经理
项目管理行政人员	兼职	兼职	半职	全职	全职

在具体的项目实践中，究竟选择何种项目组织形式没有公式可循，一般只能充分考虑各种组织结构的特点、企业的特点、项目的特点和项目所处的环境等因素，才能做出较为适当的选择。因此，在选择项目组织形式时，了解制约项目组织选择的因素非常重要，表 4-3 列出了影响项目组织选择的关键因素与组织形式之间的关系。

表 4-3　影响组织选择的关键因素

组织结构 影响因素	职能式	矩阵式	项目式
不确定性	低	高	高
所用技术	标准	复杂	新
负责程度	低	中等	高
持续时间	短	中等	长
规模	小	中等	大
重要性	低	中等	高
客户类型	各种各样	中等	单一
对内部依赖性	弱	中等	强
对外部依赖性	强	中等	弱
时间限制性	弱	中等	强

一般来说，职能式组织结构比较适用于规模较小、偏重于技术的项目，而不适用于环境变化较大的项目。当一个公司中包括许多项目，或项目的规模较大、技术较复杂时，则应选择项目式组织结构。同职能式组织相比，在对付不稳定的环境时，项目式组织显示出了自己潜在的长处，这来自于项目团队的整体性和各类人才的紧密合作。同前两种组织结构相比，矩阵式这种形式无疑能够充分利用企业资源，且由于其融合了两种结构的优点，这种组织形式在进行技术复杂、规模巨大的项目管理时呈现出了明显的优势。

4.2　权变理论与柔性组织管理

4.2.1　权变理论概述

1. 权变理论发展

权变理论（Contingency Theory），又称应变理论、权变管理理论，最早被人们提出是在 20 世纪 60 年代末~70 年代初，它是在经验主义学派基础上演变而生的以"应变思想"为核心的一种管理理论。20 世纪 70 年代，社会动荡不安、经济萧条、政治骚动以及石油危机对美国社会产生了深远的影响，企业所处的外部环境有很大的不确定性。理论界和实务界都在研究采取什么措施改变现状，但以往的管理理论都侧重于企业内部组织管理的研究，而且大多都在追求普遍适用的、最合适的管理方法与原则，在应对企业面临瞬息万变的外部环境所带来的各种问题时又显得无能为力。正是在这种背景下，人们不再相信会有一种最好、最适合的管理方法，而认为出现问题应随机应变，于是形成一种管理取决于组织所处环境状况的理论，即权变理论。20 世纪 70~80 年代成为西方管理理论和实践界研究的热点和焦点。

近些年来，越来越多的企业开始研究权变理论在项目管理领域中的应用。企业利用权变理论进行项目组织设计和项目过程控制，降低项目管理风险，提高项目管理效率。

2. 权变理论的基本观点

权变理论来源于系统理论，通过研究组织的环境变量与管理变量之间存在的权变关系，认为组织的管理方式应与组织所处的具体环境相适应，旨在提出针对不同的环境条件，采取最合适于实现组织目标的管理方式的一种管理理论。其基本观点包括以下几点。

首先，权变理论以系统理论为基础，认为组织是一个与其环境不断相互作用而获得发展的开放性系统。组织的管理活动所形成的管理系统是整个开放系统中的一部分，必须放在整个系统中来认识，系统观是权变理论的出发点。

其次，权变理论认为在组织所处内外部环境复杂多变的情况下，不可能存在某种适用于一切情况和一切组织的普遍管理方式，只能针对具体情况选择适宜的管理方式，做到随机应变，这是权变理论的基本原则。莫尔斯和洛希提出的"超 Y 理论"也阐述了相似的观点，他们认为，管理方式应根据工作性质、环境特点、职工素质等因素而确定，不应一概而论。其主要观点为：

（1）人们加入组织时，怀着许多不同的需要，而且需要类型也不同。

（2）组织内不同的人对管理模式和方法的要求也不同。

（3）组织的目标、工作性质、环境特点、职工素质等因素直接影响组织的结构和管理方式。

权变理论虽然对"存在着普遍管理原则"的观点持有否定态度，但是它通过研究并提出组织的内外部环境因素与管理方式之间存在着一定的权变关系，实际上表达了在"一定的环境条件"这一根本前提下，存在着最适于实现组织目标的管理方式这一基本观点。

3. 权变理论的理论框架

权变理论的基本框架主要由三个重要部分构成：环境因素、组织管理变量和权变关系。

（1）环境因素变量。

在古典的组织分析中，由于当时的环境条件简单而稳定，因此环境变量在很长一段时间内被忽视。然而，随着社会的不断发展，环境条件瞬息万变，权变理论学派的研究者清楚地认识到环境变量对于组织生存和发展的重要性。因此，权变理论研究的一个重要目标就是确定影响一个特定组织生存和发展的相关环境因素。但是，由于环境因素的变动性和不确定性，使得这个任务极难完成。一般而言，影响组织生存和发展的环境因素变量可以分为外部环境变量和内部环境变量。权变理论不断研究如何对环境因素变量进行合理的分类，同时尽可能地研究并验证不同的环境因素对于组织最终权变关系的确定产生的影响。

（2）组织管理因素变量。

组织管理因素变量是组织结构和管理方式的表现。任何有关于组织的理论研究，其最终目的都是为组织的结构设计和管理服务。因此，就权变理论来讲，如何研究分析组织生存环境来进行组织内部结构设计以及管理模型的建构极其重要，这也是权变理论在组织管理实践中的具体应用。

（3）权变关系。

所谓的权变关系是指组织环境因素与组织管理因素之间所构成的一种函数关系，是相对确定的和可控的。它是权变理论的核心内容，也是权变理论思路与其他学派不同的地方。因此，确定的权变关系不仅可以转化为具体的行动策略，还可以用来指导实践。但权变关系并没有否定环境因素的复杂性和多变性，而只是提供一个思考环境复杂性的途径。权变关系也并没有机械地回答组织设计和管理上涉及的所有问题，而只是通过对经验的研究，尽可能多地获得权变关系，从而用来指导实践。

4. 组织结构设计的权变因素

现代组织理论的精髓不是提供那些普遍适用的共同原理，而在于提出了权变的组织理论。通过研究，管理组织在结构设计过程中必须要考虑的权变因素包括组织面临的环境、规模、技术、战略、文化五大方面，如图 4-8 所示。

（1）组织环境。

任何一个组织都是整个社会经济体系中的一个基层性的子系统。整个社会是组织赖以生存和发展的土壤。组织外部环境的变化，都会直接或间接地对组织的生产经营产生影响。

（2）组织规模。

组织规模是组织结构设计必须考虑的一个基本的、重要的变量。不同规模的组织，在组织结构上具有明显的差别。组织规模的衡量可以用多种指标来表示。例如，常用的有：职工人数、生产能力（年产量）、年销售额、企业投资额等。

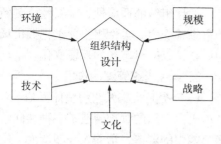

图 4-8 影响组织结构设计的权变因素

（3）组织技术。

技术，是指把原材料加工成产品并销售出去这一转换过程中有关的知识、工具和技艺。技术对组织结构的影响，应当分别从不同层次加以分析。

（4）组织战略。

经营战略是组织面对竞争和挑战的环境，为求生存和发展而进行的总体性谋划。它具有全局性、长远性、抗争性和纲领性的特点，是组织综合考虑了外部环境、内部条件、目标而作出的对策和反应。

（5）组织文化。

组织文化是指一个组织在长期发展过程中所形成的价值观、群体意识、道德规范、行为准则、特色、管理风格以及传统习惯的总和，属于管理的软件范围。组织结构是组织在管理上的职能架构，是组织执行管理载体。组织内部人员的价值观、管理思维、行为准则会潜移默化地影响组织结构设计。组织结构必须符合组织的文化，否则组织管理效能将大打折扣。

4.2.2 柔性组织管理

1. 柔性组织的内涵

所谓的柔性组织，是指与动态竞争条件相适应的具有不断适应环境、不断学习创新以及自我调整能力的新型组织形态，它是相对于传统刚性组织而言的。柔性组织的管理体制和机构设置都具有较大的灵活性，对企业复杂多变的经营环境具有较强的应变能力，其具体结构表现为网络化和扁平化。虚拟组织、工作团队、项目小组、网络组织、无边界组织等都是不同类型的柔性组织。

2. 柔性组织的特征

（1）适应性。

当今市场环境复杂多变，企业要想长期稳定生存发展就必需根据外部环境的变化，适时调整自己的战略。而组织是为企业战略服务的，它必须与企业战略相匹配、相适应，因此，柔性组织的出现提高了组织对于市场环境变化的适应性。

（2）学习性。

学习性是柔性组织最为关键的特征。在 21 世纪随着经济、科技、文化的不断发展，社会全面进入了知识经济的时代。柔性组织的学习性是指组织内部成员拥有一个共同的目标或愿景，有自主管理能力，善于不断学习创新，确保组织能对瞬息万变的市场随时作出反应，使得组织本身可以预测环境的变化，并自行调整。

（3）创新性。

创新已经成为 21 世纪企业生存和发展的主题，是保持组织竞争优势，使组织在市场中立于不败之地的关键因素。柔性组织结构形态有利于组织成员之间高效地进行信息沟通，也有利于组织成员之间相互学习。另外，柔性组织的民主化决策方式可以有效地调动组织成员创新的积极性。

（4）敏锐性。

柔性组织的适应性、学习性、创新性使得它具有对市场灵敏的监测、控制和反应能力，即具有敏锐的市场感受力。柔性组织善于把握市场动态，一旦市场环境发生变化，它会立即发现，并迅速作出相应的调整，以应对市场的环境变化。

3. 柔性组织管理的作用

（1）提高员工及组织整体素质。

柔性组织的管理营造了一种共同学习与知识共享的氛围，可以帮助组织内部成员完成个人心智的转变与能力的塑造，培养人、塑造人、发展人，整合与提高员工及组织整体素质。

（2）提高生产效率和效益。

柔性组织的管理有利于组织加快内部信息的传播速度，及时调整人力和物力资源，把各部门具有不同知识背景和技术能力的人集中于一个特定的动态团体之中，共同完成某个特定的目标。同时，柔性组织管理有利于成员之间互相学习、知识共享和优势互补，及时解决问题，使得组织内部的管理流程和业务流程进一步合理化，促进技术改进和创新，缩短生产周期，提高组织生产效率和效益。

（3）增强组织的市场竞争力。

柔性组织的管理强调上级与下级之间的直接沟通，减少了沟通的层次，提高了信息沟通效率，有利于组织决策与管理的有效执行。同时，由于管理层次的减少，使得组织根据市场环境变化能够随时调整其管理策略，提高对市场环境的适应能力，从而降低生产经营过程中的风险成本，增强组织的市场竞争力。

4.3 ADAMA 风电 EPC 总承包项目组织管理

4.3.1 项目组织结构的权变因素分析

水电顾问集团依据权变管理理论，在借鉴一般组织结构设计权变因素的基础上，结合 ADAMA 风电 EPC 总承包项目组织特点，分析了影响项目组织结构设计的 8 个重要权变因素（如图 4-9 所示），科学地设计了项目组织结构。8 个重要权变因素分述如下：

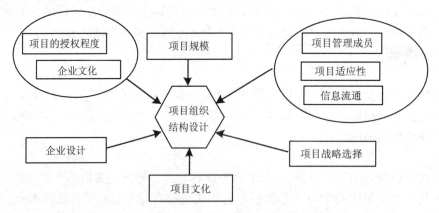

图 4-9 影响 ADAMA 风电 EPC 总承包项目组织结构的权变因素

1. 项目文化

项目文化作为项目组织的权变因素中的文化因素，包括 3 个层面：文化的普遍性、项目成员的认可度、对项目的认同度。ADAMA 风电 EPC 总承包项目是一个以联营体方式承包的项目，项目管理团队成员来自不同的单位、不同国别，为一多元文化团队。面对这样的情况，公司决定建设以水电顾问集团企业文化为基础，突出中国特色的项目文化。首先，项目管理团队以水电顾问集团为主组建，在项目管理团队中突出水电顾问企业文化的份量。其次，组建项目党支部，设立项目党支部书记岗位，负责项目部文化建设。项目部文化建设采取结合所在国人文环境，结合本土化管理要求，结合外籍用工现状，结合项目员工远离祖国、远离亲人、环境艰苦这一现实，重点抓人文关怀，抓人才培养，抓管理创新，抓文化融合，大大提高了项目部文化的认可度、对项目的认同度。

2. 内部环境

项目组织是企业组织的临时性子组织，企业外部环境需要通过企业战略决策、企业文化、领导机制等对项目组织发生作用而不直接影响项目组织结构特征，因此把企业的外部环境的相关因素剔除，而将项目的授权程度和企业文化作为项目组织的内部环境因素。

在考虑项目授权程度和企业文化的组织内部权变因素基础上，设立联营体管委会为 ADAMA 风电 EPC 总承包项目管理最高决策机构，管委会成员由联营体双方企业领导共同组成，由联营体授权国际公司对项目进行管理，为项目执行组建项目部。该项目部实行一套人马、两块牌子，即在项目属地的法律注册、对外沟通均以联营体项目部的名义进行，对内直接接受国际公司管理。项目部之上的两级管理，实际合并为国际公司一级管理，除非特别重大的决策事项。同时，两级管理层同时授权项目经理相关执行权利。

3. 项目规模

ADAMA 风电 EPC 总承包项目是中国标准、中国技术、中国设备、中国管理等全产业链第一个走向国际市场的规模风电项目，国际项目管理经验不足，需要多专业、复合型人员组成管理团队完成项目执行。针对这一权变因素，水电顾问集团整合集团设计与施工优势，委托国际公司作为项目管理执行单位，全面负责项目执行管理；同时，在合同允许范围内将部分工程进行委托分包，确保了项目人力资源配置。

4. 企业技术特点

项目往往和企业具有相同或相似的技术特点，因此将权变因素中的技术因素仍旧保留为企业技术因素。它不仅包括设备、生产工艺，而且包括了职工的知识和技能。由于 ADAMA 风电 EPC 总承包项目是中国风电全产业链出口的承包项目，采用的是中国技术标准，由于项目业主方对于中国技术标准不熟悉，因此项目的技术沟通、技术协调尤为重要。针对这一权变因素，不仅在机构组建时在项目部设置项目总工岗位负责项目技术管理与协调，同时，公司技术部门担任了技术协助、技术指导、技术监督等管理工作，保障了项目技术问题的及时解决。

5. 项目的战略选择

ADAMA 风电 EPC 总承包项目是中国风电全产业链出口的总承包项目，也是水电顾问集团"国际优先"发展战略的窗口项目，从战略考虑，必须集中优势资源保障项目的顺利完成。因此，在该项目的执行过程中，无论是技术、还是资金、人员保障上，都给予优先考虑。

6. 项目管理成员的能力

同样的组织机构，配备不同的人员来管理，其结果显然是不同的。因此项目管理成员的能力是项目组织设计中的重要的权变因素。针对这一权变因素，结合项目的战略选择，公司组建了国内事务部，集中公司专业和人员优势，保障项目设备、材料按照项目建设进度要求及时进口到场。其次，在境外设立了专业齐全、有一定管理经验与管理能力的项目管理人员担任项目现场管理工作，保证了项目顺利进行。

7. 项目管理系统与企业管理系统的结合

项目组织的管理系统与企业的管理系统是否协调，将直接影响到项目组织的管理绩效。对于这一权变因素，公司在设计项目组织内部结构，充分考虑到这点，项目部直接接受公司职能部门监管，项目部工作方法和流程统一按照公司的管理制度执行。

8. 信息流通

国际项目管理涉及的干系人多，所处环境因素复杂多变，准确、快速的信息流通成为一个极其重要的因素，项目执行过程中的各类信息的集成程度和流通方式、流通范围直接影响到项目组织结构的设计，也是项目组织的重要权变因素。针对这一因素，ADAMA 风电 EPC 总承包项目部设立对外联络部，负责项目对外联络和沟通，设立综合管理部负责项目内部的联络与沟通。

4.3.2　基于权变项目组织机构设计

1. ADAMA 风电 EPC 总承包项目管理组织框架

基于影响 ADAMA 风电 EPC 总承包项目组织结构设计的权变因素分析结果，该项目管理整体组织框架具体如图 4-10 所示。

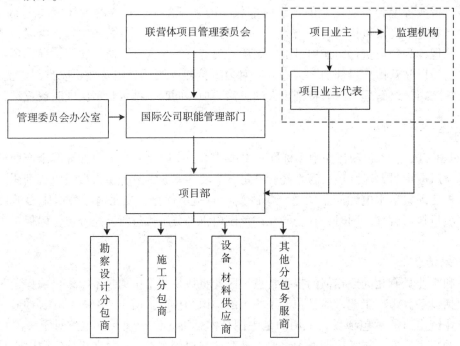

图 4-10　ADAMA 风电 EPC 总承包项目管理整体组织框架

（1）联营体项目管委会是项目执行的最高层管理，负责项目特别重大事件的决策和协调处理。管委会下设办公室负责项目管理委员会的日常工作管理，办公室设在国际公司项目管理职能部门，便于直接对项目进行监管、联络和协调。

（2）联营体项目管理委员委托国际公司负责项目执行。国际公司决策层负责对项目执行过程中的重大问题进行决策。国际公司职能监管部门负责对项目执行过程进行职能监管，定期向项目管委会和公司决策层报告项目执行情况。

（3）项目部具体负责项目的实施管理、项目分包商管理，定期向上层机构和领导、业主、监理汇报项目执行情况。

（4）联营体根据项目特点与合同约定将项目部分工程或服务进行委托分包，并与其签订分包合同，分包商服从项目部的领导和监管。

（5）项目业主或业主代表、监理在项目实施过程中负责对项目执行的进度、质量、安全与环境等进行监督管理，项目部定期或不定期向项目业主或业主代表、监理汇报项目进展情况。

2. 项目部组织机构设计

根据 ADAMA 风电 EPC 总承包项目权变因素分析结果，以水电顾问集团为主体的联营体设计了适合该项目管理的项目部组织机构，并配备相应的管理岗位，具体项目组织机构如图 4-11 所示。

项目部内部设置了项目经理、项目副经理、项目总工、安全总监、党支部书记、工程部、对外联络部、财务资金部、国内事务部、综合管理部等岗位和部门，并明确了项目部各岗位和部门的工作职责。

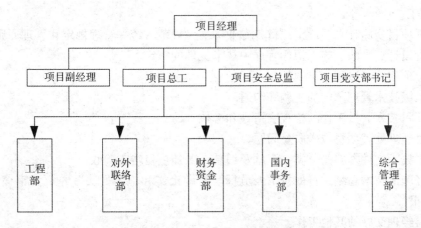

图 4-11　ADAMA 风电 EPC 总承包项目组织机构图

（1）项目经理。

1）贯彻执行本国和项目所在国有关法律、法规和工程技术标准，执行公司的管理制度，维护公司的合法权益，严格履行合同或协议。

2）协助组建项目团队，负责带领项目团队开展项目管理工作。

3）项目各项目标实现的第一责任人。

4）在授权范围内负责与业主、分包人及其他项目干系人协调，为项目实施创造良好的工作环境。

5）定期向业主、公司领导和有关主管部门汇报工程进展和项目实施中存在的重大问题。

6）建立完善的项目部内部各项管理制度，保障项目顺利进行。

7）按照合同与授权，组织处理与业主及分包单位在执行合同中的变更、纠纷、索赔、仲裁等事宜。

8）组织做好工程移交、竣工结算等工作，取得业主对工程项目的正式验收文件。

9）负责项目文化及项目保密工作。

10）负责对项目部人员的管理与考核。

11）组织做好项目总结和文件、资料的整理归档工作，提出项目完工报告，总结成功的经验、存在的问题和对今后工作的建议，为公司积累丰富的管理经验和资料。

（2）项目副经理。

1）参与制定项目部的管理制度。

2）协助项目经理对项目实施过程进行策划、组织、协调和控制，会同控制管理经理对项目进行控制，并监督实施执行情况。

3）协助项目经理做好与业主、分包人及其他项目干系人的协调和信息沟通工作。

4）根据分管内容，定期向项目经理汇报分管工作执行情况以及需要项目经理协助的重大问题。

5）参与项目实施过程中重大事件（重大 QHSE 事故、合同变更、索赔、竣工验收）的调查和处理。

6）完成项目经理交办的其他工作。

（3）项目党支部书记。

1）负责组建项目部党组织。

2）负责定期开展党员管理教育，建设廉政之风。

3）负责组织传达上级党组织的各种指示，积极宣传党的思想。

4）负责组织召开项目部各种党支部会议。

5）根据上级党组织指示，组织项目部党支部开展各项活动。

6）负责项目文化的建设。

7）完成上级党组织和项目经理等领导交办的其他工作。

（4）项目总工。

1）参与编制项目实施计划，确定项目各专业标准、规范、统一管理规定和管理原则。

2）全面负责设计、采购、施工招标管理中技术文件的审定。

3）负责指导项目实施过程中出现的技术问题。

4）负责与上级技术管理部门的协调和沟通。

5）主持对项目技术人员工作的检查、指导和考核。

6）协助项目经理处理项目技术质量问题。

7）主持竣工技术文件资料的分类、汇总及编制，参加项目竣工验收。

8）组织做好施工技术总结，督促技术人员撰写专题论文和施工方法，并负责审核、修改、签认后向上级推荐、申报。

9）完成项目经理交办的其他工作。

（5）安全总监。

1）贯彻执行国家与项目所在国的安全法律、法规，遵守业主和公司的职业健康安全、环境等规章制度。

2）根据公司要求，组织建立项目部职业健康安全、环境管理领导机构；建立健全项目部环境、职业健康安全保证体系和监督管理体系。

3）负责组织和审定项目部编制的 HSE 管理计划、应急预案、安全相关制度文件。

4）参与施工组织设计施工方案安全技术措施、专项安全措施方案的审查，并督促落实；负责组织项目应急预案的演练、实施。

5）监督项目部组织环境、职业健康安全目标考核、检查、教育、培训和安全信息报送、事故报告等日常管理工作。

6）参与、配合和主持项目实施过程中安全事故的调查、监督落实事故处理决定。

7）指导、监督、检查 HSE 工程师做好项目职业健康安全、环境管理工作。

8）完成上级安委会交办的其它工作。

（6）工程部。

1）组织编制、审查施工组织设计文件。

2）负责管理现场设代、审核设计变更。

3）负责组织验收到场的设备和材料。

4）负责管理分包单位、负责工程施工进度控制和工程质量管理。

5）负责工程施工安全和环境保护。

6）组织工程（包括单位、单项工程）验收。

7）负责审核分包商提交的工程量清单。

8）负责监督分包单位完成项目质保期的运行、维护。

9）负责汇总审核周、月进度报告，审核后交综合管理部翻译。

（7）对外联络部。

1）负责与业主的项目经理联络、沟通，协调项目有关事项，传递有关函件。

2）负责办理项目在当地的登记和注册。

3）负责协调埃塞俄比亚和吉布提政府有关部门（交通局、公路局、联邦警察、电力公司、通讯部门、有关地方政府等），为项目清关、运输等物流提供必要条件，为物流分包商有关人员办理工作许可、ID 卡和驾照，向埃塞俄比亚公路局和交警、吉布提交警申办陆路运输许可（含车辆临时牌照），监控物流分包商（包括海运和陆运）的运作过程，及时处理有关事项。

4）负责办理项目施工许可、环境许可。

5）负责办理来往埃塞俄比亚人员的邀请函、工作许可证、ID 卡，订购往来人员的机票，负责在亚的斯亚贝巴接待来项目的有关领导和客人。

6）配合工程建设和质量管理部、设计院与业主进行技术交流和沟通。

7）配合合同财务部与业主进行索赔和反索赔。

8）派出项目环境官员。

（8）财务资金部。

1）日常财务管理，包括财务报表编制与财务账套管理。

2）税收申报与缴税。

3）资金计划与收支管理。

4）出口退税的办理。

（9）国内事务部。

1）负责项目主要设备与材料的采购和合同谈判。

2）负责采购设备的生产监造及管理，包括进度、质量、试验检验、验收。

3）负责发往项目现场的所有设备、材料、物资的国内物流工作（含临时设备），包括设备、材料物资的出口商检、箱单发票等单证文件的制作与审核、报关、设备材料等集港、装船工作。

4）负责协助项目外事进行外事工作，包括签证资料、公证资料等的收集、办理。

5）负责协助项目来华访问人员的手续办理与国内接待工作。

6）负责国内采购的设备、材料、物资供应商的售后服务组织与缺陷修补工作。

7）收集、整理分包商的资质资料并向口行提交，配合口行审查。

8）负责与埃方船只就海运、装船及积载等的协调、沟通与管理。

9）协助项目设计沟通管理工作。

10）负责项目运行维护等生产组织和协调管理工作。

11）负责业主人员培训组织管理工作。

（10）综合管理部。

1）项目部人力资源（主要为当地员工）的管理（招聘和解聘、考勤、考核）。

2）为项目安委会办公室负责项目安全生产综合管理和项目部驻地的安全管理。

3）管理项目部印章、文件、档案、报纸，负责精神文明和宣传。

4）项目部生活后勤管理（含到项目部的领导、客人的接待）和卫生保障。

5）公共关系（项目所在地州政府、市政府、税务、警察、环保、土地、银行、通信、电力、供水、新闻媒体等）的建立和维护。

6）车辆交通管理。

7）项目部会议管理。

4.3.3 基于权变的项目部组织管理

基于权变理论的思想，ADAMA 风电 EPC 总承包项目管理者根据情况，对项目的各种要素尤其是项目组织结构及时作出调整，以保证项目的快速有效实施。

1. 基于项目特点成立临时管理组织

为了保证项目目标的顺利完成，ADAMA 风电 EPC 总承包项目的项目经理及时申请公司组织专家技术团队，解决项目关键或重要要素的管理问题。

（1）技术管理组织。

技术顾问班子——专家委员会，为项目的设备安装、调试、试运行以及并网发电质量检查、验收等提供技术支持。公司项目管理职能部门牵头成立的该专家团队由设计专家与外聘专家组成。

（2）质量管理组织。

由项目总工、质量安全经理、各专业工程师组建项目质量控制小组，在项目经理领导下负责策划、组织、协调和实施质量保证工作。

（3）安全管理组织。

ADAMA 风电 EPC 总承包项目建立项目现场安全生产领导机构（安全管理委员会），项目部项目经理为主任，安全总监为副主任，各分包单位现场负责人为成员。项目部和分包商安全管理人员负责具体安全管理工作，定期向项目安全管理委员会汇报项目安全管理情况。

2. 基于项目人员特点建立柔性的团队管理模式

ADAMA 风电 EPC 总承包项目项目经理根据国际工程项目的管理特点，结合属地人力资源情况与项目需求，令项目部分管理人员如秘书、保安、司机等实现属地化，极大地提高了管理效率，节约了项目成本。另外，针对项目团队年轻人有专业知识、有工作热情、有语言沟通能力，且工作环境适应能力强的特点，采取以老带新的管理模式，使部分年轻人管理水平快速提高，并及时让一些有事业心、有发展潜力的人才到相应岗位锻炼，极大地提高了团队的整体管理水平。

3. 基于项目供应商特点采用供应链的管理模式

ADAMA 风电 EPC 总承包项目的关键设备都在国内采购，如风机、塔筒、发电机、变压器等。这些设备都属于大件设备，而且技术复杂，设备的运输、安装、调试都面临着重大挑战。ADAMA 风电 EPC 总承包项目引进了供应链的管理模式，使其项目管理组织与供应商组成一体化的项目团队，通过规范的、引导性的管理发挥供应商的专业化优势，提高项目管理效率，确保项目目标的圆满实现。

4.3.4 项目团队管理

一个项目团队从开始到终止，是一个不断成长和变化的过程，这个过程可以描述为五个阶段：组建阶段、磨合阶段、正规阶段、成效阶段和解散阶段，如图 4-12 所示。

图 4-12　项目团队发展阶段

ADAMA 风电 EPC 总承包项目团队管理也同样经历以上五个阶段，尤其是项目团队组建初期阶段，由于项目团队人员来自不同单位和不同国家，团队的管理难度比较大。经过项目领导以及团队成员的不断磨合和探索，才逐步形成了 ADAMA 风电 EPC 总承包项目特有的项目团队文化。ADAMA 风电 EPC 总承包项目管理组织在项目团队建设方面采取了以下措施：

1. 科学选择团队人员

ADAMA 风电 EPC 总承包项目管理组织依据公司项目管理制度，明确项目团队选择标准，严格按照"因事选人、因岗选人"的原则，在项目策划阶段研究制订人员需求及配置计划，最终将合适的人选派在合适的岗位。

2. 项目团队部分属地化

为降低项目成本并能更好地融入当地文化，ADAMA 风电 EPC 总承包项目依据当地人力资源状况，招聘了部分当地工作人员，并按照当地的法律要求签订劳务合同。针对当地人员的工作习惯和文化习惯，制定项目外籍人员管理制度，确保当地人员加入之后，能很快融入项目团队。项目团队的属地化管理不仅有利于项目的实施，还融洽了地方关系，也体现了项目管理组织的社会责任。

3. 项目团队培训

培训是增强项目管理班子技能、知识和能力的活动。ADAMA 风电 EPC 总承包项目管理组织根据需要，定期或不定期地对项目部的国内外员工进行技术、安全、管理等方面知识与技能的培训，提升项目团队人员的综合能力。

4. 项目团队的沟通交流

项目团队的沟通交流一般通过项目例会、专题讨论会与各种业余文化活动等方式进行。由于团队大部分为中国员工，他们为项目建设远离家园，一般大半年甚至更长时间才能回国探亲，因此关心员工生活是项目管理组织非常关注、也非常重要的工作之一。对此，除经常组织工作会议，促进员工学习交流外，还经常开展文化娱乐活动，例如开展各种联谊活动、与当地员工一起欢度当地节日。项目团队之间的融洽和信任，大大提升了项目团队工作的效率，保障项目的顺利实施。

5. 项目团队考核与奖励

从日常工作考核到项目结束后的考核，ADAMA 风电 EPC 总承包项目管理组织建立了一套完整的项目考核机制，对团队管理工作起到了一定的激励作用，有效地促进项目管理目标的实现。

4.3.5　总结与展望

国际工程承包项目管理环境复杂多变，任何一种环境的变化，都可能影响项目的顺利实施。AD-AMA 风电 EPC 总承包项目管理组织在设计项目组织时，利用权变理论分析了项目组织设计的权变因素，设计了 ADAMA 风电 EPC 总承包项目组织。在柔性的组织管理模式上，采用灵活的项目团队组建和管理方法，成功地克服了面对的各种挑战，为该项目目标实现提供了有效的组织保证。

该项目在组织管理取得一定的成效的同时，还存在一些不足，值得项目管理组织改进和完善。例如由 ADAMA 风电 EPC 总承包项目的许多分包商都属于一个集团公司或联营体内，分包商在合同范围内实施中始终存在"关系"的优越感，使得项目部对分包商的监管上有时会显得力不从心。通过该项目的管理实践，对分包商同等条件下选择本系统内成员的方式，需要进一步研究探讨其适应性。

第5章 全寿命周期管理理论——ADAMA 风电 EPC 总承包项目生命周期管理

ADAMA 风电 EPC 总承包工程项目的全寿命周期的管理是站在国际工程项目全寿命周期的视角上，运用集成化管理的思想，将传统管理模式下相对分离的项目决策阶段、项目准备阶段、项目实施阶段、项目竣工验收阶段、项目运营阶段在管理目标、管理组织、管理手段等方面进行有机集成，建立项目各阶段的集成化管理系统，实现国际工程项目整体功能的优化和整体价值的提升，最大限度地满足干系人的利益。

在 ADAMA 风电 EPC 总承包工程项目统筹规划和决策阶段，项目联营体就开始协助埃塞俄比亚政府进行项目建设规划设计、项目建设的可行研究以及项目的立项审批；在建设阶段负责项目整体建设；在项目运营阶段，根据合同内容在一定时间内负责 ADAMA 风电场的运行和维护工作，为项目业主培训风电场管理运维人才。与此同时，水电顾问集团还应用一系列先进的技术手段和管理方法，对 ADAMA 风电 EPC 总承包工程项目每个阶段进行严密的管理，最大限度上保证了该项目的顺利完成。

5.1 全寿命周期管理理论

5.1.1 全寿命周期管理概述

全寿命周期管理理论（Life Cycle Cost, LCC）最早是关注产品经济性，强调工程整个寿命期内的经济效益。简单来讲，工程寿命周期内每个阶段都要做出经济预算并加以比较，承建方要对工程的全寿命负责到底。20 世纪 60 年代，全寿命周期管理理论主要用于激光制导导弹、先进战斗机、军队航母等武器生产的管理上，20 世纪 70 年代开始，才开始用于交通运输系统、航天科技、国防建设、能源工程、房屋建筑工程等领域。

随着其不断发展和完善，全寿命周期管理理论在工程项目管理领域的应用越来越多，而且关注重点不仅在费用上，还扩大到整个项目集成管理，即从项目管理企业的长期效益出发，采用一系列先进的技术手段和管理方法，统筹规划、设计、建设、生产、运行和退役等各环节，在确保规划科学合理、工程质量优质、生产高效安全、运行稳定可靠的前提下，将项目全寿命周期的整体最优作为管理目标。

全寿命周期管理强调对资产、费用、时间、质量、沟通、人力资源、风险、采购和安全的集成管理，将未来运营期的信息向前集成，管理的周期由以项目期为主转变为以运营期为主，更加全面地考虑项目所面临的挑战和机遇，有利于提高项目价值。

综上所述，建设项目全寿命周期管理是指从项目的前期规划、设计、施工建设、运营管理到项目的报废回收的全寿命周期内，以项目整体最优为管理目标，对项目的范围、时间、成本、质量、安全、沟通、采购、人力资源以及风险的集成管理。

5.1.2 全寿命周期管理特征

全寿命周期管理理念具有与其他管理理念不同的特征。

全寿命周期管理是一个系统工程，需要系统、科学的管理原则和方法，才能实现项目各阶段目标，确保最终目标（投资的经济、社会和环境效益最大化）的实现。

全寿命周期管理贯穿于项目建设的全过程，在不同的阶段有不同的管理特点和管理目标，各阶段的管理环环相连，确保管理连贯性。

全寿命周期管理对项目各阶段工作管理方式和侧重点不同，但又要求各阶段工作具有良好的持续性，既体现了管理的阶段性，又强调了管理的整体性。

全寿命周期管理的参与主体多，并相互联系、相互制约。

建设项目全寿命周期管理的系统性、阶段性、多主体性决定了其复杂性。

5.1.3　工程项目生命周期

1. 我国划分的工程项目生命周期

根据项目建设程序和投资管理体制，我国对工程项目生命周期作如下划分和界定。

（1）前期阶段。

对于政府投资项目，该阶段是从项目策划起，到批准可行性研究报告为止。这个阶段的主要工作有：编审项目建议书（或初步可行性研究报告）和可行性研究报告，咨询评估，最终决策项目和方案。

对于企业投资项目，该阶段是从项目策划到项目申请报告核准为止。主要工作有：项目规划，勘察，进行机会研究和可行性研究，编制项目申请报告，咨询评估等。

（2）准备阶段。

该阶段从项目可行性研究报告或项目申请报告批准、核准起，到项目正式开工建设为止。主要工作有：工程设计、筹资融资、对外谈判、招标投标、签订合同、征地拆迁及移民安置、施工准备（场地平整、通路、通水、通电）。

（3）实施阶段。

该阶段从项目的主体工程破土动工起，到工程竣工交付运营为止。主要工作有：建筑工程施工、设备采购安装、工程监理、合同管理、生产准备、试生产考核、竣工验收等。

（4）运营阶段。

该阶段从项目竣工验收交付使用起，到运营一定时期（非经营性项目）或收回全部投资（经营性项目）为止。主要工作有：正常生产运营、项目后评价（运营 3～5 年之后）、偿还贷款、更新改造等。

2. 国际标准化组织（ISO）对建设工程项目生命周期的划分

国际标准化组织将建设工程项目生命周期划分为建造阶段、使用阶段和废除阶段，其中建造阶段又进一步细分为准备、设计和施工三个子阶段，如图 5-1 所示。

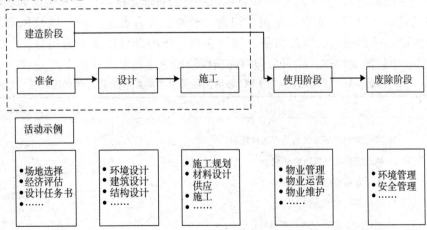

图 5-1　国际标准化组织（ISO）对建设工程项目生命周期划分

3. 英国皇家特许建造学会（CIOB）对工程建设项目生命周期的划分

英国皇家特许建造学会对工程建设项目生命周期的划分基于如图 5-2 所示的流程图。

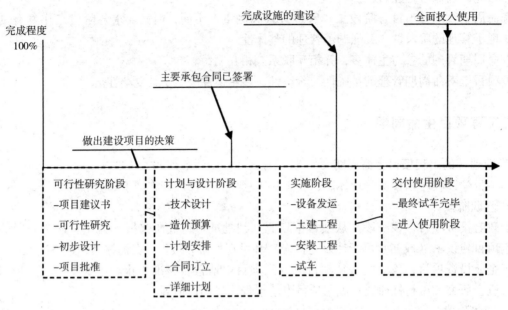

图 5-2　一般工程建设项目生命周期示意图

5.2 ADAMA 风电 EPC 总承包项目全寿命周期管理

5.2.1 ADAMA 风电 EPC 总承包项目全寿命周期

基于全寿命周期的管理思想，结合项目特点，ADAMA 风电 EPC 总承包项目全寿命周期管理向前扩展到了项目前期规划、项目可研、立项，向后延伸到了项目运营阶段。因此，该项目生命周期划分为项目决策、项目准备、项目实施、项目验收、项目运营等五个阶段，其全寿命周期各阶段的工作内容如表 5-1 所示。

利用全寿命周期理论，ADAMA 风电 EPC 总承包项目的管理是以项目总承包商为核心，所有项目干系人参与对项目的范围、时间、成本、质量、沟通、采购、人力资源、HSE 以及风险的综合管理。例如，在项目决策阶段，项目规划、项目可研、项目立项工作等都是以业主为主导，但为了提高项目投（议）标过程中总包单位的主动权，项目总包商在前期协助业主做了大量的工作。

表 5-1　ADAMA 风电 EPC 总承包项目生命周期各阶段工作内容

项目生命周期	工作内容	责任方
项目决策阶段	1. 风能资源评估及风电工程项目规划 2. 风电工程项目可行性研究 3. 项目立项审批 4. 办理总包许可协议 5. 签订 EPC 总承包合作项目备忘录	1. 负责单位：业主 2. 协助或参与单位：总包单位

（续）

项目生命周期	工作内容	责任方
项目准备阶段	1. 业主项目融资，组织项目招标 2. 总包单位组织投标，与业主签订合同 3. 总包单位协助业主做好项目实施准备工作 4. 总包单位进行项目启动和策划，编制项目实施计划 5. 总包单位进行设计、采购、施工分包 6. 当地登记注册项目执行机构 7. 设计分包单位进行工艺方案初步设计 8. 总包单位进行关键设备或长周期设备的采购 9. 施工分包，组织进行施工组织设计编制，做好施工前准备 10. 协助业主进行征地、安置工作 11. 总包单位催收预付款，落实项目开工前准备，提出开工申请 12. 业主审查项目开始条件，审批开工报告，下发开工令 13. 总包单位组织分包单位开始施工	1. 负责单位：总包单位 2. 协助或参与单位：业主、各分包商、监理
项目实施阶段	1. 项目施工图设计 2. 项目设备、材料采购 3. 项目土建施工、设备安装、调试、试验 4. 项目试运行	1. 负责单位：总包单位 2. 协助或参与单位：业主、监理、分包商
项目验收阶段	1. 项目竣工验收 2. 项目移交 3. 项目结算 4. 项目决算 5. 项目审计 6. 项目质量保修期服务 7. 项目总结 8. 项目总包合同关闭	1. 负责单位：总包单位 2. 协助或参与单位：业主、监理、分包商
项目运营阶段	1. 风电场一年运维，培训业主运维人员 2. 总包单位工程回访 3. 运营期间技术支持或服务	1. 负责单位：业主或运营单位 2. 协助或参与单位：总包单位

5.2.2　项目决策阶段管理

ADAMA 风电 EPC 总承包项目在决策阶段的主要任务为风能评估及工程项目规划、项目可行研究、环境影响评价、社会影响评价、项目评估与决策、项目政府立项审批、项目融资方案等工作，这些工作由项目业主埃塞俄比亚电力公司负责组织，水电顾问集团协助埃塞俄比亚电力公司完成项目前期决策工作。

项目决策阶段最主要的工作为项目论证，即对项目投资总规模、方案、投资结构以及项目地点的布局等方面做出决定，是选择和决定投资行动方案的过程，是对项目的必要性和可行性进行技术论证、对不同的方案比较选择作出判断和决定的过程。在该阶段要对拟实施项目技术上的先进性、适用性，经济上的合理性、盈利性，实施上的可能性、风险性进行全面科学的综合分析，为项目决策者提供客观依据。

项目论证应该围绕着市场需求、工艺技术、财务经济三个方面展开调查和分析，其中市场是前提、技术是手段、财务经济是核心。这一过程是提出问题、确定目标、拟定方案、分析评价，最后从多个可行的方案中选出一种比较理想的最佳方案。在决策阶段，水电顾问集团协助埃塞俄比亚电力公司（Ethiopian Electric Power Corporation）进行了项目的可行性研究，编制完成了项目可行性报告并提出了项目融资方案，研究报告包括以下内容：

- ·概述。
- ·风能资源。
- ·工程地质条件。
- ·工程任务和规模。
- ·风电机组选型和发电量计算。
- ·电气设计。
- ·工程消防设计。
- ·土建工程。
- ·施工组织设计。
- ·工程管理设计。
- ·环境保护和水土保持设计。
- ·劳动安全和工业卫生设计。
- ·投资估算。
- ·经济评价。
- ·CDM 引用及其建议。
- ·结论与建议。

埃塞俄比亚 ADAMA 风电项目经过项目可行性研究，得出项目在市场需求、工艺技术、财务经济上都是可行的，项目符合中国信贷支持的融资条件。

水电顾问集团在项目决策阶段，按照相关规定办理了国际工程承包投议标许可，与埃塞俄比亚电力公司签订了项目 EPC 总承包备忘录，协助项目业主完成了项目可行性研究，并制定了项目融资方案，与项目业主建立了良好的合作关系，为项目总承包合同的签订打下了良好的基础。

5.2.3 项目准备阶段管理

ADAMA 风电 EPC 总承包项目准备阶段，业主通过议标选择联营体作为项目总承包商，具体负责项目实施。总承包商在项目准备阶段的工作包括十二项内容。

1. 落实总包合同生效

ADAMA 风电 EPC 总承包项目采取中国信贷支持的融资方式，因此，只有项目融资落实后，项目合同才能生效。为了尽早促成项目合同生效，联营体组织双方相关职能部门积极联系和协调两国政府相关金融机构，协助业主办理相关项目融资手续，促成项目融资落实。

2. 召开项目启动会

项目总承包商组织召开项目启动会，进行总包合同交底，分配项目启动与项目执行策划的工作任务。

3. 任命项目经理，组织项目团队

项目总承包商根据公司的程序，选择并任命项目经理和项目班子成员，并与项目经理和项目班子成员签订目标责任书。

4. 组织编制项目实施计划

由项目经理组织项目成员编制 ADAMA 风电 EPC 总承包项目实施计划，全面策划项目工作目标，落

实资源配置，制订项目质量、HSE、进度、费用等专项计划。

5. 项目勘察设计、物流、施工与安装工程分包

按照公司批准的项目执行方案，公司职能部门对项目勘察设计、物流、施工与安装工程选择合适的分包商。

6. 在当地注册项目执行机构

按照当地法律法规的规定，将联营体项目部注册为执行项目的机构，负责实施 ADAMA 风电 EPC 总承包项目。

7. 组织设计分包商进行现场详细勘察，对项目进行初步设计和施工图设计

在项目可行性研究的基础上，总包商组织勘察设计分包单位编制勘察设计工作计划，开展现场详细勘察，进一步收集相关设计数据，按照合同规定采用的技术标准和主要技术参数进行初步设计，初步设计成果报业主审查通过后进行施工详图设计。

设计阶段是总承包项目成本控制的关键与重点，对于总包项目的造价、工期、工程质量都具有决定性作用。采取全寿命周期项目管理的思想加强对设计阶段的管理非常必要。设计阶段，在保证满足合同规定的项目功能、使用价值和工程质量的前提下，采取限额设计和控制设计变更手段，达到控制工程成本、提高总承包商效益的目的。

8. 关键设备供应商招标

公司物资采购职能部门按照批准的项目执行方案，编制了详细的设备采购计划，并对关键设备进行公开招标，选定合格的风机、塔筒、叶片、主变等主要供应商，并根据项目施工总进度计划安排供应商组织设备生产和供货。

9. 组织施工分包商编制施工组织设计

施工组织设计是指导工程项目进行施工准备和组织施工的基本的技术经济纲领性文件，它的任务是对工程项目实施的准备工作和整个施工过程在人力和物力、时间和空间、技术和组织上做出一个全面、合理和符合合同工期及安全要求的安排，根据合同规定、设计文件、项目建设环境、相关技术规范和类似工程项目科学编制。在本阶段，项目部组织总分包商编制施工组织设计，经项目部初步审核后，提交公司组织评审，评审通过后提交业主/监理方审批后执行。

10. 协助业主进行征地、安置工作

总包商根据合同和业主批准的设计文件提出征地范围，协助业主完成项目的征地、移民安置工作，确保项目可以尽快进行入实施阶段。

11. 准备开工

项目总包商组织检查项目部、分包商施工准备工作完成情况和落实合同规定业主提供的开工条件，根据合同规定向业主申请开工。

（1）项目部施工现场的准备工作包括但不限于：

1）项目实施管理文件编制完成并已经审批发布。

2）现场管理机构已经建立，并已进驻现场开始工作。

3）设计分包商提交了施工图，组织施工图会审并提交业主审批，在开工前组织设计交底。

4）检查并落实设备、材料运抵现场的情况。

5）审查由施工单位编制的临时施工用电组织设计、重大施工技术方案和专项安全施工方案。

6）审查分包单位编制的二级、三级、四级进度计划。

（2）业主提出的开工条件：

1）项目预付款按照合同已经支付。

2）相关项目审批手续及建设许可等文件已经发放，建设用地和临时用地已经征用并完成了相关拆迁工作，并提供了坐标控制网和标高水准点。

3）许可证、支持函、爆破许可证得到批准。

4）施工开工报告已经获得批准。

（3）分包单位施工前的准备工作：

1）施工现场的施工组织机构已经建立。

2）开工需要的人员、机具、设备、材料已经按照计划进场。

3）编制的施工组织设计已经批准。

4）施工进度、质量、安全、文明施工、环境管理、职业健康等管理制度及管理文件已经建立。

5）完成施工用水、用电、道路、通讯、临时设施的施工。

6）分包单位供应的材料已经落实。

12. 业主审查开工报告，下发开工令

业主审查总包商提交的开工报告和相关资料，批准下发开工令。项目正式开工标志着项目准备阶段的完成，项目开始进入实施阶段。

5.2.4 项目实施阶段管理

ADAMA 风电 EPC 总承包项目进入实施阶段后的各项工作例如设计、采购、施工等陆续展开，项目管理的内容也在不断增多。项目实施阶段是项目管理的关键阶段，项目的成败很大程度上取决于此阶段管理。ADAMA 风电 EPC 总承包项目实施阶段具体划分为项目设计、项目采购、项目施工、项目调试与试运行等四个实施过程。

1. 设计管理

设计管理内容包括：设计成果审查、现场设计服务、设计变更控制以及设计工作报告与会议。

（1）设计成果审查。

设计分包单位按照设计计划完成相关施工图设计后，将设计图样提交项目部进行审查，关键的或是重要的设计图样提交公司技术主管部门组织公司评审，项目部或公司审核通过后，提交业主或监理审查确认批准后，由项目部下发给施工单位组织施工。

（2）设计现场服务。

1）设计交底会议。

施工图设计经业主或监理批准后，项目部应组织召开设计交底会议，由设计单位的现场设计代表向项目部、施工单位及业主或监理的相关人员进行施工图设计的现场交底。设计交底内容包括设计意图、过程项目特点、施工要求、技术措施和有关注意事项等，并就施工单位提出的与施工相关的问题和需要解决的技术难题进行讨论，并拿出解决办法。交底会议需要形成《施工图样会审记录》，与会者应签名确认。

2）技术指导。

设计分包单位按照项目合同要求，向项目施工现场派驻设计现场代表，具体负责现场设计技术工作指导和工程验收工作。设计现场代表在总包项目部的组织下参与现场检查、工程验收，解决施工分包商、设备供应商、业主/监理提出的相关设计问题，确保现场设计工作的顺利开展。

（3）设计变更控制。

ADAMA 风电 EPC 总承包项目部制定了设计变更控制程序，严格控制设计变更。不涉及变更设计原则、不影响质量和安全运行、不影响整洁美观、不增减概（预）算费用等的一般设计变更首先要得到现场设计代表的同意，再进行设计变更修改。变更设计文件须报总包项目部总工、工程技术管理部门审核，经项目经理批准后报业主或监理审查确认，在得到业主或监理同意后，由项目部组织现场设计代表向相关施工分包商进行变更设计交底，相关施工单位组织施工。变更设计原则、变更系统方案和主要结构、布置、修改主要尺寸及主要原材料和设备的代用等重大设计变更，总包项目部应提交公司决策。

（4）设计工作月报和会议。

1）设计工作月报。

ADAMA 风电 EPC 总承包项目部要求设计分包商每月编制设计工作月报向项目部汇报设计工作情况，包括设计资源配置，设计进度、质量、设计变更、现场服务情况和存在的问题以及下一月工作的安排等。

根据特殊情况，设计分包商可编制专项的报告，汇报设计过程中一些特殊事件，例如重大设计变更方案、设计进度延误、设计技术标准解释等。

2）设计会议。

在项目设计和现在的设计服务过程中，项目部根据设计进展组织相关设计报告审查、施工设计图样审查、设计交底、解决施工过程中遇到的技术问题等会议，确保项目设计、现场设计服务能满足项目实施的需要。

2. 项目采购管理

在准备阶段，ADAMA 风电 EPC 总承包项目的关键设备都已经进行招标，相关设备按照设备供货计划已经开始生产。因此，项目实施阶段采购管理工作的重点是：设备催交、检验、运输以及交付和现场服务。

（1）催交。

总承包项目部派专人负责项目设备材料采购催交工作，时刻跟踪项目设备、材料供应商的生产情况，及时提请供应商按期交付产品。项目设备、材料的催交主要通过电话、邮件、制造厂车间催交等方式进行。

（2）检验。

项目关键设备委托专业监造单位或国内事务部派代表进行驻厂监造，并要求监造人员定期汇报监造情况。关键设备在出厂检验时，项目部根据合同要求，邀请业主派技术人员到设备生产厂家进行检验、验收。项目采购设备、材料经过业主、总包商、供应商、安装分包商的相关检验、验收，且各方签署相关检验报告或验收记录后方可投入生产使用。

（3）运输。

ADAMA 风电 EPC 总承包项目设备大多为超长或超重大件设备，对运输道路、运载工具、装卸设备均有较高的要求，因此大件设备的国际运输是项目实施过程中的重大挑战。公司在项目启动阶段就组织相关物流分包商单位对路况、运载和装卸设备情况进行了调查，对大件设备运输进行了全面策划，详细制定了运输线路及大件设备运输方案，确保项目大件设备运输工作顺利完成。

在设备运输过程中，项目部要求物流单位每天编制运输状态报告并及时向项目部汇报，派专人跟踪货物运输状态信息，如货物品种、数量、货物在途情况、发货时间、到达目的港时间、报关清关情况、货物装卸情况、送货责任车辆和人员等。

（4）交付与现场服务。

项目设备物资到达现场后，由项目部组织分包商、供货商、物流单位进行开箱检验，有时根据需要请业主或监理参与设备开箱检验。检验合格后，项目部组织办理设备交接手续，将设备移交给施工分包商保存。

项目现场仓库由项目总包商委托项目施工分包商管理，总包商项目部对设备材料的保管进行日常监督、检查，确保到场项目设备和材料不损坏、不遗失。设备安装前，经业主或监理进行检查确认后再进行安装。

3. 项目施工管理

（1）施工进度管理。

项目部根据施工总进度计划和施工具体情况，组织施工分包单位编制三月滚动进度计划，施工分包单位根据三月滚动进度计划编制三周滚动进度计划，并下达给施工作业组执行。项目部派人进行施工现场监督检查，确保施工进度按期完成。施工分包单位编制项目施工进度周报、月报，提交项目部审核。

项目部组织召开每月/周/日工程例会，检查本月/周/日施工计划完成情况，协调解决现场出现的各方面问题。

（2）施工质量管理。

在施工过程中，质量控制主要通过审核有关文件、报表，以及现场检查及试验这两条途径来实现。

1）审核质量体系文件、有关技术文件、报告或报表。

a. 审核分包单位的各种资质证明文件。

b. 审查开工申请书，检查、核实与控制其施工准备工作质量。

c. 审查施工方案、施工组织设计或施工计划，保证工程施工质量的技术组织措施。

d. 审查有关材料、半成品和构配件质量证明文件（出厂合格证、质量检验或试验报告等），确保工程质量有可靠的物质基础。

e. 审核反映工序施工质量的动态统计资料或管理图表。

f. 审核有关工序产品质量的证明文件（检验记录及试验报告）、工序交接检查（自检）、隐蔽工程检查、分部分项工程质量检查报告等文件、资料，以确保和控制施工过程的质量。

g. 审查有关设计变更、修改设计图样等，确保设计及施工图样的质量。

h. 审核有关应用业主同意的新技术、新工艺、新材料、新结构等的应用申请报告后，确保新技术应用的质量。

i. 审查有关工程质量缺陷或质量事故的处理报告，确保质量缺陷或事故处理的质量。

j. 审查现场有关质量技术签证、文件等。

2）现场监督检查验收。

a. 开工前检查准备工作的质量，确定能否保证正常施工及工程施工质量。

b. 跟踪监督、检查在工序施工过程中，人员、施工机械设备、材料、施工方法及工艺或操作、施工环境条件等是否均处于良好的状态，是否符合保证工程质量的要求，若发现有问题应及时纠偏和加以控制。

c. 对于重要的和对工程质量有重大影响的工序，还应在现场进行施工过程的旁站监督与控制，确保使用材料及工艺过程的质量。

d. 工序交接及隐蔽工程的检查验收应在分包单位自检与互检的基础上，填写《验收申请表》提交项目部。项目部组织工程质量检查验收，验收合格后，按照监理（业主）要求向监理（业主）报验，检验合格才能进行下一道工序。工程的检查验收包括检验批检查、隐蔽检查、分项工程交接检查验收、工程分阶段验收、单位工程竣工检查验收等。隐蔽工程须经业主或监理人员检查确认其质量后，才允许加以覆盖。

e. 当工程因质量问题或其他原因停工后，在复工前应经检查认可，得到复工指令，方可复工。

f. 分项、分部工程完成后，应检查认可，签署中间交工证书。

3）质量报告。

项目部规定施工分包单位定期（每周或月）向项目部提交质量周报或月报，经项目部审核后交监理或业主。

4）质量事故处理。

当出现施工质量缺陷或事故后，应停止有质量缺陷部位和其有关部位及下道工序施工，必要时，还应采取适当的防护措施。同时项目部要及时上报公司和业主，组织对质量事故的范围、缺陷程度、性质、影响和原因的调查，进行事故原因分析，制定事故处理方案。

项目施工过程中发生的质量事故划分为一般质量事故和重大质量事故。一般质量事故由责任单位组织事故调查，制定事故处理方案，经项目部审核批准、业主或监理同意后，由责任单位组织实施。重大质量事故，由项目部负责组织事故调查，编制质量事故处理方案，报公司、业主或监理审核同意后由项目部组织事故责任单位落实。施工质量处理过程中形成的记录（如相关照片、鉴定记录、检验数据、事故处理报告等）应保存存档。

（3）施工费用管理。

项目部根据公司下达的项目执行预算编制了详细的项目费用控制计划，设立项目费用控制基准；制定了项目分包商费用支付规定，明确项目支付所需的条件、申请资料以及审批程序，做到及时支付与结算；同时还制定工程变更管理办法严格控制变更；每月对实际消耗的费用与费用控制基准进行对比，计算出偏差，对偏离控制基准较大的超支现象进行原因分析研究，采取纠正措施，确保费用控制目标的实现。

（4）施工 HSE 管理。

1）项目 HSE 管理策划。

项目开工前，项目部对项目实施过程中的危险源和环境因素进行了识别和评价，在确定项目重大危险源、重要环境因素的基础上编制了项目 HSE 管理计划，就分包商 HSE 计划审查、HSE 教育培训、施工设备管理、作业安全、隐患排查和治理、文明施工管理、重大危险源管理、职业健康、环境保护、HSE 监督检查、HSE 应急管理、HSE 事故处理等 HSE 管理进行了策划，建立了项目 HSE 管理机构和项目 HSE 管理体系文件，为项目实施过程中减少或避免重大事故和重大环境污染事件提供了保障。

2）项目人员 HSE 培训。

项目部组织项目部内部、各施工分包商单位针对各个岗位的人员分级进行 HSE 教育培训，提高所有项目人员的 HSE 素质，防止各类事故的发生，减少职业危害，杜绝环境污染。

项目部的培训内容包括：项目 HSE 管理文件、相关制度和法律法规、施工现场 HSE 管理基本要求，项目概况、特点和业主在 HSE 管理方面的规定及要求，项目实施过程中 HSE 管理注意事项及 HSE 管理标示规定，HSE 应急预案和措施。

施工单位的培训内容包括：员工从事施工生产必要的 HSE 知识，生产工艺流程和主要危险因素及预防措施，机具设备及安全防护设施的性能和作用，各工种操作规程，班组 HSE 基本要求和纪律，各工种事故案例剖析，易发事故部位及劳保防护用品的要求。

外来临时人员的培训内容包括：项目基本情况，进入现场的 HSE 管理规定，进入现场必须遵守的行为规范和 HSE 防护常识，紧急情况下的应急措施，迅速撤离工作场所的路径和方法。项目部还定期检查施工分包商人员安全培训的落实情况，对未组织培训的单位和未参加培训人员进行相应惩罚。

3）HSE 监督和检查。

项目部、分包单位的 HSE 管理机构均配置了兼职或专职的 HSE 管理人员进行施工现场的管理工作。

项目部组织对分包单位报送的施工组织设计（方案）中的施工安全措施、职业健康、安全与环境（HSE）文件和各种应急预案以及对有限空间作业、土方开挖、石方爆破、深基坑支护、脚手架搭设与拆除、起重机的安装与拆卸、大件吊装等高风险的专项安全施工方案进行审查来确保施工安全；对分包单位报送的进场的安全防护材料、起重机、施工机械、电气设备等的安全性进行审核，符合要求后予以签认，准予进场使用。

项目部根据建立的 HSE 管理体系文件对分包单位执行职业、安全与环境（HSE）法律、法规和合同要求的技术标准以及相关措施的情况、HSE 管理体系运行及现场的 HSE 状况进行监督、检查，发现问题或隐患时，书面通知分包单位采取有效措施予以整改。现场检查方式有：专项安全检查；季节性安全检查；日常安全检查；节假日前安全检查。

4）HSE 报告及事故处理。

施工分包单位按项目部规定每月/周向项目部提供月/周报，项目部 HSE 工程师汇总编制项目部 HSE 月/周报，经项目安全总监审核，报项目经理审批后，报送公司和业主/监理。

在发生 HSE 事故后，根据公司和项目部的应急管理规定，由事故责任单位或责任人第一时间向项目部汇报并及时组织开展救援工作，项目部根据事故等级和公司事故报送规定及时向我国驻当地使领馆、公司、项目业主或当地政府机构进行汇报。HSE 事故调查、分析和处理按照公司或项目部的相关规定执行。

4. 项目调试与试运行管理

风电场调试是指风电场设备安装工作结束，风力发电机组具备送电调试条件。风电场试运行是指经过风电场设备厂家送电调试合格后风力发电机组具备试运行条件。ADAMA 风电 EPC 总承包项目调试与试运行管理包括编制调试与试运行计划，制定调试与试运行方案，进行试运行培训，调试与试运行准备，调试与试运行实施与控制，最终编制试运行报告。

（1）调试与试运行计划。

风电场调试与试运行计划是风机调试与试运行工作的主要依据，是对《项目实施计划》中风电场调试与试运行指导服务方案的深化和补充。调试与试运行计划由分包商编制，项目部审批后提交业主审查确认。调试与试运行计划主要内容包括以下几个方面：

1）项目总说明：项目概况、编制依据、编制调试与试运行计划的基本原则、调试与试运行的目标、调试与试运行步骤、可能影响调试与试运行计划的问题及其解决方案。

2）调试与试运行组织机构及人员。

3）调试与试运行进度计划：调试与试运行进度表列出总体和各项具体调试与试运行方案的清单、分工、阶段、内容及完成时间计划安排，对施工安装进度的要求。

4）调试与试运行文件及调试与试运行准备工作要求。

调试与试运行需要的原料、燃料、物料和材料的落实计划，调试与试运行及生产中必需的技术规定、安全规程和岗位责任制等规章制度的编制计划。

5）培训计划：培训范围、方式、程序、时间以及所需费用等。

6）业主及相关方责任分工：在业主的领导下，项目部组建统一的指挥体系，明确各相关方的责任和义务。

7）调试与试运行要求的条件包括：土建施工、设备安装达到竣工标准和要求；电气设备、风力发电机组现场调试已经完成，各项参数符合要求，试运转情况正常；风电场输变电设施符合正常运行要求；风电场环境、气象条件符合安全运行要求；风力发电机组生产厂规定的其他要求均已经满足；风电场对风力发电机组的适应性要求已经满足；风电机组试运行各项准备工作已经就绪，包括成立了试运行的领导机构，编制了试运行各项计划，生产准备人员进行了培训，具备上岗条件，建立健全了各项规章制度；制定了事故处理的应急措施等。

8）安全管理：建立试运行安全管理组织机构、试运行各级岗位安全生产责任制、操作票和工作票制度、高空作业安全管理制度、设备管理制度、安全工器具管理制度、劳动防护用品管理制度、反事故措施和安全技术措施管理制度、应急管理制度等文件。项目部组织试运行分包单位员工就上述相关制度进行安全生产教育和培训，加强试运行期间对风电场选址及总体布置、生产建（构）筑物和设备的反事故措施，加强生产运行过程中危险因素的防范，对场区作业环境（生产作业场所有害因素或工业卫生）条件及安全生产管理等方面进行全面检查，查找可能存在的危及人员与设备安全的隐患，提出在工程竣工验收以前应该采取的安全防范和反事故措施。对试运行投产发电以来发生的建筑物、设备、电网事故及时进行处理。

（2）调试与试运行方案。

项目部组织分包商根据项目调试与试运行计划和设计文件、设备供应商提供的操作手册、使用说明等编制风电场调试与试运行的具体实施方案，经项目部审批后，提交业主审查。各分包商负责调试与试运行的实施。调试与试运行方案包括工程概况、调试与试运行组织机构、调试与试运行条件、调试与试运行管理等。

（3）调试与试运行准备。

风电场调试与试运行前须确认风力发电机组、配电变压器等相关设备安装工作已通过验收，无遗留缺陷；检查基础接地报告检测数据合格；风力发电机组已具有紧急情况下能够使用的安全设备（安全带、安全绳、安全滑轨等）、灭火器、急救装置等。其准备工作包括以下几项。

1）技术文件准备：调试与试运行方案，调试与运行技术手册，各零部件说明书及接线图，必要的电气、液压、机械图样、机组通讯连接拓扑图等；对应机组的参数列表，出厂调试记录，现场调试记录单、分系统调试记录、并网测试记录等；SCADA 调试记录单，调试报告，电网要求的保护设定等。

2）人员组织准备：人员数量需满足调试与试运行工作面的要求，且人员已接受相关技术培训，具备相关能力；参与调试与试运行的人员已接受相关的安全培训。

3）工器具准备：包括通用型工具准备和专用工具准备。调试备件应提前检查。

（4）试运行培训。

根据合同内容，项目总承包商应该向业主提供相关试运行培训。在试运行前，项目部制定编制培训计划，业主确认总承包商推荐的培训方法和场所。

对风电场运维工作的人员进行以下培训：

1）风电场的认识学习，包括风电场相关设计文件、图样、电气和风电机组系统设备的学习和了解。

2）基础理论及专业课程（主要课程包括：电工学、风机设备、电气设备、继电保护等）。

3）去同类风电场生产实习，了解设备系统运行情况，管理模式。

4）到主设备（风力发电机组）制造厂参观学习，了解并掌握主设备的内部结构和工艺要求，掌握风电机组自动保护、连锁的主要逻辑及定值。

5）参加现场设备系统安装与调试（主要参与调试），学习设备结构，检修工艺，调试技术。

6）各类规程、标准和规章制度的学习。

（5）调试与试运实施与控制。

ADAMA 风电场调试与试运行由项目部组织，风电场设备各分包商具体实施。项目部负责调试与试运行过程的监控检查，协助处理调试与试运行过程中的重大问题，确保调试与试运行正常进行。

风电场具备送电调试条件后由项目部组织业主或监理、吊装单位、设备供货单位共同对风机、电气设备进行调试前验收，验收合格后各方共同签署风机、电气设备安装验收合格报告单，设备供货单位方可开始进行风机设备调试，并按相关规定履行风机设备送电调试前必须的工作许可手续。设备供货商调试要做好调试记录，待每台风机调试结束，必须由业主或监理、项目部、设备供货商共同签署风机调试、试验验收报告后方可进入风机试运行阶段。在调试期间，如果机组未能达到合同技术规范书中规定的要求，项目部应组织相关方共同就此进行调查。设备供货方应当采取适当措施消除缺陷并令调试顺利进行。

为证实每台或每批机组能够按照合同规定的运行方式安全、可靠地运行，在调试结束后，单台或单批次机组应开始试运行。机组试运行管理一般按设备供货方要求，由项目部或业主运行人员规范运行监测，做好运行状态和数据的收集、整理和分析，特别是风力发电机组适应性的监测分析。试运行中机组发生异常情况应及时处理，发生严重异常情况（如过热、振动噪声异常等情况）时应果断停机，待排除影响因素后方可重新开机运行。所有异常情况均应及时通报设备供货方，加强与设备供货方的信息沟通和交流。试运行结束后，应按设备供货方的手册要求填写试运行记录或备忘录，由项目部或业主与设备供货方有关人员签字后归入机组技术档案。

（6）试运行报告。

根据合同和业主要求，风电场项目试运行结束，由项目部组织编制试运行报告，经项目部审核后提交业主或监理签署单台或单批次机组试运行验收证书。试运行报告包括：项目概况，试运行机组数量及起止时间，单台机组试运行记录（机组试运行趋势图，机组试运行功率曲线），考核结果，试运行总结分析。

5.2.5 项目竣工验收阶段管理

ADAMA 风电 EPC 总承包项目竣工验收阶段管理包括：项目竣工验收及交付，项目结算，项目竣工审计，项目质保期服务，项目管理总结。

1. 项目竣工验收及交付

根据合同规定，ADAMA 风电 EPC 总承包项目验收工作包括首批 10 台机组发电单项工程验收和全部机组投产发电后的竣工验收。项目验收前，分包商首先要进行自检，自检合格后向项目部提交单项工程或工程竣工验收申请，项目部审核认为具备验收条件后向公司提交验收申请，公司组织项目的验收并验收合格后，项目部向业主提交验收申请。

公司或项目部参与业主组织的工程竣工验收，业主验收合格，项目部与业主办理项目交付使用手续，在工程交付时向业主移交项目的技术资料、竣工图等工程档案，交付完成后接收业主签署的接收证书。

2. 项目结算

工程竣工验收结束后，分包商向项目部提出项目竣工结算申请。项目部审查分包商结算申请，按照项目财务管理制度，办理分包商的竣工结算与支付。项目部根据分包商提交结算资料，汇总编制项目总结算，根据合同要求向业主提交竣工结算申请。

3. 项目竣工审计

工程审计的工作任务是独立、客观的监督和评价公司工程总承包业务的生产经营管理活动，提出合理的建议，完善公司对工程总承包业务的管理和控制。

ADAMA 风电 EPC 总承包项目竣工审计由公司纪检监察审计部组织对项目实施过程进行全面审计工作，编制形成审计报告，客观评价项目执行情况，并提出若干条合理化建议。

4. 缺陷责任期服务

根据合同约定，ADAMA 风电 EPC 总承包项目缺陷责任期土建为 2 年，机电设备等为 5 年。在缺陷责任期内，项目部组织分包商对业主或监理发现的缺陷进行修复，完成竣工资料并移交业主。工程缺陷责任期满，项目部应立即向业主发出《工程缺陷责任期满通知单》，业主接到通知后，按照合同规定向项目部签发《履约证书》。

5. 项目总结

项目部在项目竣工验收交付后，进行项目管理总结分析，组织编制项目总结报告。项目总结报告包括：项目概况，组织机构，管理体系，管理控制程序，各项经济技术指标完成情况，主要经验及问题处理情况。

5.2.6　项目运营阶段管理

项目竣工移交并接到项目业主签发的接收证书，标志着 ADAMA 风电场由业主开始运营管理。但是出于公司国际优先战略发展以及后期市场开发的考虑，在 ADAMA 风电场运营阶段，公司开展了如下工作。

1. 项目回访

在项目结束后，根据公司质量管理制度要求，制订了项目回访计划，对 ADAMA 风电场项目竣工验收后设备使用状况和工程质量问题进行了跟踪和验证，对材料、构配件或设备不合格造成的质量缺陷及时进行了修复，风电场保持了良好的运行情况。

2. 项目运营期的技术服务支持

在 ADAMA 风电场运营期间，公司根据需要及时向业主提供了相关技术支持，保证了风电场的正常运营。

5.2.7　总结与展望

ADAMA 风电 EPC 总承包项目采用全寿命周期的管理理念，改变了项目分阶段的管理形式，在项目前期运作阶段就与项目业主建立战略合作伙伴关系，充分运用水电顾问集团规划设计、工程管理经验，协助业主完成项目的可行性研究和融资，规避了业主的投资风险，满足了业主的融资需求，也为集团公司获取该项目合同创造了条件。

在项目管理上，运用集成化管理的思想对项目管理的各阶段进行综合计划、组织、协调和控制，为组织内决策层、职能层、执行层提供集决策、管理、维护手段为一体的项目管理方案，保证了 ADAMA 风电 EPC 总承包项目各阶段工作在有效控制之中。

第 6 章　出口信贷融资——ADAMA 风电 EPC 总承包项目融资管理

中国企业积极响应国家政策的号召，实施"走出去"的发展战略，已经成为一种必然。中国承包企业已经成为"走出去"政策中最为活跃的群体之一。但是与国际大型工程承包企业相比，我国承包企业参与国际竞争起步晚、品牌影响力小，加之现在国际工程发包方式要求从传统的 EPC 总承包逐步发展为带资承包和项目融资，甚至做 BT、BOT、PPP 等方式的投资，导致中国企业在国际市场上的传统竞争优势在减弱，需要借助资金支持以适应先进的国际市场需要并实现自身的转型升级，从而增加其在国际市场上的竞争力。

为了配合中国企业"走出去"的步伐，近年来中国政府相继出台了多种支持政策以提升中国承包企业的国际竞争力。其中，中国信贷支持政策是支持中国企业进行国际市场开拓的重要手段。水电顾问集团响应国家战略，在各方支持下，着力推动中国清洁能源走出去。ADAMA 风电 EPC 总承包项目是水电顾问集团利用中国信贷实现的中国第一个国际风电 EPC 总承包项目。中国信贷的支持确保了项目顺利实施，不仅为项目业主和埃塞俄比亚政府创造了良好效益，也为水电顾问集团"走出去"奠定了战略基础。

6.1　国际工程项目融资管理

在以往很长的时间里，传统的国际贸易融资是支持中国国内工程承包企业进行国际工程项目承包的主要金融工具。随着世界经济全球一体化的加速以及中国国内工程企业参与国际竞争步伐的加快和程度的加深，海外投资及对外承包的大型海外项目逐步增多，这些项目特点各不相同，所需资金量大，建设周期长，风险大，传统的贸易融资工具已经不能满足这些项目的需求。针对国际工程项目新的融资需求，国际工程项目融资开始走入了人们的视线，并且在国际承包工程市场竞争中扮演着越来越重要的角色。

6.1.1　项目融资概述

1. 项目融资定义

对于项目融资概念的界定分为狭义和广义两种。狭义的项目融资特指"通过项目进行融资"，一般只将具有无追索或有限追索形式的融资活动称为项目融资，也就是"贷款人在向一个特定的经济实体提供贷款时，应考察该经济实体的现金流和收益，将其视为偿还债务的资金来源，并以该经济实体的资产作为贷款的担保物"。广义的项目融资泛指"为项目融资"，即把针对具体项目而进行的所有融资活动都划为项目融资的范畴。

本书中如无特别标注，一般采用广义的融资定义，即泛指以各种融资方式或手段为项目建设提供资金。

2. 项目融资特点

与传统的贸易融资方式相比，项目融资主要具有以下特点：

（1）项目融资是以项目为主体进行的融资，贷款的偿还主要来源于融资项目建设成的现金流和经济收入，贷款期限根据项目需要及项目建设后运营的经济周期进行设计安排，一般期限较长。

（2）项目发起人或项目投资公司根据公司法成立特定的项目公司，该项目公司是项目融资过程中的直接借款人，项目发起人或项目投资公司作为项目公司的股东可为项目公司（即借款人）提供某种还款担保，但是项目债务对于项目发起人或项目投资公司来说是其资产负债表外的融资，不会体现在表中。

（3）一般国际工程项目的融资程序十分复杂，办理过程中涉及的国家或地区各自的部门众多，前期费用和谈判成本往往很高，贷款周期长，因此项目融资成本比传统的贸易融资成本高。

（4）采购项目融资的项目，贷款人不仅为其提供贷款资金，而且还要对项目的建设过程实行全程监控，确保项目融资的资金做到专款专用。项目建设和运营中往往可能会发生各种各样的风险，因此项目融资时应以合同或协议形式明确项目发起人（或项目投资公司）、借款人、贷款人、工程承包公司等项目相关方的责任和权利。

3. 国际工程项目融资优势

正是基于项目融资的上述特点，其对于项目发起人或项目投资公司而言具备以下优点：首先，项目发起人或项目投资公司可充分利用项目经济状况的弹性，减少自身资本金支出，实现小投入做大项目；其次，项目发起人或项目投资公司可利用资产负债表外融资的特点，从事超过自身资产规模的项目投资，从而拓宽资金来源渠道，减轻企业自身债务负担。

对于从事国际工程项目承包的企业而言，在对外谈判中，企业可以借助为项目公司（即借款人）申请到融资资金的方式提高自己在谈判中的地位，增强企业的竞争优势，为企业创造更多商业机会。

国际工程项目融资不仅对参与融资的相关企业有上述优点，对项目所在国政府而言，也有诸多好处。其一，通过项目融资能够减少工程建设项目对政府资金的需求，减轻政府的财政负担，加快该国基础设施的发展，满足国民经济发展需要，提高该国人民的生活质量；其二，可以充分发挥外企、私营企业和个人的能动性和创造性，提高国内基础设施建设、经营、管理的效率和服务质量；其三，通过项目资金和项目实施引入学习他国先进的技术方法和管理经验，提高本国企业技术和管理水平。

正是具有以上诸多优势，国际工程项目融资越来越多地被应用到国际工程项目，尤其是境外承包工程。随着国际工程项目融资的不断成熟，国际承包工程市场的竞争正在逐步转变为工程承包商之间关于项目融资、项目管理和项目运营等综合能力的竞争，因此国际承包工程市场已经对参与国际工程项目融资的工程承包商的项目融资、项目管理和项目运营的能力提出了更高的要求。

针对这种情况，中国国内工程企业应充分利用国际工程项目融资的优点，结合国家出台的各种信贷支持政策，积极探索以项目融资方式参与国际大型承包项目的新途径，提升企业在国际市场中的竞争能力，更好地实施国家的"走出去"战略。

6.1.2　国际工程项目融资参与方

一般而言，国际工程项目融资中的参与者主要有以下各方。

1. 项目贷款人

项目贷款人是为项目提供资金支持的组织或个人。国际工程项目融资的项目贷款人一般包括商业银行、非银行金融机构（如财务公司、投资基金、租赁公司等）、国际金融组织以及一些国家政府的出口信贷机构。

通过融资方式筹建一个项目时，项目的资金渠道可以有很多种，但是融资的资金性质无非分为两类：第一类是项目不必偿还的资金，即权益资本；第二类是项目必须连本带息偿还的资金，即债务资金。一般权益资本有三个主要来源：一是项目投资者为设立项目公司而缴付的出资额，即投入资本，又称股本资金；二是准股本资金，它是指在将来可预计的期限内将转为股本资金的出资；三是项目公司通过上市而进行的项目融资，除此之外，还包括相关方的赠予。债务资金的一般来源包括项目投资方的股东借款、国际银行或银团的贷款、国际债券融资等。债务资金按照其资金的使用期限可分为短期（1年以内）、中期（1~5年）、长期（5年以上）的债务资金。具体项目融资的资金来源如图6-1所示。

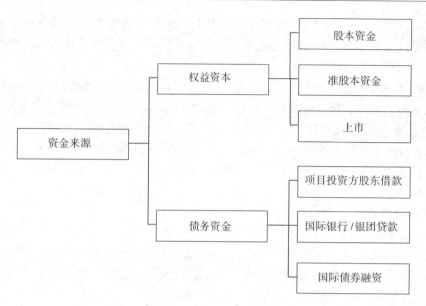

图 6-1　项目资金来源

2. 项目借款人

项目的借款人一般是项目公司。项目投资者为某一特定项目而专门成立一家独立的项目公司，直接参与项目投资和项目管理，对项目债务责任和项目风险全权负责。成立项目公司可以较清晰地分开拟开发项目与其他项目的所有者权益和债务。现在成立项目公司已经成为国际上项目建设筹资的普遍做法。只有少部分的国际工程项目融资时仍然直接以项目投资者作为项目借款人。

3. 项目投资者（项目主办人）

项目投资者是项目的发起人和真正主办人。项目投资者向项目公司提供一部分股本资金，拥有项目公司的全部或者大部分股权，往往以直接担保或者间接担保的形式为项目公司的融资提供一定的信用支持，确保项目公司最终获得融资贷款。

4. 项目担保者

除了项目投资者通常要为项目公司的融资提供一定的担保之外，项目贷款人有时还会要求提供第三方为项目公司的融资进行补充担保，从而进一步降低贷款风险。此类担保一般针对项目投资者担保之后的风险敞口部分。一般贷款人接受的、国际信誉好的第三方担保机构为项目贷款提供补充担保时可以为项目公司争取更好的贷款条件。

项目融资实施过程中，项目贷款人有时还会要求如项目承包商、外国大银行、国际财团或者项目东道国中央银行等对其参与该项目的部分提供一定的保证，比如完工、偿债、外汇自由汇兑、项目技术可行等方面的担保。

6.1.3　融资基本模式

项目融资的模式是国际工程项目融资整体结构组成中的核心部分，它是影响项目融资各种因素的综合体现。随着国际工程项目融资不断发展，目前已经形成了一些通用的融资模式，以下是几种融资模式的简单介绍。

1. 投资者直接参与融资模式

投资者直接参与融资模式是结构最简单的一种融资模式。它是指项目投资者直接参与项目的融资，直接承担项目融资过程中相应的责任和义务。在该模式下，项目投资者可以实现对项目资产的直接控制，有利于其根据投资战略需要，灵活地设计项目融资结构及融资方式，债务比例安排的空间也较大，还可以利用项目投资者在社会中的信誉。这种模式适用于项目投资者本身的财务结构不太复杂的情况，且有利于项目投资者在税务结构、债务比例上的安排。目前，采用投资者直接参与融资模式进行融资的企业越来越少，一是因为此模式下，贷款银行对项目投资者具有很大的追索权限，二是因为项目贷款很难安排成为非公司负债型的融资。

2. 投资者通过项目公司参与融资模式

投资者通过项目公司参与融资模式是指项目投资者通过建立一个单一目的的项目公司来进行融资，项目公司直接负责项目的建设、生产和市场，以项目资产和现金流量作为项目融资的抵押和信用保证，这种模式在概念上和融资结构上容易被贷款银行所接受，法律结构也相对比较简单。在这种模式下，项目投资者不直接参与项目融资，而是通过间接的信用担保形式支持项目公司的融资，投资者的债权债务可以清晰地界定，因此容易满足贷款银行的有限追索和项目投资者对非公司负债型融资的需求。但是其缺点就是融资缺乏灵活性，很难满足不同项目投资者对项目融资的各种要求，比如在债务形式选择和税务结构设计方面的灵活性比较差。

由此可见，投资者通过项目公司参与融资模式适用于项目现金流量稳定，对复杂的税务、债务安排依赖性较小的项目融资。

3. 以杠杆租赁为基础的融资模式

由租赁公司出部分资金，其余资金以设备作抵押向金融机构借款，获得贷款后购买设备，然后将设备出租给承租企业。在这种融资租赁方式下，由于设备租金收入一般大于租赁公司借款所支付的本息，租赁公司可以从中获得财务杠杆利益，故称杠杆租赁。以杠杆租赁为基础的融资模式是指杠杆租赁结构中的资产出租人根据项目投资者的要求安排融资，购买项目的资产，然后再租赁给项目投资者的一种融资模式。以杠杆租赁为基础的融资模式在实际操作中得到广泛应用，其优势主要体现在：较低的项目融资成本；可以实现100%的项目融资；有利于引进国外先进技术；可以享受税前偿租的好处。

4. BOT 融资模式

BOT融资模式是指由项目所在国政府或所属机构为项目的建设和经营提供一种特许经营权作为项目融资的基础，由本国企业或者外国企业作为项目的投资者和经营者进行项目的融资，承担项目风险，开发建设项目，并在特许经营期限内经营项目获取商业利润，偿还债务，特许经营期结束后，企业根据协议将该项目无偿或是象征性收取一些费用转让给项目所在国的政府机构。BOT融资模式主要适用于一般大型技术和资本密集型的项目，主要集中在电力、通信、市政、道路、环保等行业。

5. ABS 项目融资模式

所谓ABS（Asset Backed Securitization）是指以项目资产可以带来的预期收益为保证，通过在资本市场发行债券来募集资金的一种证券化融资方式。ABS项目融资模式的最大优势在于可以通过信用增级计划使得没有获得信用等级或信用等级较低的项目投资者，照样可以进入高档投资级证券市场来募集项目所需资金。这种模式是以证券形式获得项目融资资金，而不是通过借贷关系。

6.2　出口信贷融资

出口信贷融资（Export Credit）是指一国政府为支持和扩大本国大型设备、产品的出口，加强国际市场竞争力，采用对本国产品给予利息贴补并提供担保的政策措施，以解决买方为支付进口商品的资金需要，即由该国的出口信贷机构通过直接向外国进口商（或银行）或本国出口商提供较低利率的贷款，或是通过保险、利率补贴、担保鼓励本国商业银行对国外进口商（或银行）或本国出口商提供中长期贷款，以满足国外进口商对本国出口商支付货款的需要，或是解决本国出口商资金周转困难的一种融资模式。

6.2.1　出口信贷特点

出口信贷融资是一国的出口厂商通过利用本国银行的贷款扩大其产品出口一种手段，更是一种重要的国际工程项目融资途径。出口信贷具有以下特点。

（1）项目投资周期较长，风险较大。出口信贷的偿还期限一般都在 10～15 年，周期长，周转慢，投资风险较大。

（2）出口信贷主要适用于出口的大型设备。

（3）融资利率较低。由于出口信贷大多数会得到国家政策上的支持，因此出口信贷所采用的利率一般低于市场利率。

（4）与信贷保险紧密结合。由于出口信贷的偿还期限长、风险较大，出口信贷国家一般都设有国家信贷保险机构利用国家资金为其提供保障。

（5）国家成立出口信贷的管理机构，负责制定出口信贷政策，管理与分配国际信贷资金。

6.2.2　出口信贷利弊

1. 出口信贷的优点

（1）出口信贷偿还期内利率稳定，有利于贷款双方的成本核算，避免通货膨胀带来的消极影响。

（2）出口信贷的利率水平一般较低。

（3）通过出口信贷方式所得贷款可用于机械设备和技术的购买，这正好是国际工程项目融资所要求的。

（4）项目单位根据具体贷款项目或环境可以选择一个对己最有利的出口信贷方案，减少信贷风险。

2. 出口信贷的缺点

（1）出口信贷方式不能对信贷项目的产品质量进行有效的要求和控制。

（2）利用出口信贷的设备价格可能会较高，一般高于行业平均价格。

6.2.3　出口信贷主要类型

根据借款人的不同，出口信贷分为买方信贷和卖方信贷两种。其中，买方信贷是指对进口商、进口国银行或进口国法定主权级借款部门提供贷款的出口信贷，卖方信贷是指对出口商提供贷款的出口信贷。

1. 出口买方信贷

出口买方信贷是指出口方的银行直接向进口商或进口商银行提供贷款，以满足进口商在购买设备和技术时所需资金的出口信贷模式。出口买方信贷的保险一般由出口国出口信用保险机构提供。出口买方信贷的形式主要有两种：一种是出口商银行将贷款发放给进口商银行，再由进口商银行转贷给进口商；第二种是由出口商银行直接将贷款发放给进口商，由进口商银行出具相应的担保。出口买方信贷的贷款币种为美元或经银行同意的其他货币，贷款金额不得超过出口合同金额的 80%～85%，贷款期限根据项目实际情况而定，一般不得超过 15 年。

（1）出口买方信贷程序。

1）直接贷款给进口商（买方）的程序。

a. 进口商（买方）与出口商（卖方）进行合同和贷款事宜的洽谈，签订出口合同，由进口商先缴纳相当于项目货款总额 15% 的现汇定金。

b. 在出口合同签订到进口商预付定金之前，出口商应投保出口信用险，之后由进口商与出口地拟贷款银行签订贷款协议。

c. 进口商用所获得的借款以现汇方式付款给出口商。

d. 进口商按贷款协议的规定对出口地银行的借款分期偿还，并支付利息。

2）直接贷款给进口方（买方）银行的程序。

a. 进口商（买方）与出口商（卖方）进行合同和贷款事宜的洽谈，签订出口合同，由进口商先缴纳相当于项目货款总额 15% 的现汇定金。

b. 在出口合同签订后至预付定金之前，出口商应投保出口信用险，之后由进口方银行与出口地拟贷款银行签订贷款协议。

c. 进口方银行用所获得的借款转贷给进口商，进口商再以现汇方式向出口商支付。

d. 进口商银行根据贷款协议分期向出口商所在地的银行偿还贷款，并支付利息。

e. 进口商与进口方银行之间的债务按双方约定的办法在其国内进行清偿结算。

（2）出口买方信贷优点。

1）对出口方有利。

采用买方信贷时，由出口地的银行向进口地的银行提供进口所需的贷款，双方商定具体的信贷内容和条件，而进口厂商和出口厂商双方就可以节省时间、集中精力进行贸易谈判和协商，出口厂商也不必因资金问题而分心，可以集中精力组织生产，按质按时交货。如果出口企业采用卖方信贷，就会有保有巨额的应收账款，这会反映在资产负债表上，影响企业的资信状况及股票价格，而采用买方信贷可以有效地避免这一情况的出现。

2）对进口方有利。

采用买方信贷时，进口产品的货价用现汇支付，货价构成清晰、明确，使进口商可以通过卖方报价与其他国家同类商品报价相比较来确定最满意的供货人。买方信贷的手续办理费用由进口银行直接付给出口方银行，费用多少由双方银行协商确定，较之卖方信贷的手续办理费用更为低廉。

3）对贷款银行有利。

由于银行的资信通常都高于企业，贷款给国外的买方银行要比贷给国内的出口企业风险要小，因此出口方银行通常更愿意承做买方信贷业务。

2. 出口卖方信贷

出口卖方信贷是指出口方银行向本国出口商提供商业贷款的一种出口信贷模式。出口商（卖方）以此贷款为项目实施的垫付资金，允许进口商（买方）赊购自己的产品和设备。这种贷款协议由出口厂商与银行签订的。

卖方信贷通常用于机电成套设备、船舶等的出口。由于这些商品出口所需的资金比较大、时间也较长，进口厂商一般都要求采用延期付款的方式进行货款的支付。出口厂商为了加速自身资金的周转，需要取得银行的信贷支持。出口厂商往往将付给银行的利息、费用包含在货价内或在货价外转嫁给进口厂商负担。

（1）出口卖方信贷程序。

1）出口商（卖方）以延期付款或赊销方式向进口商（买方）销售产品，双方进行合同谈判，签订出口合同后，进口商先支付一定的定金，在批交货验收和质保期满时，再付给出口商部分货款，其余货款在出口商全部交货后若干年内分期偿还，并付给延期付款期间的利息。

2）出口商（卖方）需要按照规定办理出口信用保险。

3）出口商（卖方）向其所在地银行申请贷款，签订贷款协议，以融通资金。

4）进口商（买方）按照出口合同规定随同利息分期偿还出口商（卖方）货款后，出口商根据贷款协议，再用其获得的货款偿还其从银行取得的贷款。

（2）出口卖方信贷的条件。

1）首先必须是在中国注册的，拥有机电和成套设备出口权的中国企业，才有资格申请中国的出口卖方信贷支持。

2）卖方信贷支持的出口产品主要属于机电和成套设备，这是希望通过出口信贷的方式促中国进出口商品结构的优化，同时还要求出口商品在中国制造的部分应占货物总价值的 70% 以上（船舶行业占 50% 以上）。

3）卖方信贷支持要求最低出口合同金额为 50 万美元，并要求进口商支付的定金不低于合同金额的 15%，出口商必须投保出口信用险。

4）中国规定卖方信贷贷款期限不得超过 10 年。

3. 混合贷款

混合贷款是指买方信贷或卖方信贷与政府信贷或赠款混合使用的一种信贷模式。为了扩大出口，在出口国银行发放买方信贷或卖方信贷的同时，出口国政府还会从政府预算中提出一笔资金作为政府贷款或赠款，连同买方信贷或卖方信贷一起发放，以满足进口商（如为买方信贷）或出口商（如为卖方信贷）支付设备价款与当地费用的需要。

（1）混合贷款的特点。

1）混合贷款中政府出资部分占有一定比重，有的高达 50%。经济合作与发展组织（OECD）曾经规定凡以优惠条件提供的贷款，赠与部分不得低于 30%。

2）由于加入了政府贷款或部分赠款，混合贷款的条件较商业银行优惠，综合利率相对降低。

3）混合贷款手续办理比较复杂，对项目的选择、评估、资金的使用都有一套特定的程序和要求，较之出口信贷手续的办理要复杂得多。

（2）混合贷款的形式。

1）通过同时提供一定比例的买方信贷（或卖方信贷）和一定比例的政府贷款（或赠款）对一个项目进行融资，如法国和意大利提供的混合贷款中买方信贷占 48%，政府贷款占 52%，买方信贷和政府贷款（或赠款）分别签署出口信贷的贷款和政府贷款协议，两个协议各自规定其不同的利率、费率和贷款期限等融资条件。

2）通过将一定比例的买方信贷（或卖方信贷）和一定比例的政府贷款（或赠款）混合在一起对一个项目进行融资，然后根据政府贷款（或赠款）成分的比例，可折算出一个混合利率。

6.3 中国信贷支持政策

中国企业要在海外市场竞争中取得竞争优势，离不开充裕的资金支持，这就涉及到国内金融政策的扶持。近些年来，国家加大了对"走出去"领域的各项支持，不断从政策上松绑，陆续出台了相关的扶持政策，特别是在金融融资服务领域，通过出台直接、间接融资以及其他支持政策，间接服务于民、让利于民，不仅有效地支持了出口企业，而且规避了与相关政府、国际机构产生摩擦的风险。

6.3.1 政府援助和"两优"贷款业务

中国在基础设施建设领域向受援国提供三种援助方式：无息贷款、无偿援助和援外优惠贷款。无息贷款和无偿援助是中国政府的财政援助，大部分用于学校、医院、体育场、打井供水等社会公共设施项目或民生项目，仅有小部分用于建设小型的民生类基础设施，如桥梁、小型水电站、农村低等级道路等。援外优惠贷款主要用于投资规模较大的基础设施项目。

"两优"贷款是优惠出口买方信贷和中国援外优惠贷款的简称。中国进出口银行是中国政府指定的"两优"贷款业务唯一承办银行。

1. 贷款申请材料

（1）借款国政府借款申请函。

（2）项目商务合同。

（3）项目可行性研究报告（项目建议书）、项目环评报告及政府认可文件。

（4）项目业主材料。

（5）执行企业和主要分包商/供货商材料等。

2. 贷款程序

（1）借款国政府向中国政府提出贷款申请并提交有关资料。

（2）搜集贷款项目相关材料，开展贷前调查。

（3）对项目进行评估审查，并向有关部门通报评审结果。

（4）中国政府与借款国政府签订政府间优惠贷款框架协议后，中国进出口银行与借款人签署具体贷款协议（援外优惠贷款），或中国经政府主管部门同意后，与借款人签署具体贷款协议（优惠出口买方信贷）。

（5）项目贷款资金随项目实施进度分多次发放。

（6）按相关制度开展贷后管理、回收贷款本息。

6.3.2　出口专项融资

2009 年 6 月，为应对国际金融危机、促进国内出口，财政部、商务部联合下发通知，出台了一项重要的"走出去"信贷支持政策——大型成套设备出口融资保险专项安排政策，即通过安排融资保险，支持大型成套设备出口。2011 年底，该专项政策圆满收官。2012 年，国家批准继续实施大型成套设备出口融资保险专项安排政策，将该专项政策常态化。

另外还有双边之间的互惠贷款。互惠贷款又称"资源框架贷款"，就是民间常说的"资源换贷款"，是指中国金融机构通过给予矿产或其他资源丰富的国家一定数额的贷款融资，换取从该国进口一定数量资源的权利，并带动中国产品、服务出口和工程承包业务。互惠贷款是我国政策性金融机构独创的一种国际合作模式，不仅有利于保障我国资源供应，同时具有资源担保还款的特性，降低了还款风险，增强了贷款的安全性，因而受到我国政府和金融机构的青睐。该合作模式最先在安哥拉实施。

6.3.3　对外投资拉动工程承包

在国家走出去战略的推动下，海外投资已逐渐成为中资企业走出去的主要方式之一，不仅有着重要的经济意义（如推动国内经济转型、带动出口、转移国内过剩产能和海外工程承包、获取稳定收益等），而且对保障我国战略安全有重大意义（如保障资源供应等）。与此同时，由于海外直接投资能够增加当地的就业机会，带动当地的产业发展，促进当地的城市建设，增加当地政府的税收且不增加债务，因而受到非洲各国政府和人民的欢迎。

6.4　ADAMA 风电 EPC 总承包项目融资管理

6.4.1　项目融资概述

ADAMA 风电 EPC 总承包项目的建设地点在埃塞俄比亚纳兹雷特市，总装机量 51MW，年发电量

1.57 亿 kW·h，项目采用中国优惠出口买方信贷的融资模式。埃塞俄比亚 ADAMA 风电 EPC 项目融资参与主体包括：

项目资金借款方：埃塞俄比亚财政部。

项目资金贷款方：中国进出口银行。

项目业主：埃塞俄比亚电力公司。

项目总承包商：中国水电工程顾问集团-中地海外建设集团联营体（HYDROCHINA-CGCOC JV）。

项目融资监管机构：中国商务部。

项目融资模式：优惠出口买方信贷业务。

ADAMA 风电 EPC 总承包项目较为优惠的贷款利率和贷款期限降低了埃塞政府贷款的财务成本，结合本国丰富的风力资源，项目业主埃塞俄比亚电力公司无需提高终端电价即可以项目自身实际收益偿还贷款，并获取投资收益。与此同时，埃塞俄比亚 ADAMA 风电 EPC 项目作为我国第一个"走出去"的国际风电项目，其融资的成功为进一步推动中国清洁能源"走出去"奠定了基础，为国内风电企业树立了良好的榜样，也带来了新的机会。

6.4.2 项目融资过程

1. 项目融资申请

（1）项目融资需求。

埃塞俄比亚政府一直致力于新能源的开发。尤其是近年来，在水电顾问集团的协助下，埃塞俄比亚政府加大了对风电能源的开发利用，经过可行性研究论证，埃塞政府计划开发建设 ADAMA 风电项目。但是由于其国内经济水平欠发达，各项工业基础薄弱，资金、技术、设备、人才储备都不能满足项目建设需要，因此，埃塞俄比亚政府希望通过国际工程项目融资的方式，筹集项目的建设资金，并引入外国承包商进行项目建设，所以对该项目提出了项目承包商帮其融资的需求。

（2）项目融资可行性。

水电顾问集团在对埃塞俄比亚电力市场、用电需求以及未来经济发展规划等进行充分调研后，向埃塞俄比亚政府提交了 ADAMA 风力发电场建设的可行性报告。埃塞俄比亚政府对此报告非常认可并且希望与水电顾问集团合作建设 ADAMA 风电项目。水电顾问集团分析了埃塞俄比亚的国内政治经济环境、项目的技术难度以及 ADAMA 风电项目建设后的效益情况，结合中国政府对"走出去"企业的信贷支持政策，认为埃塞俄比亚 ADAMA 风电 EPC 项目采用出口信贷融资在操作性上是可行的，并提出为进一步降低埃塞俄比亚政府未来的还款压力，该项目可申请中国优惠出口买方信贷。

（3）项目融资申请提出。

水电顾问集团与埃塞俄比亚政府经讨论确定该项目申请优惠出口买方信贷，并开始准备项目融资所需的各种资料，积极配合埃塞俄比亚政府正式向中国商务部、中国进出口银行提出项目融资申请。

2. 项目融资办理

埃塞俄比亚电力公司作为 ADAMA 风电 EPC 项目的业主，是融资贷款的最终借款人，水电顾问集团作为项目总承包商负责协助项目业主促成项目融资的落实。水电顾问集团组织人员积极配合埃塞俄比亚电力公司跟进项目融资审批，协助其准备资料并提交给中国商务部和中国进出口银行。在两家公司的共同努力下，2011 年 5 月 25 日，中国进出口银行向埃塞俄比亚财经部发出贷款协议生效通知，表示项目融资正式生效。

3. 项目融资效益评价

项目融资效益评价是对项目融资过程以及融资效果的评价总结，是融资管理改进的基础。水电顾问集团在 ADAMA 风电项目首年度运行分析的基础上，对项目融资的过程和效益，包括项目融资申请过程、融资手续办理、资金管理、以及项目建设后运行效益和还款能力，进行了深入的总结和分析。整体而言，ADAMA 风电项目融资为项目业主、项目总承包商、埃塞俄比亚政府、中国政府都能带来了良好的效益。

6.4.3　项目资金管理

1. 项目收款管理

基于出口信贷的融资，ADAMA 风电 EPC 项目贷款部分收款的流程如图 6-2 所示。

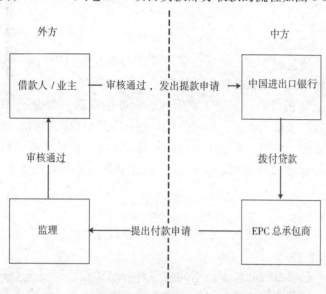

图 6-2　ADAMA 风电 EPC 项目贷款部分收款流程

项目总承包商根据合同条款规定和工程进展状况，向监理单位提交付款申请及相关单据资料，项目监理审核付款申请及相关单据资料，通过后提交业主审核。项目业主审查通过后，如果项目融资的借款人和业主不是同一人，业主还需向借款人提出支付申请。项目业主审查通过并同意拨款后，向贷款人中国进出口银行发出提款申请，由中国进出口银行按照业主批示的提款数额向总承包商发放贷款。

（1）预付款。

预付款是合同生效后，由业主向承包商支付的用于项目启动和设计的一笔资金。项目预付款没有利息，预付款的金额由业主与承包商协商确定，一般为合同总额的 10%～20%。预付款可以一次性支付或分期支付，支付的期数和时间由业主与承包商协商确定，并事先在投标书附录中规定。

ADAMA 风电 EPC 项目总承包合同规定项目业主向总承包商支付总合同款的 15% 作为该工程的预付款。项目预付款的收取时间直接决定了项目正式开工时间，也影响着项目总承包商前期工作筹建。因此，水电顾问集团协助项目部积极开展相关准备工作，办理付款相关手续，及时向业主发出预付款付款申请，联络、协调与业主的关系。2011 年 6 月 14 日，项目部收到业主支付的全部预付款，项目正式开工。

（2）进度款。

进度款是指在施工过程中按逐月（或形象进度、控制界面等）完成的工程数量计算的各项费用总和。ADAMA 风电 EPC 项目建立了有效的进度款收取程序，保障项目进度款的顺利收取，提高了资金的回收能力，缓解项目资金压力。

1）加大对分包商工程质量和进度的控制。

项目部建立各种监督机制，加大对分包商施工过程的管控，保障工程项目质量和进度符合项目计划要求，符合监理、业主要求，为项目进度款的收取提供了基本保障。

2）规范的内部程序。

项目部内部建立严格的进度款收取程序，规范了从进度款申请提出、审核、批准，到监理和业主审查结果的跟踪、进度款催收联络以及进度款账号管理内容的每一项流程，提高了项目团队工作效率，保障了进度款收取的及时性。

3）组织保障网络。

项目建立了以项目部为主体、集团公司协助的进度款收取组织保障网络。集团公司与项目监理、业主、当地政府机关、中国进出口银行提前做好联络和协调工作，为项目进度款的收取保障友好的外部环境。

（3）项目尾款。

项目尾款主要是指项目质量保证金，即项目业主和承包商在合同中约定，从应付的工程款中预留，用以保证承包商在缺陷责任期内对建设工程出现的缺陷进行维修的资金。

项目尾款（质量保证金）的收取一直是工程承包商面临的难题。为保证 ADAMA 风电 EPC 总承包项目的尾款可在贷款的提款有效期内收回，集团公司与外方在总包合同中明确约定了项目保证金的预留和返还方式。在项目竣工阶段，集团公司组织分包商制订了缺陷责任期服务计划，调配资源保障缺陷责任期内的服务，按照合同和业主的要求顺利实施，为项目尾款的顺利收回提供了保障，维护了企业的利益。

2. 项目分包支付管理

项目分包支付是指项目总承包商按照分包商合同，向项目各分包商支付分包款项。

（1）分包款支付申请。

ADAMA 风电 EPC 总承包项目的分包商包括勘察设计分包单位、设备与材料供应商、施工分包商。各个分包商根据各自分包合同规定的方式和时间，结合项目进展状况，向项目部提出项目分包款的支付申请。

（2）分包款支付控制。

1）严格执行项目执行预算。

项目部编制项目部开支预算，根据与分包商签订的采购或分包合同，编制项目执行预算，报集团公司财务资产部审核后，作为项目部工程费用开支的执行依据。项目部在分包款支付过程中严格执行项目预算目标，控制项目分包款支付，降低项目资金风险。

2）分包支付审批流程。

项目部建立严格的分包支付控制程序，保障项目资金有效管理。项目部接到分包商支付申请之后，由各分包商项目分管领导组织人员审查、核对申请，审查通过后，分管领导予以批准，并提交项目经理。

项目经理依据分包合同、采购合同、项目部开支标准和项目执行预算，审核并签署项目支付申请单。项目部财务人员负责办理支付手续和支付事宜。

3）分包支付原则。

ADAMA 风电 EPC 总承包项目资金主要来源于项目总承包款项，因此，很大程度上分包支付审批取决于项目总包款项的收取。有时项目部资金储备不足，在遇到多家分包商提出支付申请后，将根据项目资金情况和分包商支付申请的重要性，进行合理审批支付，保障项目资金高效管理。

3. 汇率风险管理

国际工程项目中最常见的风险就是汇率风险。由于合同签署时正处于中国人民银行因全球金融危机而暂停汇改的时期，且考虑到埃塞俄比亚政府对于该项目建设的急迫性以及该项目较短的建设周期，公司乐观地估计了项目最终落实收款的时间，因此签订的是固定总价合同，不会因汇率变动而调整价格。然而由于特殊原因，项目整体开工时间推迟一年多，使得项目面临了巨大的汇率风险。

为控制汇率风险，尽可能减少汇兑损失，水电顾问集团组织人员对汇率即期市场以及远期市场进行了分析，并向多家银行调研有效的汇率止损工具，结合项目实际和自身情况，最终选择了远期结售汇业务作为项目的汇率风险管理工具。

2011 年人民币兑美元单边升值趋势明显（见图 6-3），且市场普遍预期人民币持续升值，人民币兑美元远期结售汇市场价格较即期市场报价贴水 1%～1.5%。虽然人民币兑美元远期市场贴水，但由于人民币升值幅度较快，所以远期外汇市场的贴水幅度与市场升值间存在着价差，采用远期结汇的方式可以利用外汇即期市场与远期市场的价差，减小人民币升值的影响，甚至可能获得一定的汇兑收益。进入 2012 年后，人民币兑美元升值趋势放缓，4 月份中国人民银行对汇率波幅的扩大及其配套政策的出台，意味着人民币兑美元汇价的双向波动逐渐成为汇率的新趋势。在此背景下，集团公司继续使用远期结汇方式，利用升水的外汇远期市场锁定美元兑换汇率，以尽可能减少汇率波动带来的收益不确定性。

同时，远期结售汇业务办理环节较少，简单便捷，且可使用各银行已有的授信额度作为保证金，不需要缴纳手续费，对于 ADAMA 风电 EPC 项目的汇率风险控制，是非常适合的选择。

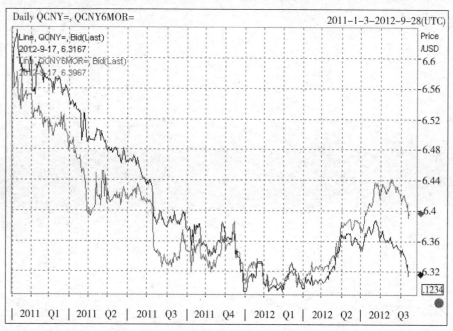

图 6-3　人民币兑美元即期汇率与 6 个月远期汇率价格走势图

6.4.4　总结与展望

利用中国信贷支持的埃塞俄比亚 ADAMA 风电 EPC 总承包项目融资具有重要意义。

中国政府提供的优惠出口买方信贷直接促成了联营体与业主埃塞俄比亚电力公司的商务合同签订。埃塞俄比亚政府希望能通过新能源的发展解决国内的电力短缺问题，提高国家的经济实力。但由于其经济基础比较薄弱，无法提供足额的建设资金，也无力承担过高的融资成本，因此该项目合同的签订与该项目融资可行性息息相关。

项目融资增强了水电顾问集团的国际市场竞争力。埃塞俄比亚 ADAMA 风电 EPC 总承包项目融资是水电顾问集团积极学习和探索以出口信贷方式参与国际大型项目竞争的新途径。向埃塞俄比亚政府提供优惠出口买方信贷融资，有力地帮助水电顾问集团最终获得了该项目的总承包建设资格，并通过该项目的实施，对出口信贷的申请、操作以及项目执行和管理增强了认识。

由于埃塞俄比亚 ADAMA 风电 EPC 总承包项目的成功融资以及顺利实施，该项目为水电顾问集团在埃塞俄比亚赢得了良好声誉。它是埃塞俄比亚第一个按期完工的电力项目，发电量达到了预期的水平，风场利用效率超过设计标准，使得项目总体盈利，得到了埃塞俄比亚政府、中国政府、中国进出口银行的高度评价，也为 ADAMA 风电二期 EPC 合同的签订奠定了良好基础。

水电顾问集团总结了 ADAMA 风电 EPC 总承包项目融资管理的成功经验，希望企业能够传承经验，大胆创新，积极探索，在未来国际工程项目中充分利用出口信贷，为中国企业赢得持久的竞争优势。

第7章 集成管理理论——ADAMA 风电 EPC 总承包项目技术管理

工程项目技术管理的任务是指在工程项目实施中，运用管理职能（即计划、组织、指挥、协调和调控），正确贯彻合同规定的技术工作要求，科学组织各项技术工作，建立良好的技术管理秩序，确保项目实施生产过程符合合同规定的技术规范和规程要求，以保证高质量地按期完成工程项目，实现技术、经济、质量与进度的共赢。对国际工程而言，如何进行高效的技术管理，已经成为项目管理组织研究的重要工作之一。

ADAMA 风电 EPC 总承包项目是采用中国技术标准的国际工程项目，参与项目执行的技术管理人员来自不同的国家、公司，有着不同的教育、语言和文化背景，对中国技术标准的认识和理解存在差异，使得项目技术管理的难度增加。项目管理组织利用集成管理理论指导国际工程项目的技术管理工作，建立了包括项目技术管理组织集成、项目技术管理过程集成、风电项目技术知识和经验集成的项目技术管理体系，在项目实施过程中有效地指导项目的技术管理，保证了项目执行过程符合合同规定的技术规范和设计图样的要求，保证了项目施工按正常秩序和施工工艺进行，提高了国际风电项目的技术管理水平和人员的技术素质，能预见性地发现问题并解决问题，实现了项目技术目标。

7.1 集成管理理论

7.1.1 集成管理的内涵

集成管理是指为了实现集成组织的集成目标，以集成思想为理论指导，将集成的基本原理和方法运用到相关管理实践中，以集成的组织和行为方式为核心，按照一定的集成机制选择集成单元或要素，建立特定的集成关系，构建集成系统，以定量分析与定性分析相结合的集成方法论为基础，综合运用各种方法、技术和手段组织、协调并集成的一种管理活动。

集成管理就是管理者或组织站在集成这一新的视角来看待、研究、分析人类有组织、有目的的各种社会活动，将社会活动中的各种资源要素纳入管理的范畴，从而拓展管理的视野和领域，并按照一定的集成模式将组织内外的各种集成要素进行整合，综合运用各种不同的方法、技术、手段和工具，促使各集成要素的功能和优势匹配与互补，从而达到非线性的功能倍增或涌现的整体效果。

集成管理具有两个基本观点：一是集成观，即集成管理主体（管理者或组织）要有明确的集成目标，各类集成要素（人员、机器、材料、资金、信息等）都是集成对象，集成活动是一项系统的活动，集成过程是一个不断调整的动态过程；另一个是知识观，集成管理强调通过对特定集成活动的管理，加强集成活动知识的生产、传播与应用，将知识转化成生产力。

7.1.2 集成管理特征

1. 综合集成性

从资源角度来看，集成管理是将企业内、外各种资源都纳入管理范畴，通过对各种资源有目的的选择、评价、集成，将其进行有效的集成，实现集成管理主体（管理者）的目标。

从管理要素角度来看，人、财、物是传统的管理活动中的基本管理要素。然而随着社会的发展和进步，人、财、物这些基本管理要素的性质、类型不断变化更新，与此同时，各种新的管理要素也大量涌现，并且各管理要素对企业发展的重要性也相继发生转换。21 世纪已经进入信息技术和知识经济时代，信息和知识对企业的发展越来越重要。

由此可见，在管理要素不断增多的现代社会里，集成管理的要素范围必然将更加广泛，从人、财、物到策略、知识、信息、组织等都是集成管理涉及的管理要素，即涵盖所有的软、硬件资源要素。

2. 复杂性

集成管理的复杂性主要表现在以下几个方面：其一，由于集成管理的内部、外部所有影响要素的集成，因此，集成管理系统内部的各要素之间的联系广泛而紧密，每一要素的变化都会影响到其他相关要素的变化，如此一来所有的要素都会受到影响；其二，集成管理系统内部具有多层次、多功能的组织结构，每一层次都是构成其上一层次的单元；其三，集成管理系统是一个不断学习发展的系统，在实践过程中会不断地对其层次结构与功能结构进行调整和完善；其四，集成管理系统会随系统内外部环境变化而不断演化；其五，集成管理强调集成主体的行为性，简单来讲，就是集成主体具有了解其所处的环境，预测未来环境的变化，并按预定目标采取行动的能力。

3. 多样性

由于集成管理的管理要素的广泛性，以及集成要素的内在性质各不相同，因此，集成管理呈现多样性，如管理技术和方法集成、管理理念集成、制造技术集成、制造系统集成等。

4. 协同性

由于集成管理的管理要素广泛而多样，要素之间必须进行优势互补，管理实践过程中各要素还应协同配合，才能使集成主体实力和优势倍增，实现集成管理主体的目标。

5. 创新性

集成管理突出强调人的主体行为性，而主体行为性又突出表现为创造性思维方式和创新性管理方法。主体行为性体现出来的创新性是管理者进行集成管理的基础，是实现集成管理目标的保障。

7.2 项目技术集成管理

技术影响着项目的质量目标、进度目标、费用目标和安全目标，因此，项目技术管理效率直接关系到项目的成功与否。采取科学的方法提高项目技术管理效率，已然成为工程承包企业最为关注的工作之一。

目前工程项目技术管理变得尤为复杂。这不仅是由于技术本身的快速发展，还因为技术管理组织、人员和方法的发展壮大，大大加大了项目管理组织的管理难度。经过多年的经验总结，项目管理组织开始意识到采取集成管理理念对技术进行全面管理，可以有效地整合项目各方技术资源、人力资源以及管理方法，提高项目技术管理效率。

工程项目技术集成管理的主要内涵是指项目管理组织根据项目的技术要求、自身的技术能力以及其他方面的资源条件，通过采用集成管理的思想，对项目技术本身和项目所有相关的技术人员或单位的行为进行有效管控，并将项目实施过程中积累的技术资源进行收集、整理与规范，使其在未来的项目中得以被继承和重用的过程。

工程项目技术集成管理的目的在于采用集成管理的方法把来自不同组织、拥有不同专业知识和技术背景的人员的经验、智慧和才能以及属于各自组织的资源、信息有机地结合起来，形成优势互补，打破空间和层级的界限，高效地解决工程项目建设过程中出现的各种技术问题。由此可见，工程项目技术集成管理不但可以将先进技术融入到工程项目的建设中，而且还可以不断提升项目参与各方的工程技术水平和项目管理水平。

7.3　国际工程项目技术管理

7.3.1　国际工程项目技术管理特点

随着国际承包市场不断扩大，国内企业对外承包的国际工程项目越来越多。尽管国际工程合同都明确了采用的技术标准，但业主监理或其他项目参与方会因其所受的教育、知识水平、工作习惯、常用的标准和规范不同等原因而与我国承包商技术人员对项目技术的认识产生分歧，因此国际工程技术管理工作的内涵与国内有着本质的区别。国际工程的技术管理需根据合同要求编制采用统一的项目标准、规范、项目规定、工程表格等工程技术文件来统一项目参与方解决对项目技术认识不同的问题，而我国企业习惯的技术管理程序和制度，如设计交底、图样会审等只能用于项目部的内部技术管理。

国际工程项目技术管理主要有以下几个特点。

1. 多种习惯使用的技术标准并存

国际工程项目技术管理过程中最大的特点是因项目参与方众多，多种习惯使用的技术标准并存，这也是一大难点。不同的国家或地区对相同类型工程项目的设计、设备制造、施工与安装、调试与试运行所采用的技术标准均有不同。现在较常用的标准有美国标准系列、德国标准系列、欧洲标准系列、中国标准、日本标准和俄罗斯标准等。尽管合同只规定采用一个技术标准，但对项目技术的认识会因项目设计、施工承包商、设备供应商、业主和监理等各自所熟悉的规范标准不同出现多种技术标准并存的局面，给项目技术管理带来了难度。因此，需要根据合同规定的技术标准和设计图样编制《项目技术说明/规定》来统一项目技术规定和工作程序，并要求项目参与各方按《项目技术说明/规定》执行，减少项目技术管理的冲突。

2. 参与方众多，技术沟通协调难度大

国际工程项目的参与方包括业主、监理、总承包商、设计分包商、设备材料供应商、施工分包商、国外政府技术管理机构等，由于他们来自不同的国家，有不同的教育、语言文化背景，不同的工程经验和自身所熟悉的标准和规范，对工程项目技术的理解和认识也不同，因此使得国际工程项目技术沟通与协调变得复杂，这就要求所有的技术沟通都应形成文件记录并妥善保存。

3. 工程技术质量要求严格

国内有设计标准、施工标准、验收标准和明确的质量等级要求，而国际工程没有验收标准和质量等级要求，因此工程检查验收按照项目前期根据设计图和合同编制的《项目技术说明/规定》执行，对各项工程的验收、技术性能测试和检查非常严格。项目人员必须按照《项目技术说明/规定》规定的技术规定和技术程序执行。"根据我以往的经验……"这样的话是不行的。

4. 技术标准翻译的准确性和理解差异

国际工程项目中采用的技术标准往往需要翻译成不同语言版本，以便来自不同国家的项目技术管理人员使用。但是由于技术标准的翻译大多由非专业技术人员执行，不可能完全翻译得准确无误，加之来自不同国家的技术管理人员在语言文字表达理解上的差异，会造成对项目技术标准理解的偏差，在项目技术管理方面出现冲突，影响项目进程。

7.3.2　国际工程项目技术集成管理内容

1. 统一工程项目技术标准

一个国际工程项目顺利、稳定的执行与否在于参与方是否有明确统一的标准和规定。为了解决国际项目中多标准习惯并存导致的规范冲突，项目管理组织在国际项目开始执行前就必须根据合同要求统一项目的技术标准，制定项目技术规定和工作执行程序。

由于国外业主、监理根本不熟悉国内规范，因此国际工程项目不能和国内项目一样期望能按国内惯例、国内规范完成。技术标准统一不仅是承包商与业主之间统一，也应该是总承包商与分包商、监理之间的统一。为了减少项目执行过程中的技术管理冲突，项目执行前参与方必须协商一致，按照合同条件编制统一的技术规定，并形成正式的文件规范供大家遵守。

总之，国际工程技术管理的首要任务是在满足各种标准的基础上制定可行的项目技术管理规定，这样才能在项目执行中避免由于标准混乱而导致项目混乱。

2. 项目技术执行过程管理

项目技术执行过程管理是指项目管理组织按照项目技术标准、规定以及特殊要求，在项目实施过程中，对项目技术活动进行计划、组织、领导与控制，确保项目实现技术目标。国际项目技术过程管理中应明确项目各相关方、技术管理岗位的职责和权限，建立技术管理体系，有效地进行技术管理。

3. 技术文档管理和技术管理总结

工程技术资料是国际工程全过程活动中直接形成的有保存价值的文字、图样、图表、声像等不同形式的历史记录，主要包括：工程管理资料、工程质量控制资料、工程安全和功能检验资料及主要功能抽查记录、工程验收资料等，具有依据、凭证、参考的作用。国际项目周期长，人员流动性大，且工程支付、检查验收、索赔和反索赔、移交、使用和管理等都需要有工程记录作依据，加强国际项目技术文件管理，不但可以有效地提高项目技术管理水平，还可以维护承包商的合法权益。

一个项目的经验无论对个人还是公司都是十分宝贵的。对每一个国际项目进行总结，可以进一步完善国际工程项目的工作程序、执行标准、标准表格，从而降低企业对国际工程项目技术管理的成本。

7.4 ADAMA 风电 EPC 总承包项目技术集成管理

7.4.1 基于集成管理的项目技术管理框架

根据集成管理理论，结合项目技术管理特点，我们构建了 ADAMA 风电 EPC 总承包项目技术管理框架，如图 7-1 所示。

ADAMA 风电 EPC 总承包项目技术集成管理框架主要体现了三个方面：一是项目技术管理组织集成，即项目总承包商将项目业主、监理、分包商、供应商等项目主要参与方纳入项目技术管理组织，形成以项目总承包商为核心的项目技术管理组织集成；二是项目技术管理全过程的集成，包括项目技术管理策划集成、项目管理制度集成、项目技术执行过程管理集成、项目技术文档管理集成以及项目技术管理总结集成；三是项目技术管理知识和经验集成。

该项目通过将不同的技术组织资源结合起来，统一技术目标，将各种适合项目的技术用于工程建设中，形成了宝贵的项目技术管理知识和经验，大大丰富了企业项目技术管理的内容，提升了企业项目技术管理能力。

7.4.2 项目技术管理组织机构

ADAMA 风电 EPC 总承包项目主要参与方包括业主、监理、总承包商、设计分包商、施工分包商以及采购供应商，每一个参与方都影响着项目的技术管理水平。因此，水电顾问集团根据项目环境和项目自身的特点构建了以总承包商为中心的项目技术管理组织机构，具体如图 7-2 所示。

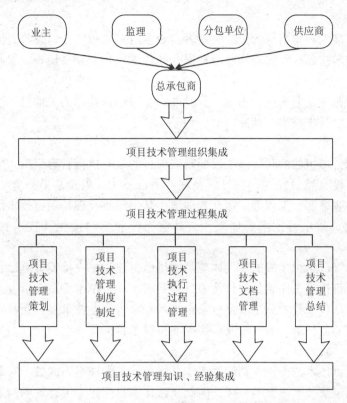

图 7-1　ADAMA 风电 EPC 总承包项目技术管理框架

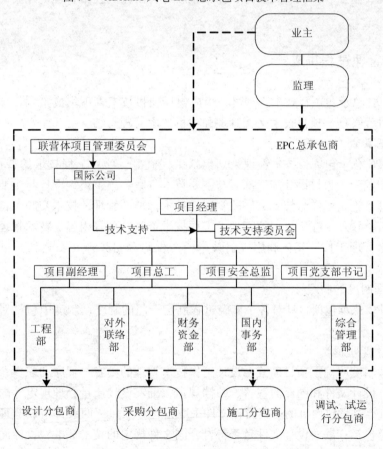

图 7-2　ADAMA 风电 EPC 总承包项目技术集成管理组织机构

1. 业主和监理

业主是项目技术标准、技术指标的最终决策者。业主与总承包商签订总包合同，在合同中有明确的项目技术标准和各种技术指标。业主委托监理根据合同技术条款监督、检查、验收以及考核项目执行的技术标准。

各承包商应积极与业主、监理进行沟通，及时准确了解项目技术相关信息，明确项目各种技术要求再开展项目技术管理，以减少技术管理冲突。

2. EPC 总承包商

水电顾问集团国际公司组建的联营体项目部是该项目的核心执行管理组织。联营体项目部接受国际公司领导。项目部内部设有项目经理、项目副经理、项目总工、安全总监、党支部书记以及国内事务部、财务资金部、对外联络部、工程部、综合管理部，其中项目经理是项目技术的第一负责人，项目总工受项目经理委托全面负责项目技术管理工作，其他岗位和部门按照其技术管理职责执行技术管理工作。

联营体项目部技术管理组织集成的最大体现是项目部组建技术支持委员会，负责指导、协助、监督项目技术工作，确保项目技术工作满足项目技术目标要求。项目技术委员会由业主技术专家、监理技术专家、项目部总工、各分包商技术总工以及行业内技术专家组成。技术委员会有效地集成了项目参与各方技术人才，统筹管理项目技术，最大限度地实现项目技术目标。

3. 项目分包商

项目各分包商是项目技术的提供者和使用者，是项目技术管理组织的核心对象。由于各分包商所熟悉的技术标准、技术规定及技术习惯不一样，因此联营体项目部建立了有效的沟通与协调机制，及时处理在项目设计、采购、施工、调试、试运行、竣工验收等各阶段的技术管理过程中的问题，提高项目技术管理效率。

7.4.3 项目技术管理过程集成

ADAMA 风电 EPC 总承包项目技术管理过程集成包括项目技术管理集成策划、项目技术管理制度制定、项目技术执行过程管理、项目技术文档管理和项目技术管理总结。

1. 项目技术管理策划

ADAMA 风电 EPC 总承包项目技术管理策划包括工程概况、项目工程技术的特点、技术管理目标、技术管理组织机构和职责、项目设计施工部署与主要技术方案、施工组织设计与主要施工方案、施工图会审与工程变更管理、施工图样与技术文件的管理、技术标准的管理、技术交底、特殊关键工序的交接管理、测量管理、实验管理、施工日记的管理、工程技术资料管理等内容。技术管理策划的目的是为了规范和统一项目技术管理工作，充分利用项目技术资源保障项目生产、安全和质量，降低成本，保证效益。

2. 项目技术管理制度的制定

ADAMA 风电 EPC 总承包项目针对各个实施过程制定专门的制度，制度中包括对各个阶段的技术管理要求。

（1）勘察、设计管理制度。

勘察、设计管理制度明确了项目勘察、设计工作技术管理的内容、程序和职责，勘察设计文件的质量要求和审查要求，设计文件和图样的签署、归档规定，勘察设计质量管理规定等内容。

ADAMA 风电 EPC 总承包项目的勘察设计文件采取公司和项目部两级评审、监理审批的方式控制质量。评审的重点内容包括：勘察设计文件是否符合合同文件规定的技术标准，设计深度是否满足业主的要求，采用的基础数据、计算公式是否正确，采用的设备材料是否符合合同要求、价格是否合理，设计概（预）算是否准确等。

勘察、设计管理制度中还制定了设计图技术交底、变更以及竣工验收程序，明确了项目实施过程中设计管理的职责和内容，有效控制了因设计技术出现失误而导致的项目技术风险。

（2）采购纳入设计程序的制度。

ADAMA 风电 EPC 总承包项目将采购纳入设计管理程序，有效地解决了设计与采购之间的技术衔接问题，有利于提高采购的技术含量和质量。设计参与采购的工作内容包括：将采购纳入设计控制计划，明确与采购的相关控制点；吸收采购单位参与设计方案的研究，选用设备和材料时要考虑采购单位提供的资料和意见；按照采购计划提供设计图样、资料，配合采购单位开展工作；采购单位邀请设计参加评标议标、订货、验收等工作。

采购纳入设计程序制度中还规定了设计单位与采购单位分工协作的关系。将设计与采购有机结合起来，是强化项目管理、提高工程质量、加快工程进度、控制工程投资的有效措施。

1）项目谈判阶段，设计应向采购单位介绍工程情况，征求关键设备选型、采用材料的意见，采购单位应向设计单位提供有关设备的设计资料、参考价格并参与设计方案讨论。

2）在基础工程设计阶段，设计应向采购单位提供设备、材料的订货技术资料，应参加设备材料招（议）标文件的编制。

3）在详细设计阶段，设计应向采购单位提供订货资料（包括请购单、规格书、数据表、订货用图样），配合采购单位的询价、技术评价、厂家协调、合同技术谈判等工作。

4）设备制造和安装阶段，设计可以应采购单位要求参与设备监造、出厂检验，解决与设计有关的技术问题。

5）在试运行阶段，设计应与采购单位共同参与试运行服务工作。

（3）施工技术管理制度。

项目部制定了以下相关施工管理制度。

1）施工技术责任制度。

为了建立强有力的技术管理指挥系统，明确各级技术人员的职责，加强技术管理，项目部制定了施工技术责任制，设置了公司、项目部、分包单位三级技术负责人，建立了三级技术责任制，实行技术工作统一领导，分级管理。制度要求各级技术负责人要认真学习和执行合同规定的技术标准、规程、规范，发扬技术民主，组织技术人员做好技术工作和技术管理工作。

2）工程质量管理制度。

为了确保工程项目施工过程得到控制，并最终保证工程项目的施工质量，以满足合同和业主的要求，项目部制定了工程质量管理制度，内容包括：质量管理策划、施工过程质量控制、施工过程信息沟通、施工过程中的质量记录等。

3）施工组织设计、方案、措施编制审查规定。

施工组织设计、方案、措施是提高工程质量、提高劳动生产率、缩短工期、降低消耗、保证安全、不断提高施工技术和管理水平的重要手段。项目部组织分包商编制项目施工组织设计和重大施工方案、措施。

项目施工组织设计和重大施工方案、措施实行公司、项目部、分包单位三级审查制度，要经过分包单位初审、项目部组织审核、公司审批后，再根据需要报业主、监理审批后执行。

4）施工图样审查制度。

施工图样是施工和验收的主要依据。项目部制定了图样审查程序，明确了图样审查职责和内容。施工图样审查的重点是：施工图与设备、特殊材料的技术要求是否一致；设计与施工主要技术方案是否相适应，是否和现场条件相符，设备组合吊装运输方式是否可行及是否安全可靠；图样表达深度能否满足施工需要；构件划分和加工要求是否符合施工能力；扩建工程的新、老系统之间的衔接是否吻合，施工过渡是否可能。除按图面检查外，还应按现场实际情况校核：各专业之间的设计是否协调，如设备外形尺寸与基础尺寸、建筑物预留孔洞及埋件与安装图样要求、设备与系统连接部位、管线之间的相互关系等；设计采用的新结构、新材料、新设备、新工艺、新技术在施工技术、机具和物资供应上有无困难，是否符合合同要求，业主和监理是否同意；施工图之间和总分图之间、总图和分图的尺寸有无矛盾；能否满足生产运行安全经济的要求和检修作业的合理需要。

5）技术会议制度。

项目部根据工程需要，定期或不定期召开各技术协调例会，主要包括图样设计交底会、设计图样协调会、技术协调会、方案讨论专题会、技术交底会等。

技术会议的目的是加强项目技术管理，沟通、协调各参与方、各专业之间的关系，及时解决施工中出现的技术、质量、安全等问题，完善施工技术方案，推广先进的施工技术，保证安全生产顺利开展。

6）施工技术交底制度。

施工技术交底是施工工序中的首要环节，必须坚决执行，未经技术交底不得施工。ADAMA 风电EPC 总承包项目部组织设计人员对各施工分包商进行项目施工技术交底，并参与、监督、检查各分包商内部施工班组间的技术交底。施工技术交底的目的是让所有施工参与者了解工程规模和工程特点，明确施工任务、特殊的操作方法、质量标准、安全措施和环境保护措施等，做到心中有数，以便有计划、有组织地科学施工。

a. 项目部的技术交底内容包括：合同和业主的技术要求；工程内容和施工范围；工程特点和设计意图；总平面布置、力能供应；综合进度和配合要求；主要质量标准和保证质量的主要措施；施工顺序和主要施工方案；保证施工安全的主要措施；主要物资供应要求；其他施工注意事项。

b. 分包单位的技术交底内容包括：工程范围和施工进度要求；主要操作方法和安全质量措施；主要设计变更和设备、材料代用情况；重要施工图样的解释；经批准的重大施工方案措施（如特殊爆破工程、特殊或重要部位的混凝土浇灌、重型或大件设备构件的运输吊装、电气设备的安装、架空线施工、重大停电作业、分部试运等）；质量评级办法和标准；技术记录内容及分工；其他施工中应注意的事。

c. 施工班组的技术交底内容包括：操作方法和保证质量安全的措施；技术检验和检查验收要求；施工图样的解释；设计变更，设备材料代用情况；经批准的施工方案措施；工艺质量标准和评级办法；技术记录内容和要求；其他施工注意事项。

7）设计变更管理制度。

经过批准的设计文件是施工的主要依据。施工单位应当按图施工，确保工程质量。如果发现设计有问题或由于施工方面的原因要求变更设计的，应提出变更设计申请，经项目部或监理签证后方得更改。

不涉及变更原设计原则、不影响质量和安全经济运行、不影响整洁美观且不增减预算费用的变更事项，例如图样尺寸差错更正、材料等强换算代用、图样细部增补详图、图样间矛盾问题处理等小型设计变更。由分包商提出设计变更通知，经现场设计和项目部技术部门同意，报业主或监理审批，项目部签发设计变更通知给施工单位。

工程内容有变化，但不属于重大设计变更的普通变更，由设计现场代表签发设计变更通知单，提交项目部、监理、施工单位有关技术部门会签后生效。设计变更单应附有工程变更工程量。

变更设计原则、变更系统方案或主要结构及布置、修改主要尺寸和主要原材料及设备的代用等重大设计变更，必须经业主、公司、项目部和设计单位的同意，由设计单位修改设计并提出工程预算变更单（或修正概算）。在施工过程中，业主或设计单位要求对原设计作重大变更时，应征得公司和项目部的同意。

8）技术检验制度。

为进一步发挥技术检验工作对提高工程施工质量的保证作用，针对现场施工技术检验工作的系统性、综合性、工程性等特点，项目部制定了技术检验制度。技术检验工作是运用科学的检测手段和管理方法，对工程（产品）所用的原材料（包括成品、半成品、加工件）进行检查、试验和监督，同时对施工工艺控制和工程（工序）质量进行技术检测和监督，从而对工程质量提供保证。

a. 施工前的主要技术检验包括：

对工程所需的各种原材料、半成品、加工件应审核出厂合格证并抽样复验，对重要或大宗的原材料及外购（外加工）的构件、配件，必要时应做好产地或生产厂家的质量调查，确保工程材料和用品的质量控制和合理使用。

对现场原材料的保管、检验、发放、使用进行监督，尤其对水泥和钢筋应实行跟踪管理。

对工程所需的配合比或施工工艺进行设计、试验、优选，满足设计与施工的要求并取得较好的经济效果。

b. 施工中的主要技术检验包括：

对施工配合比的实施或混凝土、焊接、回填土、防水、防腐等工程的工艺操作质量进行检查、监督和试验，并及时根据设计与施工条件的变化进行调整，保证工序质量的控制。

及时对工序质量进行技术检验，提交数据和试验报告，确保下道工序的顺利进行。

c. 施工后的主要技术检验包括：

对实物工程质量及时进行技术检验，提交试验报告，以便对质量作出正确的分析与评价。

对质量缺陷（或质量事故）的分析应采用技术检测的手段，以便正确作出判断和鉴定，也为处理方案的制定提供技术依据。

此外，在整个工程施工过程中，应积累试验数据，及时整理各项记录、证件、报告等技术资料，作好统计分析和总结，并及时传递到有关部门，以利于改进技术管理和质量管理工作。

9）技术资料管理制度。

加强工程技术资料的管理和利用是积累经验、更好地为生产和经营服务的重要手段。技术资料的主要内容有：建、构筑物地基验槽和地基处理（包括打桩）记录；永久水准点和控制桩的测量记录；主要建、构筑物定位放线测量记录，沉降观测记录及变形记录；主要图样会审记录；主要原材料、构件和设备出厂证件；设计变更、材料设备代用记录；施工技术记录、设备调试记录等；隐蔽工程与中间检查验收签证；主体结构和重要部位试件和材料的检验、试验记录；重大质量事故和重要设备缺陷情况及处理情况记录；分部试运行和整套起动调试运行记录；竣工图样；有关工程项目管理的协议、文件和会议记录；工程总结和工程照相；其他为积累经验所需的资料等。技术资料档案由项目部各管理部门汇集整理，除按合同有关规定交给业主之外，应移交公司技术档案部门。

10）技术培训管理制度。

项目部根据境外项目生产和管理的需要，积极主动地提高项目现场员工技术水平和管理能力。按照项目管理工作需求制定培训计划，鼓励员工开展导师带徒、技术比武、技能培训等业务学习活动。本着"干什么，学什么；缺什么，补什么"的原则，开展多种形式的培训活动。

（4）调试与试运行管理制度。

为了规范调试与试运行管理工作，规定调试与运行各阶段的工作程序，保证调试与试运行质量，项目部制定了调试与试运行管理制度，明确了项目调试与试运行管理组织、应具备的条件、工作程序等，并确定调试、试运行与设计、施工、采购过程中的工作接口问题，确保项目调试和试运行顺利实施。

（5）项目竣工验收及交付制度。

为规范工程竣工验收及交付行为，ADAMA 风电 EPC 总承包项目部制定了项目竣工验收及交付制度，明确了项目竣工验收及交付计划、验收与交付条件及工作程序、项目收尾工作、项目总结以及工程竣工资料归档的程序，确保项目顺利进行竣工和交付。

3. 项目执行过程技术管理

项目执行过程的技术管理工作包括三个阶段的内容，即工程项目准备阶段、工程项目施工阶段、项目竣工阶段。

工程项目准备阶段的技术管理：熟悉、审查中标文件和合同的要求；熟悉及会审设计施工图样；进行技术经济调查；编制施工组织设计；编制专项施工方案及技术交底。

工程项目施工阶段的技术管理：技术交底；技术措施实施；技术检验及复核；材料及半成品的试验与检验；工程变更及洽商；标准、规范的贯彻与实施；特殊过程的控制；施工中技术问题的处理；施工技术资料的编制与整理；季节性施工措施的编制与实施等。

工程项目竣工阶段的技术管理：整理施工资料；工程预验收；施工总结；竣工验收；移交施工技术档案；工程回访。

ADAMA 风电 EPC 总承包项目部在项目实施过程中采取技术资料审查、现场监督检查、会议讨论、报告四种形式进行项目执行过程中的技术控制。

（1）资料审查。

项目部对设计分包商、施工分包商、采购供应商提交的设计图样、技术规格、施工组织设计方案和措施以及设备技术标准、性能测试报告等相关资料，按照审查规定组织审查。项目实施过程中的技术资料基本采取三级审查机制，包括分包商自查、项目部/公司审查、监理/业主的审查确认。资料审查贯穿从项目立项到项目收尾的全过程。

（2）现场监督检查。

现场监督检查是项目实施过程技术控制的主要手段。为了保证工程质量，项目部依照有关合同规定的质量标准和项目部相关制度要求，根据工程特点，分别对设备、原材料、构配件、检验批、分部分项工程、隐蔽工程进行检查验收，从每个环节抓起，认真检查施工质量。工程检查验收实施四级验收，即施工班组自检、施工分包商和项目部检查初验、监理/业主验收。

公司职能部门定期或不定期地组织项目现场的综合监督检查或专项监督检查，了解项目进展状况，针对存在的问题，责令项目部组织相关方进行整改，确保项目目标的实现。

（3）会议讨论。

ADAMA 风电 EPC 总承包项目部根据项目进展状况，定期或不定期地组织召开技术会议，协调和沟通项目技术管理过程中的问题，确保项目技术管理工作的顺利进行。技术会议包括：图样设计交底会、设计图样协调会、技术协调会、方案讨论专题会、技术交底会。

（4）报告。

ADAMA 风电 EPC 总承包项目部规定分包商应向项目部提交周期（周、月）或专项报告。项目报告包括：项目施工月报（分包商编制）、项目设计图样进展报告（分包商编制）、项目技术专项报告（分包商编制）、项目采购状态报告（项目部编制）、项目综合管理月报（项目部编制）等。项目部组织对各类报告进行汇总，根据需要报送相关方。

项目报告使各相关方对项目技术管理状况有了全面了解，从而针对不足的地方进行调整或修正，确保项目技术管理工作有序进行。

4. 项目技术文档管理

ADAMA 风电 EPC 总承包项目部按照 NBT31021 – 2012《风力发电企业科学技术档案分类规则与归档管理规范》的要求对技术资料及时收集并整理，制定了项目技术档案管理制度，明确了项目技术档案记录要求和文档分类、编码、管理程序，以及项目验收后项目档案移交程序。项目部还定期或不定期地对项目文档的完整性和真实性进行监督、检查。严格按图样及规范施工，坚持有变更必洽商的原则；注意各项表格资料，特别是隐蔽工程检查资料和洽商记录，该填写的内容必须齐全，各级人员签字也不得遗漏，更不得代签，管理人员如有调动，要办好交接手续。工程的技术档案要做到资料完整、部位准确、情况真实。

5. 项目技术管理总结

ADAMA 风电 EPC 总承包项目部定期或不定期地进行项目技术管理总结，分析和总结管理过程中的经验和问题，不断改进项目技术管理能力。项目竣工验收后，项目部组织主要技术管理人员对项目管理全过程进行总结分析，编制项目总结报告，为提升公司项目技术管理能力和项目管理水平积累经验。

7.4.4　项目技术管理知识和经验集成

基于集成思想的项目技术管理有两个核心内容：一方面是对新技术、现有技术和项目各参与方之间的技术进行有效的集成，将其应用于项目的实施过程中；另一方面，将工程项目实施过程中积累的技术进行整理和规范，便于将来用在类似项目上，使其能得以继承和重用。

水电顾问集团组织项目部人员从工程档案资料中挖掘、提炼出在项目全过程中积累的各项技术资源信息，并对其进行分类、评估、开发、共享的管理，并建立与更新知识库，从而实现项目技术知识和经验集成管理。

1. 项目实施过程中知识和经验集成

ADAMA 风电 EPC 总承包项目实施过程中通过加强培养项目技术人员的学习能力以及团队合作精神，规范项目技术成果性文件资料管理，加大项目技术创新投入，培养和强化项目各参与方技术人员的信息沟通与协调能力，奖励项目技术管理组织和个人，实现了项目实施过程中技术知识和经验的共享和集成，不仅提高了项目的技术管理效率，也提升项目技术人员的综合能力，为以后项目技术管理积累了知识和经验。

2. 规范工程档案资料归档管理，扩充企业技术知识库

工程档案资料中汇集了反映项目建设过程的大量文字和图样资料，是工程项目的永久性技术文件，是项目技术知识积累、开发、应用的基础。ADAMA 风电 EPC 总承包项目在实施过程中注重工程竣工资料的收集、整理和编制，在项目结束后，按照公司项目档案管理规定，在规定的时间内移交给了公司项目档案管理部门进行存档，为企业技术知识的扩充提供基础。

3. 项目技术资源挖掘机制

ADAMA 风电 EPC 总承包项目完成后，公司组织人员根据需要对工程档案资料进行分析研究，挖掘项目技术知识和经验成果，促进公司项目技术管理的规范化，提高项目技术管理效率。例如，在 AD-AMA 风电二期工程开始前，公司组织相关人员对一期工程档案资料进行分析，包括项目的客户信息、影像资料、图片资料、不同类型的作业指导书范本（如策划书模板、各类专项方案、汇报方案、标书）等，挖掘了众多项目技术资源信息，帮助了 ADAMA 风电二期工程项目技术管理工作的有效开展。

4. 加强项目技术知识和经验培训

ADAMA 风电 EPC 总承包项目完成后，公司组织项目经验管理探讨和培训会议，重点探讨本项目过程中技术管理出现的典型问题，推广成功经验。根据项目管理过程中的薄弱环节，公司制定专门培训计划，从技术专业知识、管理能力以及人员素质方面提升项目技术人员的综合能力，为新的项目执行做好人员储备。

7.4.5 总结与展望

ADAMA 风电 EPC 总承包项目组织利用集成管理思想指导项目技术管理工作，从项目技术管理组织集成、项目技术管理过程集成、项目技术知识和经验集成三个方面进行了有效管理，确保了项目顺利通过业主和各方的验收。

与此同时，在埃塞俄比亚 ADAMA 风电 EPC 总承包项目的技术过程管理中积累了丰富的技术知识和管理经验，增加了企业知识财富，促进了企业项目技术管理能力的提升。但是对公司来讲，有些方面还需要进一步改善，例如项目技术人员团队建设、项目技术自主创新机制以及项目技术信息化建设等，这些方面的改善可以进一步提升公司的项目技术管理能力。

第8章 关键链项目进度管理法——ADAMA 风电 EPC 总承包项目进度管理

项目进度管理是指为实现预定的进度目标而进行的计划、组织、指挥、协调和控制活动。具体说，进度管理即是在确定的工期目标的基础上，制订合理的进度计划和相应的辅助计划并组织实施，进而实现项目工期目标的全部工作。进度管理是项目管理的三大目标（进度、成本、质量）的首要工作。

ADAMA 风电 EPC 总承包项目利用关键链项目进度管理方法，制订了科学的项目进度计划，建立基于关键链的项目进度控制机制，在项目动态监测的基础上，对项目缓冲区进行监控，保障项目关键任务按照进度计划顺利实施，为实现项目工期目标提供了基本保证。

8.1 关键链

关键链是继计划评审技术和关键路径法之后项目管理领域取得的重要研究成果之一。关键链克服了传统进度计划管理的局限和不足，考虑了资源和时间的双重约束，利用"工程项目必须遵守整体优化而非局部优化"的思想缩短项目工期，通过设置和管理缓冲区域以消除项目实施过程中的不确定性因素。在项目实施过程中，通过对缓冲区的监控实现项目进度管控，解决了传统项目进度管理中的诸多管理问题，如帕金森定律、学生综合症等，能够有效地压缩项目工期和项目费用，达到了传统项目进度管理所不能够达到的效果。

8.1.1 关键链的基本理论

关键链项目管理方法是约束理论在项目管理中的应用。约束理论是由以色列物理学家、企业管理大师 Goldratt 博士创立的一种管理思想，其核心思想是任何组织都有"瓶颈"，瓶颈是阻碍组织达到较高绩效的因素，它既可以实体的形式存在，如机械设备、材料、人员，也可以组织的规章制度的形式存在。若不设法找出这些阻碍因素，组织的竞争力会因此而减弱，无法实现组织之前设定的各种目标。

关键链项目管理方法充分将约束理论的核心思想应用到具体的项目管理中，提高了项目进度管理的效率，保障了项目综合目标的实现。关键链项目管理方法的核心内容可归纳为一条关键链、两个假设和三种缓冲管理。

1. 一条关键链

关键链项目管理方法将项目所需的关键资源作为项目实施的约束所在，主张将瓶颈资源作为项目进度计划的编制依据。项目所需的资源紧缺现象是普遍存在的，但不是所有的资源都紧缺，一般项目实施过程中只有 1 或 2 个关键资源才是真正的稀缺资源。传统的关键路径法、计划评审技术没有考虑活动间的资源争用，关键链理论提出将所有使用此关键资源的活动与关键路径上的其他活动连接起来，得到一条依存路径。这些由某一个关键资源造成的依存路径就是关键链。与传统的关键路径相比，关键链在考虑活动间的逻辑约束时，也考虑了活动间的资源冲突，因此更加符合实际情况。

2. 两个基本假设

关键链项目管理方法在项目管理实施过程中提出了有关人类行为的两个假设。第一个假设是，人们在面对意外时总是保守的。无论是项目计划的编制人员还是计划的实施者，一般都希望可以出色完成工作，不出任何意外，因此大部分人都会趋向于选取或争取较为保守或充裕的活动实施时间。第二个假设是，人们在活动规定的完工时间快要到时，才可能全力投入工作。Goldratt 博士把这一现象称为"学生综合症"，也就是说人们工作时会像学生们那样，经常要拖到最后一分钟才开始写学期报告。在项目的实施过程中，情况往往是这样的：某个项目中的一个活动虽然有足够的时间，可以提前完成，但是人们往往以"消极"的心态来对待这种提前，活动只是按期完成，把原本富余的时间给浪费了。由此可见，第一个假设的结果说明项目计划人员或实施人员在活动实施时间中加入过多的安全时间，第二个假设的结果说明活动的安全时间只能保证工作本身的如期完成，却不能保证整个项目的如期完成。

3. 三种缓冲管理

为克服了传统项目进度管理中的诸多管理问题，Goldratt 博士在约束理论的基础上提出了关键链项目进度管理的基本思想，主要是通过设置三个缓冲区来进行项目进度监控，即项目缓冲区、输入缓冲区和资源缓冲区。

（1）项目缓冲区。

传统的项目管理认为每一个活动的完成日期决定了一个项目能否如期完成，因此在计划制订阶段都会在每一个活动上加上一些安全时间，保障项目能准时完成，但是由于学生综合症的存在造成了大部分的安全时间都被浪费了。由于每一活动的安全时间大部分都会被浪费，而且通常不会累积到下一个活动，因此删减每个活动的估计时间，便会释放出足够的时间用来设置项目缓冲区（Project Buffer，PB）。将关键链上各工序节省出来时间总和的一半作为项目缓冲区的大小，并将项目缓冲区放置到关键路径的末端。通过项目缓冲区的设置，能将延误控制在预期范围内，保证项目如期完成。

（2）输入缓冲区。

虽然关键链上有了项目缓冲，但当关键链路径与非关键链路径接驳时，就需要考虑非关键链路径活动的延迟是否影响关键链路径上的活动，因此必须在非关键链路径与关键链路径汇合的地方插入输入缓冲（Feeding Buffer，FB）。输入缓冲主要是用来保护关键链路径，消化非关键链上工序带来的工期延误。输入缓冲以非关键链上节省时间总和的一半作为其大小，一般设置在关键链与非关键链的汇合处，主要是为了保证关键链上的工序不受非关键链上工序延误的影响能如期开始，保证项目按时完工。

（3）资源缓冲区。

由于关键链上任何活动的工期延误都会引起整个项目工期的延误，关键链上的工序一般被赋予最高优先级，也就是对资源的最优先的使用权。资源缓冲（Resource Buffer，RB）主要放置于有可能发生资源争用的活动上，以解决稀缺资源配置问题。资源缓冲是一种时间缓冲，其本质是一种预警机制，当关键链上的活动准备使用某瓶颈资源时，在工序开始前给人们发出一种预先警告，提醒人们进行资源调拨。项目管理者通过对资源缓冲区的监控了解资源缓冲的剩余情况和项目的进展情况，进而及时采取相应的措施进行调控。资源缓冲通常设置在关键链上，通过设定一定的前置时间来进行资源调拨的控制，以保证关键链上的工序所需资源能按时到位。

8.1.2 关键链项目管理方法

关键链项目管理方法的是将项目看作一个系统，寻找出影响这一系统的约束因素，并只对此加以改进，而不是同时改进影响系统的全部因素。关键链项目管理方法的实施遵循了约束理论的聚焦五步法，具体包括以下步骤。

第一步：找出系统中的约束因素。

从关键路线法和计划评审技术开始，项目中的关键路线就被看作项目管理的基础和关键。由于关键路线法只分析了紧前关系，并没有考虑项目实际能够调动的各项资源是有限的，因此利用关键路线法编制的进度通常不具有可行性，后续还要进行相应的调整。与关键路线法不同，关键链在考虑项目中各任务的紧前关系的同时，也充分考虑了项目中现实存在的资源约束。如图 8-1 所示，在传统的关键路线法中，任务 A、D、E、F 组成了项目的关键路线。但如果考虑项目实施中的所需资源的限制，假设任务 C 和任务 E 需要同一种资源，例如需要同一种规格的特殊材料进行安装，而该材料的供应满足一项任务的需求，那么任务 C 和任务 E 就不能同时进行。因此，在考虑项目所需资源约束的情况下，项目的关键任务就会变为 A、C、D、E、F，而这五个任务就构成了项目的关键链。由此可见，关键链决定了项目在给定的紧前关系和资源条件下完成项目所需的最短时间。

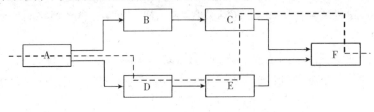

图 8-1　项目中的关键链

第二步：挖掘约束因素的潜力。

如果将关键链看作项目实施的重要约束因素，那么要做的第二步就是要考虑如何来挖掘该约束因素的潜力，即如何缩短关键链所需的时间，因为关键链所需的时间就是项目完工所需的时间。关键链理论认为，项目实施过程中人们为了可以按时完成工作，再加上一定的风险规避心理，在工作计划编制过程中工作的计划时间都大于完成任务所需的平均时间，也可以看作是人们在工作所需的平均时间上增加了一块"安全时间"（Safety Time，ST）。这样做具有两方面的效果，正面效果是提高了项目管理不确定因素的能力，负面效果则是延长了项目完工所需的时间。为了避免这些问题，关键链方法采取了另一种方式：首先用任务所需的平均时间作为任务最终的计划时间，其次考虑到任务内在的不确定性，在关键链的末端附加一块安全时间，也就是项目的缓冲时间（Project Buffer，PB）。关键链方法重新配置了关键路线法中分散存在的安全时间，缩短了项目完工所需的时间，因为根据概率理论，在整合任务中分散的安全时间后，在相同概率下，人们只需要较少的时间就可以完成所有任务。图 8-2 直观地说明了关键链方法在这方面的优越性。

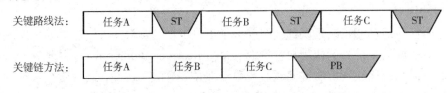

图 8-2　关键路线法和关键链方法在进度管理上的差异

第三步：使系统中所有其他工作服从于第二步的决策。

不仅要考虑关键链进度的合理安排，还需要考虑其他非关键任务对关键链上的任务（关键任务）的影响，确保项目如期完成。在许多的项目实践中，虽然采用了增加安全时间的方法，但是仍然有大量的项目未能按计划如期完成。造成项目延期的原因有很多：第一，紧前任务的延迟导致后续任务的延迟；第二，当某一任务存在多个紧前任务时，提前完成的紧前任务并不能使后续任务提前开始，延迟最久的紧前任务才对后续任务的开始起决定性作用；第三，由于任务时间包含了安全时间，导致项目成员在心理上觉得还有充裕的时间，容易出现学生综合症，结果使得任务开始过晚，只能保证任务按时完成，不能保证项目提前完成。其中第三个原因也是关键链方法采用平均时间作为任务计划时间的理由，以期推动项目成员能够全力以赴地投入工作。而前两个原因则使关键链方法引入了非关键链缓冲时间，即输入缓冲区（Feeding Buffer，FB）这一概念。

如图 8-3 所示，任务 C、D、E 组成了项目的关键链，而任务 A、B 为项目的非关键任务。由于任务 B 是任务 E 的紧前任务，为了防止任务 A 和 B 可能出现的延迟导致任务 E 不能按计划开始，因此需要在任务 B 之后安排一定的缓冲时间，或者说让任务 A 和 B 有一定的提前量，以确保任务 E 可以按计划开始。输入缓冲区的设置可以有效地防止非关键任务对关键链产生不利影响。输入缓冲区是一种的缓冲时间，输入缓冲区的大小整合并压缩了所有非关键链任务的安全时间。

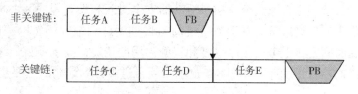

图 8-3　非关键链的缓冲时间

输入缓冲区能够保护项目按计划进行，不受任务的不确定因素影响，同时也可以作为一种预警机制。如果紧前任务出现延误，那么其后续任务就无法按计划时间开始，结果就是输入缓冲的时间被占用。输入缓冲时间被占用得越多，后续关键任务延误的可能性越大。因此，当缓冲区的时间占用比例到一定限度，比如 1/3 或 2/3，就需要发出一个警告信号来提醒项目管理决策者对延迟的任务加以关注，并考虑是否采取必要措施防止关键任务进一步延期。

输入缓冲区可以保护关键链任务不受非关键链任务的影响，但还需要考虑项目所需资源的约束对关键链的影响，尤其是一些紧缺资源在各任务之间的调配常常需要一定的准备时间。因此，关键链方法引入了资源缓冲（Resource Buffer，RB）的概念，以防止关键链上的关键任务因资源没有及时到位而发生延误现象。与缓冲时间不同，资源缓冲本质上是一种警示机制，用来提醒项目管理决策者保证项目所需各项资源及时到位。关键链方法要求在项目关键任务所需的资源在被紧前的非关键任务所占用时，提前在项目进度计划上设置一定的资源缓冲区，以便及时提醒项目管理决策者协调资源调配，防止因资源不能及时到位而延误关键任务，最终影响项目按期完成。

第四步：约束因素松绑。

关键链管理方法和传统项目管理方法相比，可以有效地控制项目进度，确保项目最终按照计划如期完成。但如果由于某些原因导致项目发生重大变更，例如业主提出完工日期提前，则需要安排更多的资源在关键链上，给项目实施的约束因素松绑。

第五步：若该约束已经转化为非约束性因素，则回到第一步。

如果项目发生重大的变更，导致关键链发生变化，则项目管理人员需要重新回头再分析项目的关键链，以便确保项目进度满足合同和业主的要求。

8.1.3　基于关键链的项目进度管理

进度是项目传统三大目标之一，对于项目成败至关重要。项目进度管理是指在项目进程中，为了确保项目能够按合同约定或在项目业主要求的时间内完成，对项目活动的进度及日程安排所进行的计划、组织、领导、控制与协调的过程。基于关键链的项目进度管理主要包括两大模块，第一个模块为项目进度计划模块，第二个模块为项目进度执行与控制模块，两模块之间的桥梁为缓冲区间，如图 8-4 所示。基于关键链的项目进度管理的特点是利用缓冲区的桥梁作用，不仅考虑项目活动之间的逻辑关系，而且还考虑项目活动的资源约束，因此提高了项目进度的管理效率。

图 8-4　基于关键链的项目进度管理

1. 项目进度计划模块

基于关键链的项目进度计划编制的核心在于其强调的是项目整体优化而非局部优化，即将人为因素和不确定因素引入到项目管理中，通过减少项目活动的安全时间和设置缓冲区来减少或避免人为因素和其他风险给项目实施带来的不利影响。基于关键链的项目进度计划编制仍然以关键路径作为基础理论，通过网络图的绘制，在时间安排上考虑工序进度和资源占用的情况，找到项目最终关键链，设置各种缓冲区，形成基于关键链的项目进度计划。图 8-5 显示了项目进度计划编制的主要步骤及技术方法。

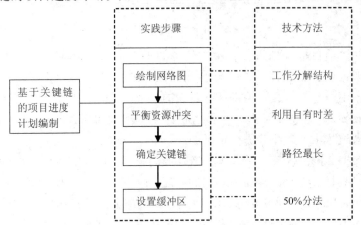

图 8-5　基于关键链的项目计划编制模型

（1）绘制网络图，找出关键工序。

项目管理人员利用工作分解结构工具，根据项目需求按照实际情况将项目由粗到细分解为若干道工序，按照工序工艺技术和特点找出工序之间的逻辑关系，绘制项目网络图，根据关键线路法，找到项目的关键路径和关键工序。

（2）通过资源平衡化解资源冲突。

关键链方法的核心思想是不仅考虑工序逻辑关系，还考虑资源约束对项目工期的影响，在计划编制过程中，对于有资源冲突的工序，即当多道工序共用一种资源时，应按照自由时间少的工序优先占用资源的原则进行资源分配，重新进行工序进度的安排。

（3）确定关键链。

根据关键链项目管理方法的思想，在考虑工序进度和资源占用的情况下，最长的路径就是关键链。

（4）设置缓冲区。

设置缓冲区是关键链管理的关键。首先根据传统方法来估计每道工序的完成时间，然后对每道工序的时间按照 50% 来重新估计，找出项目的最长任务链，即为项目的关键链。将每道工序剩余 50% 的时间放到关键链最后的缓冲区里用来缩短项目整体工期。关键链后设置的项目缓冲区是以工序的形式在项目进度计划中出现的，只是不需要消耗任何资源。项目缓冲的时间为每道工序剩余 50% 的时间总和。除了项目缓冲区外，在非关键链与关键链的接驳处应设置输入缓冲区，输入缓冲区以非关键链上节省时间总和的一半作为其大小。根据项目资源的配置难度，必要时在关键链上设置资源缓冲区，以确保关键任务所需资源供应及时。

2. 缓冲区确定

缓冲区为项目管理人员提供了项目进度执行情况指示表，通过对剩余缓冲区的观察就可以了解、掌握项目的当前执行情况，根据需要采取必要的措施以保证项目顺利进行。

3. 项目进度控制模块

缓冲区管控是基于关键链的进度管理的核心，通过对缓冲区的监控，实现对项目进度的有效管理。基于关键链的进度管理具体的实施步骤如图 8-6 所示。

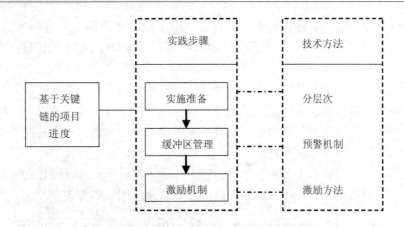

图 8-6　基于关键链的项目进度控制

（1）关键链管理实施准备，项目组织分层次管控项目进度。

项目进度控制应分级进行，一般分为三个层次进行管控：顶层为项目决策层，中层为项目控制层，底层为项目执行层。项目执行层负责项目的日常执行和监控。当项目实际进度超过计划进入缓冲区后，在超过缓冲区一定百分比时项目控制层要介入管理，采取应急方案，避免进度延期风险；当进入缓冲区较高的百分比，影响项目最终工期时，项目决策层应进行项目干预，为项目提供支持，确保项目可以顺利如期完成。

（2）缓冲区管理。

基于关键链的项目进度管理是将缓冲区作为进度管理的工具和桥梁，因此合理应用和控制缓冲区对于项目最终进度目标的实现十分重要。缓冲区一般可以设置为小于 30%、30%～40%、大于 40% 三个风险区域，并设置两个预警点，即红色预警点和黄色预警点。当工序占用的缓冲区到达第一个黄色预警点，即消耗了 30% 的缓冲区时，项目控制层应予以高度重视并采取相应措施，防止缓冲区的进一步被占用。当工序占用的缓冲区到达第二个红色预警点，即消耗了 40% 的缓冲区时，项目决策层应尽量组织、调配系统内部资源，重点监控该工序的实施，确保项目进度如期完成。

（3）激励机制。

项目管理中激励机制的建立可以通过激励项目人员以防止学生综合症的发生，提高项目进度管理效率。因此，项目管理组织（公司层、项目部层）应在项目开始之前根据项目特点及管理需要，建立人员激励机制，提高人员工作的积极性。

8.2　ADAMA 风电 EPC 总承包项目进度管理

ADAMA 风电 EPC 总承包项目合同要求，在项目正式开工后 6 个月内第一批机组投产发电并接入埃塞俄比亚国家电网，开工后 12 个月内全部 34 台机组并网发电，整体工期要求比较紧张。

项目部利用关键链进度管理方法，科学地制订了项目进度计划，设置了项目缓冲区，在进度实施过程中建立项目缓冲区域管理机制，规范项目资源投入，注重关键链上工作进度管理，提高了项目进度管理效率，顺利完成了任务。

8.2.1　项目进度管理组织

ADAMA 风电 EPC 总承包项目进度管理采用分层负责的方式，在联营体项目管理委员会的领导下，公司负责项目里程碑进度计划的管理，进行顶层的进度策划；在项目经理的领导下，主管生产的副经理具体负责项目控制性进度计划的管理,各单项工程设立进度控制工程师,负责单项工程进度管理工作。在控制性进度计划的框架下,各单项工程进度控制工程师制订设计、采购、施工、试运行等单项进度计划。

各分包商项目负责人负责分包项目的进度管理工作。同时分包商设置进度控制人员,编制分包商的进度计划,并交由项目部进行审核,审核批准后分包商按照计划进度执行,并定期向项目部上报周期性作业进度计划。分包商在执行项目过程中除了自身进度管理人员控制进度外,还接受项目部进度控制人员的监督和检查,核实项目进度的执行情况。

因此项目进度管理从组织体系上分为三个层次:第一层为项目里程碑进度计划管理组织,第二层为项目控制性进度计划管理组织;第三层为周期性进度计划管理组织,如图 8-7 所示。

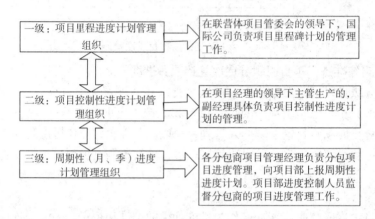

图 8-7　ADAMA 风电 EPC 总承包项目进度管理的三级管理组织

8.2.2　基于关键链的项目进度计划

ADAMA 风电 EPC 总承包项目进度管理组织利用关键链管理思想,在编制项目进度计划时,以项目整体优化而非局部优化为原则,不仅考虑了项目工作任务之间的逻辑关系,也重点考虑了项目活动的资源约束,编制了科学的项目进度计划。

1. ADAMA 风电 EPC 总承包项目进度计划关键链识别

ADAMA 风电 EPC 总承包项目部组织人员首先进行项目工作分解,按照技术方案找出工序之间的逻辑关系,然后利用关键链思想,在考虑施工机械设备、建筑材料、技术人员等资源约束的情况下,对有资源冲突的工序按照自由时间少的工序优先占用资源的原则进行资源分配。其次,根据传统方法来估计每道工序的完成时间,然后对每道工序的时间按照 50% 来重新估计,找出项目最长任务链作为 ADAMA 风电 EPC 总承包项目的进度关键链,如图 8-8 所示。

2. 项目缓冲区设置

ADAMA 风电 EPC 总承包项目利用关键链管理思想,计算每道工序剩余的 50% 时间,共 20 天放到关键链的最后作为项目缓冲(BP),计划共缩短工期 1 个月左右。项目合同要求正式开工后 6 个月内首批 10 台风机并网发电,为了确保这一目标的实现,ADAMA 风电 EPC 总承包项目在 "A−B−D−J" 与项目关键链 "A−B−C−F−L−N−O−P−K−P−Q−R" 的接口处,设置了输入缓冲区(FB)共 10 天,防止非关键任务 "第一批(10 台)风机及箱变安装调试" 延迟影响关键链任务 "第一批(10 台)风机调试并网" 进度目标的实现。项目在分析施工人员和机械设备等资源供应和使用的情况下,在非关键任务 "132kV 送出线路施工" 之后设置了资源缓冲区(RB)共 5 天,以便保障 "132kV 升压站设备安装、调试" 这一关键任务的施工资源配置,满足施工要求,保障进度目标,如图 8-9 所示。

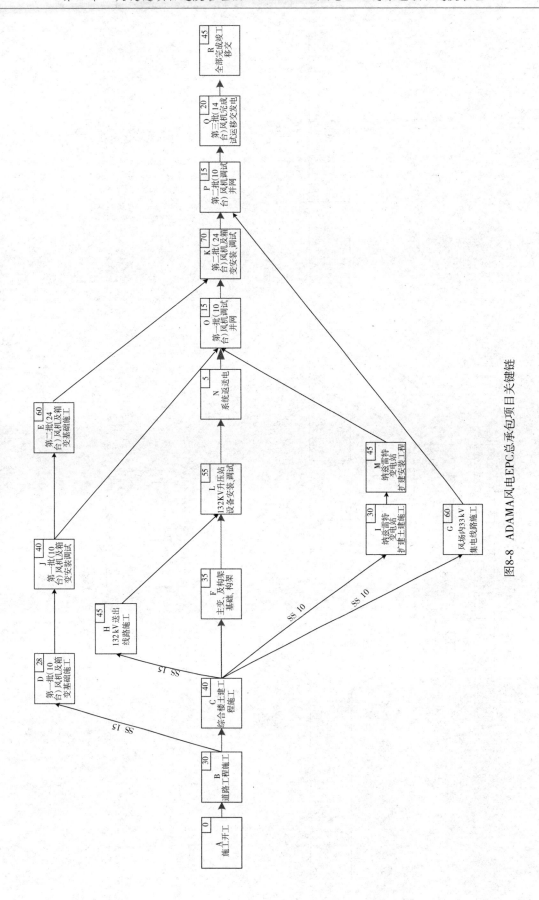

图8-8　ADAMA风电EPC总承包项目关键链

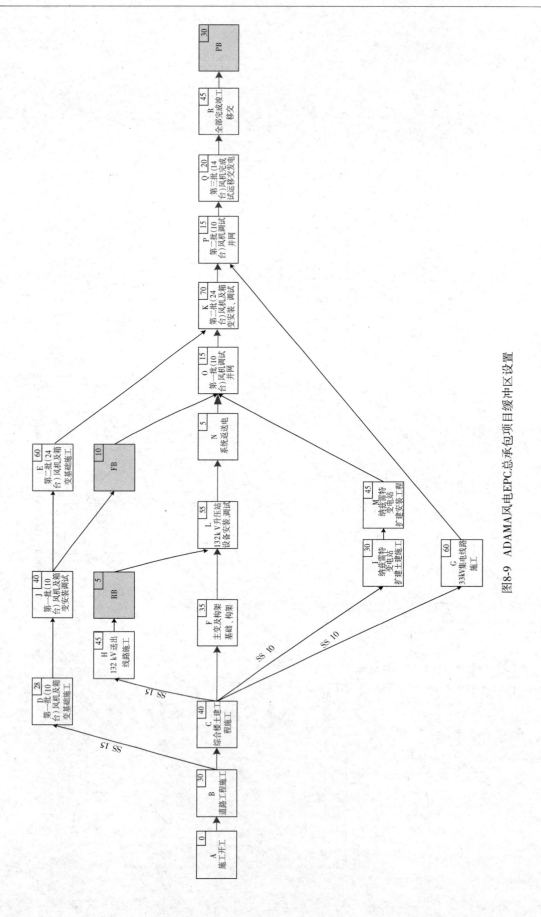

图8-9 ADAMA风电EPC总承包项目缓冲区设置

8.2.3　项目进度控制

基于关键链的进度管理是将缓冲区作为监控项目进度的有效工具，缓冲区是进度计划与进度控制间的桥梁。用缓冲区来评价项目工序链的实施业绩，保障项目进度目标的实现。图 8-10 为埃塞俄比亚 AD-AMA 风电 EPC 总承包项目进度控制流程图。

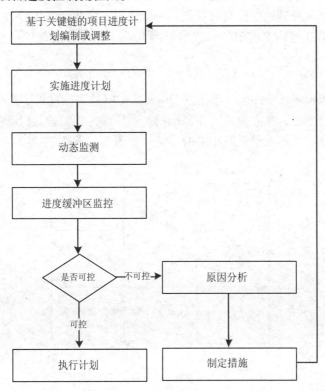

图 8-10　基于关键链的项目进度控制

1. 进度计划动态监测

在进度计划实施过程中，进度计划管理人员跟踪监督、督查进度数据的采集，及时发现进度偏差，分析产生偏差的原因。ADAMA 风电 EPC 总承包项目实施过程中通过定期进度会议、定期进展报告、项目总结等形式，及时监控项目进展，发现进度、费用等偏差。

（1）工程进度例会。

项目部负责召开由项目部、业主（或业主代表）、监理、分包商、设计代表参加的工程进度周会议、月度会议，并且编制工程进度周报、月报、会议纪要和备忘录。会议上各实施单位汇报项目进度状况，包括机组和设备交货进度、物流工作进展、主要材料供应情况、土建施工进度等情况，对项目执行进度进行评价，并制订下阶段的工作计划。

（2）专题会议。

根据项目进度管理情况或其他相关方安排，不定期或定期组织召开项目专题会议，讨论研究项目进度管理过程中某一特定问题或事件，以确保一些突发事件或特殊问题得到有效控制，确保项目进度计划的实施。

（3）进度报告制度。

埃塞俄比亚 ADAMA 风电 EPC 总承包项目根据项目部制定的项目信息与沟通制度，明确项目实施过程中各种报告制度，以确保项目进展情况得到有效传递和沟通。项目报告包括项目设计进展报告（周、月报）、采购状态报告（周、月报）、施工进度报告（周、月报）、项目综合管理报表、专题报告等。设计、施工的实施进展报告由各分包商进行编制,上报项目部,采购状态报告由项目部的国内事务部进行编制,每月项目部的综合管理部汇总各类进度报告,编制形成项目综合月度报告,经项目经理审批后,报送业主、监理、分包商以及公司主管部门等其他相关方。

2. 缓冲区监控

缓冲区的作用除了在出现不确定因素时对项目提供保护以外,还能够在项目执行过程中提供重要的可操作性措施以及积极向上的预警机制。运用缓冲区预警机制,在项目实施过程中对缓冲区消耗情况进行监控以及采取相应措施是关键链进度控制的重点,一般来说,缓冲量消耗越大,说明项目进展越不顺利,进度越落后;缓冲区消耗越小,说明项目进展越顺利。使用缓冲管理机制还能够很好地解决资源冲突。

(1) 项目缓冲区(PB)监控。

ADAMA 风电 EPC 总承包项目缓冲区(PB)共 20 天,在项目实施过程中进度控制人员将缓冲区消耗情况与项目进展情况结合起来,建立缓冲区预警机制,利用缓冲区突破与行动决策矩阵,掌握项目进展情况,一旦进度出现问题,能够及时采取相应的措施,如图 8-11 所示。

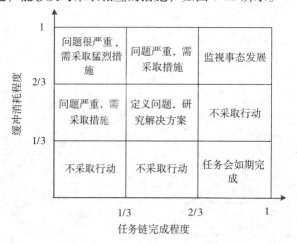

图 8-11　缓冲区突破与行动决策矩阵

ADAMA 风电 EPC 总承包项目的风机、发电机、变压器等关键设备的到货日期直接影响到项目施工、调试与试运行的进度安排。为此,项目部进度控制人员定期关注项目关键设备进度情况以及项目缓冲区消耗情况,出现偏离时,及时组织调动各类资源,协调各相关方,保障关键设备及时进场,满足项目施工进度,确保项目整体进展与项目缓冲区消耗程度在合理区域。

(2) 输入缓冲区(FB)监控。

"项目正式开工后 6 个月内首批 10 台风机并网发电"是 ADAMA 风电 EPC 总承包项目控制的关键进度目标之一,为此项目部设置了输入缓冲区(FB),共 10 天。项目部进度控制人员定期关注项目进展情况,建立输入缓冲区(FB)预警机制,将输入缓冲区(FB)分为小于 30%、30% ~40%、大于 40% 三个风险区域,并设置两个预警点。

ADAMA 风电 EPC 总承包项目进度人员定期监控"第一批(10 台)风机及箱变安装调试"这一非关键任务的进展情况和输入缓冲区(FB)的消耗情况。在输入缓冲区(FB)消耗 30% 以上时,项目部积极调配各项资源,加快施工进度,防止"第一批(10 台)风机及箱变安装调试"任务延期,确保关键任务"第一批(10 台)风机调试并网"进度目标的顺利实现。

(3) 资源缓冲区(RB)监控。

ADAMA 风电 EPC 总承包项目在进度网络中的非关键任务"132kV 送出线路施工"之后设置了资源缓冲区(RB),共 5 天。与输入缓冲区(FB)相似,ADAMA 风电 EPC 总承包项目也将资源缓冲区(RB)分为小于 30%、30% ~40%、大于 40% 三个风险区域,设置了黄色预警点和红色预警点。

ADAMA 风电 EPC 总承包项目的"132kV 送出线路施工"进行时，由于项目其他任务都在并行，因此，存在施工技术人员、专家、施工机具及材料的资源共享，有可能导致项目关键任务资源到时无法满足要求，为此，项目实施过程中项目管理人员定期监控"132kV 送出线路施工"进展及资源使用情况，保障资源调配满足关键任务"132kV 升压站设备安装、调试"施工需求，在资源缓冲区（RB）被消耗 30% 以上时，项目部管理人员协调各方调配各项资源，尤其是稀缺资源，保障关键任务所需的资源满足施工要求。

3. 制定激励措施

ADAMA 风电 EPC 总承包项目部制定项目考核和奖惩措施，定期针对施工单位、供应商的项目进展情况进行监督、检查和考核，根据考核结果，对施工单位和供应商进行相应的奖惩，防止相关方学生综合症的发生，提高项目进度管理效率。

4. 进度计划的变更

当项目内、外部环境影响到项目进度基准计划，并且不可纠偏时，应对发布的进度计划进行调整。各级进度进度计划调整原则如下：

（1）项目总进度计划调整原则。

1）项目总进度计划（里程碑进度计划）在一般情况下，不得进行修改，但在发生自然灾害、战争等不可抗力的情况下，可以对里程碑进度计划进行修改。

2）业主根据项目执行情况及外界环境影响，可提出修改项目里程碑时间进度建议，但必须征得总承包商的同意。项目经理首先组织对业主提出的变更进行分析，提出相关变更建议，经公司审核后，提交业主。如业主与总承包商就变更里程碑进度计划达成一致，则公司组织编制变更后的里程碑进度计划，项目经理根据公司发布的新里程碑进度，修订二级控制性进度计划，经批准后发送相关方。

（2）二级进度计划调整原则。

二级进度计划一般不得更改，但在下列情况下，可对二级进度计划进行修改：里程碑进度计划修改；业主或项目部提出修改二级进度计划；项目部通过对项目进度评估后认为有必要对二级进度计划进行修改，但二级进度计划的更改不得影响项目里程碑进度计划。二级进度计划的修改由项目部组织负责编制，经项目经理审核后报公司或业主审批。

（3）三级进度计划调整原则。

1）三级进度计划的修改原因可能为：二级进度计划的修改；项目部要求分包商修改三级进度计划；较大的工程变更或其他特殊情况。但三级进度计划的更改不得影响项目二级进度计划。

三级进度计划修改由分包商组织编制，经项目部主管进度的负责人审核后，由项目经理审批。

2）分包商根据修订后的三级进度计划，修订其作业计划、滚动计划，确保工作进度符合各级进度计划。

8.2.4　总结与展望

ADAMA 风电 EPC 总承包项目利用关键链进度管理方法打破了传统的项目进度管理模式，在制订进度计划时充分考虑了资源约束的重要性，使项目进度计划更贴近实际，更可行。同时，在工作时间估计方面充分考虑了人的行为因素，主张将工序估计的安全时间进行削减，并在关键链末端设置缓冲区，这样既能提高员工的积极性，又能缩短项目工期，提高完工概率。在进度控制过程对缓冲区监控，设置预警机制，提高关键工作任务进度管理效率，避免关键任务因资源紧张而延期，保障项目整体进度目标的顺利实现，为 ADAMA 风电 EPC 总承包项目成为埃塞俄比亚第一个按期完成的工程项目奠定了基础。

从 ADAMA 风电 EPC 总承包项目进度管理的实践来看，进度管理人员应意识到项目进度管理是一项系统工程，涉及范围管理、成本管理、质量管理等方面，在进行进度管理的时候要看到它们之间的相互影响，不断优化项目进度计划，保证生产资源的有效利用，为项目参与各方带来直接的利益。

第9章　全过程、全方位、全系统、多维度风险管理体系——ADAMA 风电 EPC 总承包项目风险管理

国际工程项目是一项以工程建设为对象的，跨国、跨地区的综合性技术经济交往及商务实践活动。近年来，随着世界经济和科学技术的高速发展，国际工程建设项目不仅日益增多，而且建设的复杂性和技术含量也在不断提高，加之工程项目所处的自然环境、政治环境、社会环境和人文环境复杂，使得国际工程承包成为高风险行业。

ADAMA 风电 EPC 总承包项目在管理过程中吸收了国内外先进的项目风险管理的理念和方法，借鉴了国际工程项目风险管理的经验，构建了从投（议）标到实施、收尾、移交和质保期服务全过程的企业级、项目部级、分包商级的多层级全系统风险管理。针对项目进度、费用、质量、HSE 要素采用综合手段进行项目风险规划、识别、评价、应对规划和监控，形成了 ADAMA 风电 EPC 总承包项目全过程、全方位、全系统、多维度的风险管理模式。

9.1　项目风险管理理论

9.1.1　风险概述

1. 风险定义

关于什么是风险（Risk），迄今为止，理论界和实务界也没有给出一个统一、公认的定义。由于人们看待问题的立场和态度不尽相同，对风险的理解和解释难免存在差异。但是通过对各个学者提出的风险定义进行研究不难发现，这些定义的核心思想基本相似，均认为风险存在三个基本特征：第一是未来性，风险研究的事件都是未来要发生的，已经成事实的事件不能作为风险；第二是不确定性，风险强调事件的不确定性，即一件事件的结果不止一种；第三就是损益性，由于风险事件的结果不止一种，那么其每一种结果都可能造成一定的损益。这三个共性特征用数学函数关系表达出来就可当作风险的一种定义，即将风险表示为事件发生的概率及其后果的函数

$$V = f\,(P,\ C)$$

式中，V 是风险；P 是概率；C 是后果。

2. 风险要素

风险因素、风险事件和风险损失是风险的三大基本要素，它们是风险存在与否的基本条件。例如，政治的动荡是风险因素，项目工地发生武装袭击是风险事件，导致工程人员人身受到伤害以及工程成本增加是风险损失。

（1）风险因素。

风险因素是造成风险事故发生的事件或是导致损失增加的条件，是风险事故发生的潜在原因，是造成损失的间接和内在的原因。实质风险因素、道德风险因素和心理风险因素是风险因素通常三种类型。实质风险因素是一种物质或有形的风险因素，如政治动荡、经济萧条、地震、海啸、泥石流等；道德风险因素是一种无形的风险因素，与人的不正当社会行为相联系的，如人员贪污腐败、工作态度消极、现场偷工减料等。心理风险因素是人们一种主观上的疏忽或过失，最终导致增加风险事故发生的概率或扩大损失程度，如当地政策理解中的偏差、合同文本翻译中的错误和遗漏等。

（2）风险事件。

风险事件是指造成损失的直接或外在的原因，是风险造成损失的可能性转化为现实性的媒介，也就是说风险事件的发生导致风险的发生。例如，地震、火灾、政策变化、重大生产事故、利率下滑等都是风险事件。

（3）风险损失。

风险损失是指由于风险事件发生而造成的非计划、非故意、非预期经济或非经济价值减少的事实。

风险因素、风险事件、风险损失三者之间存在着一种联系，即风险因素引起风险事件发生，风险事件发生造成风险损失。图 9-1 对风险因素、风险事件、风险损失三者之间的联系进行了简要描述。

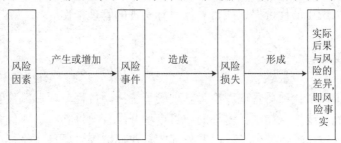

图 9-1　风险因素、风险事件、风险损失三者之间的联系

3. 风险的特性

（1）客观性和必然性。

风险的发生是客观存在和必然的，它不以人的意志为转移。人们不能改变风暴、洪灾、地震等自然灾害的发生，也不能完全避免人类活动中的各种矛盾或者冲突。

（2）不确定性。

只要一件事有两个以上的结果出现，那么其就会存在风险。因此，不确定性是风险的特性之一，这种不确定性主要表现在风险是否会发生、何时发生以及造成的后果都是不确定的。

（3）可变性。

事物都是在不断变化的，因此风险也具有可变性，这种可变性主要表现在风险性质的变化、风险发生与否的变化、风险替代的变化、风险后果的变化以及风险因素消失与否。

（4）相对性。

由于同样的不确定事件对不同的主体有不同的影响，因此风险应相对于事件的主体而言。例如工程合同的某些缺陷可能为项目业主索赔创造了条件，这对工程项目承包商而言是一种风险，但对项目业主而言是一个机会。风险大小是相对的。人们对于风险活动或事件都有一定的承受能力，这种能力会因活动、人和时间的不同而不同。

（5）风险和利益共存性。

人们经常会说"高风险，高收益"，这就说明了风险与利益的共存性。人们追逐高收益的同时必然会冒较大的风险，因此，人们应提前做好预测和计划，根据自身的能力权衡风险与利益的关系，减少风险的发生，提高收益。

4. 风险的分类

从不同的角度或者根据不同的标准，风险划分结果将会不同。按照风险因素性质可分为政治风险、经济风险、社会文化风险、自然风险和人为风险；按照风险来源可分为内部风险和外部风险；按照风险产生的原因可分为自然风险和人为风险；按照风险分布情况可以分为国家风险、行业风险、公司风险、项目风险；按照风险影响的范围可分为局部性风险和整体性风险；按照活动主体的承受能力可分为可接受风险和不可接受风险；按照风险事故后果可以分为纯粹风险和投机风险。

9.1.2 项目风险管理内涵

风险管理（Risk Management）是指通过风险识别、风险分析、风险评价、风险预防与控制等方式，选择最佳风险管理技术，实现对风险的有效控制以及妥善处理风险所致的后果，从而达到以最小的代价获取最大安全保障的管理过程。

项目风险管理是指通过风险识别、风险分析和风险评价去认识和掌握项目的各种风险，在此基础上合理地使用各种风险管理技术、措施、方法和手段，实现对项目风险的有效控制，妥善地处理风险事件造成的各种不利后果，以最小的代价保证项目总体目标实现的管理工作。

9.1.3 项目风险管理过程

项目风险管理是一个以现代项目管理理论为基础的系统活动过程。项目风险管理本身是一个系统工程，涉及项目内、外部的各要素，如项目内部的项目市场开发、项目立项、项目管理与实施计划、项目目标责任书、项目内部组织、项目绩效考核以及外部的行业环境等。项目风险管理包括项目风险管理规划、项目风险因素识别、项目风险因素评价、项目风险应对规划及项目风险过程监控五个方面，如图 9-2 所示。

现代项目管理理论强调项目全生命周期管理，因此风险管理也必然贯穿于项目整个生命周期内，越早在项目中开展风险识别、分析、评价、应对策划工作，项目风险管理的工作效益就越好，风险发生的可能性和损失就越小。此外，项目风险管理应以"审时度势，实事求是"为指导原则，权衡项目实施效率和风险管理工作效率，从项目整体利益出发，采取科学的风险管理的措施、方法和方案，有效应对和控制项目风险。

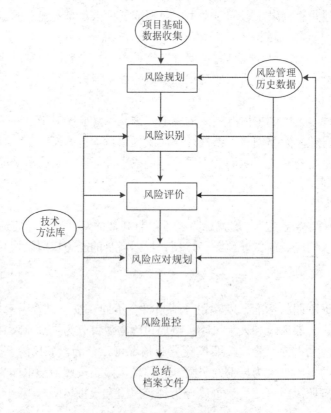

图 9-2　风险管理过程

1. 项目风险管理规划

项目风险管理规划是风险管理工作的第一步，是策划和设计如何进行项目风险管理的过程，主要包括以下内容：明确组织风险管理的目标，确定项目组织（包括企业层和项目部层）及各个成员的职责分工，确定风险管理的实施措施和方案，选择合适的风险管理策略和方法，确定风险评价标准，对项目风险管理活动的计划、组织、执行与控制形式进行决策。

2. 项目风险因素识别

项目风险因素识别是风险管理的关键性工作，直接影响风险管理后续工作的效率。风险识别需要具备各方面的专业知识以及风险意识的人员来进行。它主要是通过收集项目所涉及的必要信息，确定哪些风险事件可能会影响项目的顺利实施，描述其风险事件的特征并形成相应文件，提高风险的分析和评价的工作效率。风险识别不是一次完成的，它是一个反复的过程，随着项目各生命周期阶段的进行，可能会出现新的风险，因此在项目实施过程中应当动态地进行风险的识别。

3. 项目风险因素评价

项目风险评价是衡量风险对项目实现既定目标的影响及其程度，即对已识别出的项目风险因素，通过采用定性、定量或是两者相结合的技术手段和方法，对风险可能发生的概率以及风险发生后对项目造成的损失和危害程度进行综合的评价和衡量。根据风险评价结果以及相应的风险等级评价标准，可以确定风险等级和大小，明确哪些风险需要重点关注和处理，以及需要进行处理的程度，为风险管理者制订风险应对措施或方案提供依据。

项目风险因素评价的方法主要分为定性评价方法和定量评价方法。定性评价方法一般有专家评分法、德尔菲法、头脑风暴法、层次分析法等，定量评价方法一般有决策树法、模糊数学法、盈亏平衡分析法、敏感性分析法等。

4. 项目风险应对规划

项目风险的应对就是在风险识别、风险评价的基础上，针对项目风险的性质、项目风险对项目目标的影响及其影响程度，提出有效的风险预防和控制策略和措施，从而达到控制风险的目的。项目风险的应对策略和措施通常有风险自留、风险转移、风险缓解、风险规避以及这些策略的组合。

5. 项目风险监控

项目风险监控是指在整个项目生命周期中，跟踪已识别的风险事件、监测潜在风险事件、识别新风险事件和实施风险应对计划，定期或不定期对风险应对计划的有效性进行评估，根据评估结果适时调整风险应对措施，确保风险得到控制。

9.1.4　项目风险管理的方法与工具

1. 项目风险识别的方法与工具

风险识别一般包括两种途径：一是从事件原因查看事件结果，二是从事件结果反过来查找事件原因。在项目风险识别时，项目风险识别人员可以借助一些工具与方法，提高项目风险识别的能力，保证项目风险识别的准确性。目前常用的项目风险识别工具与方法包括以下几种。

（1）专家调查法。

专家调查法是指主要利用行业专家的专业理论和丰富的实践经验，找出各种潜在的风险，并对风险的影响后果作出分析和估计。专家调查法的流程是：首先选定与该项目有关的一定数量的专家，并与其建立直接的函询关系，通过函询收集专家相关意见，然后加以综合整理，再通过函询反馈给各位专家，再次征询意见。如此反复多次，逐步使各个专家的意见趋于一致，作为最后风险识别的根据。个人判断法、头脑风暴法和德尔菲法等都是日常常用的专家调查法。

（2）风险核对表法。

通过对已完工项目的环境与实施过程进行归纳总结，建立该类项目的基本风险事件体系，以表格形式按照风险来源进行排列，认识和掌握该类项目将会存在哪些潜在风险，为以后该类项目的实施提供风险识别的依据。项目管理者可以归纳、分析、总结具体工程项目的建设内外部环境、建设特性、资源配置状况以及建设过程中的管理现状，建立符合项目实情的风险核对表。

（3）故障树分析法。

故障树（Fault Tree Analysis，FTA）是用来识别并分析造成特定不良事件（称作顶事件）因素的技术。因果因素可通过归纳法进行识别，也可以按合乎逻辑的方式进行编排并用树形图进行表示，树形图描述了原因因素及其与重大事件的逻辑关系。该方法可使项目管理者全面认识项目的各风险事件，在此基础上，对于重大风险事件进行针对性的管理和控制。

（4）情景分析法。

情景分析法是一种直观的定性预测方法，是指通过假定项目的某个状态或某种情况将持续到项目的未来，从而识别引起风险的因素及其对项目实现既定目标影响程度的一种方法。情景分析法在假定关键影响因素有可能发生的基础上构造出多重情景，提出了多种未来可能出现的结果，以便项目管理者能够及时采取适当措施防患于未然。

2. 项目风险评价的方法与工具

项目风险评价就是应用一定的方法估计和衡量风险可能发生的概率和发生后的损失大小以及对项目的影响程度。项目风险评价常用的方法包括：

（1）专家评分法。

专家评分法主要是利用风险专家的专业知识和丰富经验，对已识别的项目所有风险因素对项目实施的影响程度进行评估。风险评价过中采用的头脑风暴法、德尔菲法都是专家评分法的应用表现。

（2）层次分析法。

层次分析法（Analytic Hierarchy Process，AHP）是一种多目标系统分析方法，是指将一个复杂的多目标决策问题当作一个系统，将其分解为多个目标或准则，进而分解为多指标（或准则、约束）的若干层次，通过定性指标模糊量化方法算出层次单排序（权数）和总排序，以作为目标（多指标）、多方案优化决策的依据。运用层次分析法建模，大体上可按下面四个步骤进行：建立递阶层次结构模型；构造出各层次中的所有判断矩阵；层次单排序及一致性检验；层次总排序及一致性检验。其中后两个步骤在整个过程中需要逐层进行。

（3）模糊综合评价法。

在项目风险评价过程中，绝大部分的风险事件或是风险影响因素难以定量，应该借助专家的知识和历史经验，用语言文字进行相应的描述。例如风险水平比较低、技术领先、资源充分、管理状况良好等属于边界不清晰的概念，同样这些事件或影响因素导致的结果也是不易良好或明确界定。模糊数学的理论是风险评价中解决这一类问题的最有效的方法。它特别适合用于处理那些难以定义、模糊的并难以用定量方式描述而易于用语言文字描述的变量。

（4）蒙特卡罗法。

蒙特卡罗法是一种随机模拟数学方法，用来分析评估风险发生的可能性、风险的成因、风险造成的损失或带来的机会等变量在未来变化的概率分布，可以解决那些借助于分析方法很难理解和解决的复杂问题或状况。

（5）风险评价指数法（RAC）。

风险评价指数法（Risk Assessment Code，RAC）是一种对风险进行分级和比较的定性方法。它是将风险发生的可能性和风险对项目造成的影响程度这两个决定风险的重要因素，按一定的原则和标准划分为相对的等级，给这两种等级的每个组合赋以一个定性的加权指数，形成一个评估指数矩阵，矩阵中的加权值称为评估指数。

风险评价可以采用的方法和工具很多，每一种方法与工具都有自己的优缺点，在项目风险管理的过程中，为了避免片面性和不确定性，应该运用两种以上的方法进行综合评价，以提高项目风险评价的效率。

3. 项目风险应对方法与工具

项目风险应对就是对项目风险提出应对策略和办法，一般包括：预防风险、规避风险、转移、分散风险、缓解风险、接受风险和后备措施等。对于一个项目面临的各种风险，应该综合运用多种方法进行应对。

（1）预防风险。

预防风险顾名思义就是防止风险发生。预防风险的手段通常包括有形或无形的手段。有形手段主要是利用工程技术消除项目实施过程中的风险，无形手段包括教育法和程序法。教育法是指项目管理组织（公司层、项目层）通过开展各种风险和风险管理的专题教育，减少因项目参与人员的不当行为而造成的风险因素，进而预防与不当行为有关的项目风险的发生。程序法是指制定风险管理制度文件，规范风险管理行为，以制度化从事项目活动，减少风险的发生，降低不必要的损失。

（2）风险规避。

风险规避就是指当项目风险潜在的影响及程度超出了项目管理组织的风险承受能力时，项目管理组织应通过主动放弃项目或项目部分业务活动，消灭风险发生的条件，从而达到规避风险的目的。风险规避这是风险应对措施中的最彻底、最有力的一种，同时也是一种消极的风险应对措施，因为选择这一措施也就放弃了可能从风险中获得的收益。

（3）风险转移。

风险转移是指将项目风险转移给另一方承担，通常另一方应该有承担该风险的能力和意愿，否则风险不能转移。随着社会经济的不断发展，转嫁风险应经成为项目管理者进行风险管理工作的重要手段。例如，联营承包、工程劳务分包、工程保险购买等都是常见的风险转嫁行为。

（4）风险缓解。

风险缓解，又称降低风险，是指将项目风险发生的可能性或影响后果降低到项目管理组织可接受程度的过程。项目管理者在事前应采取具体措施降低风险发生的概率或者减少其对项目实施所造成的影响。降低项目风险发生的概率，减少项目风险发生后造成的损失，分散风险及采取一定的应急后备措施等这些都是风险缓解的主要手段。

（5）风险自留。

风险自留亦即自担风险，是指项目主体对于风险承受度之内的风险，在权衡项目成本效益之后，不准备采取控制措施降低风险或者减轻损失，自行承担风险后果的风险应对策略。风险自留不能盲目进行。项目管理组织在采用风险自留策略时首先应准确评价风险可能造成的损失以及对项目实现既定目标的影响，其次权衡自身的风险承受能力，然后做出是否采取风险自留的决策。

9.2　国际工程项目风险管理

9.2.1　国际工程项目风险管理概念

国际工程项目风险管理是指以国际工程项目风险为对象，利用风险管理知识、技术、方法和工具对国际工程项目生命周期中可能会发生的风险进行预测、识别、评价，根据评价结果制订并实施风险应计划或措施，以尽可能小的成本和代价控制风险造成的不利影响或损失，保障项目合同的顺利履行和项目利润的获取。

对国际工程项目承包商而言，从纵向来讲，风险管理工作要贯穿于项目前期市场开发、公司内部的立项、投（议）标、承包合同管理、项目经理任命、人力资源调配、项目组织建立、项目计划编制、资金调度管理、设备材料采购、质量安全管理、进度管理、成本管理、工程结算、竣工验收交付、工程保修或工程运维等全部寿命周期；从横向来讲，在项目生命周期各阶段要与项目业主、监理单位、分包商、设备材料供应商、当地政府机构等保持充分的沟通与协调，及时关注项目所在国家的政治局面、经济走势、社会文化、自然地理、气候、法律政策等环境变化，充分了解、掌握与项目实施有关的各类信息，以便预防和控制项目的各类风险，保证项目顺利实施和目标的实现。

9.2.2 国际工程项目风险特征

对项目风险管理人员和涉及国际工程项目风险事务的人来说，充分认识国际工程项目风险所具有的特征，是提高项目风险管理效率的关键。由于国际工程项目独特的特点，国际工程项目风险除具有一般工程项目风险的客观性、不确定性、可变性、相对性、阶段性等特点外，还具有以下几个特点。

1. 风险的多样性

国际工程项目相对于国内工程项目而言，其涉及的风险种类多、层次多，如政治风险、经济风险、法律风险、自然风险、社会风险、合同风险、文化风险、合作者风险等，这些风险之间有着错综复杂的内在联系。

2. 风险存在整个项目生命周期

国际工程项目在项目市场开发、工程投标、项目策划、项目实施与控制、工程收尾等项目生命周期的各个阶段存在不同类型和不同程度的风险，并且在不同阶段，风险对项目实施的影响程度也不同。

3. 风险影响是全局的

由于国际工程项目的特点，像政治风险、法律风险、合同风险这类风险对项目实施的影响是全局性的，直接影响工程项目是否能顺利完成。也就是说，国际工程项目的投资、质量、进度管理目标对项目风险的敏感度较高，容易受到风险影响。

4. 风险具有一定的规律性

任何事物虽然都有自身的特点，也有一定的发展规律。因此，国际工程项目风险也有一定的规律性，项目管理组织可以通过国际工程项目实施的过程文件、完工后的评价过程等方式进行归纳总结，掌握国际工程项目风险发生的规律和风险管理的有效方法，为将来同类的国际工程项目风险管理提供重要借鉴。

9.2.3 国际工程项目风险因素分类

风险伴随国际工程项目全生命周期而存在，只要有项目就有风险。根据风险的来源与风险的根源相结合的划分方式，国际工程项目风险可分为外部风险和内部风险，如图9-3所示。

1. 国际工程项目外部风险

国际工程项目外部风险包括自然环境风险、政治风险、市场风险、经济风险、法律风险、社会文化风险、环境保护风险。

（1）自然环境风险。

自然环境风险是指因项目所在地自然力的不规则变化产生的现象对国际工程承包项目实施所造成的风险，如洪灾、地震、泥石流、海啸、龙卷风等，这些风险的形成具有不可控制性，属于不可抗力的范畴，但是项目管理组织可以提前采取相应的措施来进行预防。自然环境风险往往事发突然，给工程建设带来预想不到的困难，使工程承包商无法按照原来的施工计划和方案进行，给承包商带来经济的损失。

1）恶劣的气候与环境条件。

恶劣的气候与环境条件是人力无法改变的，例如台风雨季、酷暑季节等。这些风险不但致使工期拖延，而且增加了施工费用，虽然承包商依据合同能获得工期延长和费用的索赔，但是也无法按照原来的施工进度计划进行施工。

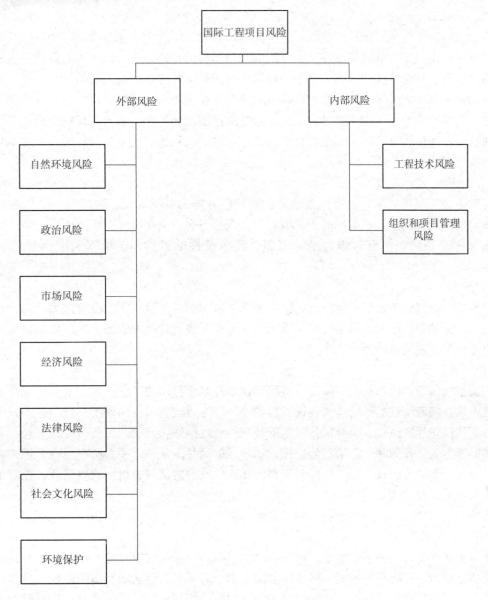

图 9-3　国际工程项目风险类别

2）恶劣的施工条件。

目前国内的国际工程承包企业的市场主要在非洲一些落后的国家，这些非洲国家所提供的施工条件往往不能满足承包企业的施工设备实施条件，加大了工程建设难度，导致了许多工程的工期远远落后于预期，给承包商造成了不可预计的经济损失。

3）不利的地理位置。

不利的地理位置是指因工程所在地的地理环境的限制，例如当地交通不便、经济基础薄弱等，造成承包商设备、材料不能及时供应，给承包商带来了工期和成本压力。

（2）政治风险。

政治风险是指因为一个国家出现战争、内乱、政权变更等意外情况影响国内国际工程承包商获得应得利益的一类高风险，这种风险一般是难以预测的。政治风险是国际工程承包中最为关键的风险因素，一旦发生，其对于国际工程项目的影响是巨大的。如果一个国家或地区的政局不稳，可能就会引起政变、局部战争、种族冲突、恐怖主义、权力更迭等风险事件，从而影响国内工程项目的顺利实施，给承包商带来不可预知的重大损失。国际工程项目政治风险归结起来主要有以下几种。

1）政局动荡。

政局的动荡指在工程所在国或与执行工程有关的地区和国家发生革命、政变、内乱、恐怖主义、武装对抗、战争、暴动等不可抗风险事件，造成国内政治形势的持续恶化，以致国内在建工程不能正常进行，甚至不得不终止项目的实施，更为严重的可能还会严重影响工程项目人员的人身安全，给承包商带来无法弥补的重大损失。虽然国际上的 FIDIC 条款规定了在这类不可抗的风险出现后，承包商可以向业主要求索赔，但是在大量的工程实践过程中，由于东道国的政局不稳，承包商很难得到全部赔偿或是根本无法得到赔偿。所以，对于国际工程项目承包企业来讲，政局的动荡是其进行工程过程承包时必须首先要考虑的关键因素之一。

2）剥夺财产。

剥夺财产是指工程项目所在国家因为政治、政权等方面因素的变化，政府可能会出台一些法律政策，直接宣布外国企业或个人在本国的资产国有化，直接占有、剥夺国外企业或个人的资产，并且不继续履行原业主的义务。该国有时候会给承包商一些象征性的赔偿，但根本无法弥补承包商的重大损失。

3）拒付债务。

由于项目所在国家经济发展十分缓慢，国内赤字严重，国外贷款众多，政府财力枯竭，这些问题给该国政府带来巨大的财政压力，其无力对工程承包商的债务进行合理的偿还。这种风险也是国际工程承包企业需要考虑的重要的风险因素。

4）政府干预。

政府干预是指由于政府当局的干预，有可能延误或打乱承包商的工作进度，从而可能给承包商造成损失的风险因素。政府干预的形式主要包括：首先，一些东道国为了排斥外国公司的进入或保护本国企业，而实行某些保护性的法规，对外国公司采取歧视性税收措施；其次，一些西方国家经常利用政府间的合作、援助等方式干预国际工程项目的招标，诱导、欺骗甚至是胁迫项目所在国政府把工程项目交给本国公司，获得最终的承包权；第三，由于工程所在国的政府内部权力机构比较腐败，在对工程项目监管过程中营私舞弊，收受贿赂，间接破坏了企业间公平竞争的原则，影响了国际工程承包商的正常工作以及工程项目的顺利进行，从而给承包商带来重大的损失。

5）政策的多变和强烈的地方保护主义。

一个项目所在国倘若政策变化无常，朝令夕改，说明这一国家政策环境不稳定，此时，国际工程承包商无所适从，缺少法律的保护与安全感。一些国家出于对于本国企业的利益的保护，常常对外国的工程承包商设立一定的门槛，歧视性对待外国的工程承包商。例如在工程投标阶段，政府要求外国工程承包商的投标价格要低于本国企业；或者政府对国外工程承包商征收的税率要高于本国承包企业；或者工程分包商只能选择本国承包企业，工程采购的设备和建设材料必须有一部分在本国采购等。另外，在工程合同签订及生效后，工程所在国的法律改变（包括新的法律发布，废除或修改现有法律），或对此类法律的司法或政府解释改变，可能对承包商履行合同规定的义务产生影响，致使承包商遭受一定的损失。

6）国际关系环境。

一个国家的国际关系环境及其与工程承包企业的国家关系环境，是影响国际工程承包企业开展国际工程项目承包活动的重要因素之一。如果一个国家与外界关系处于一种反常的状态，比如其与邻国经常处于剑拔弩张、对抗的状态，国内政治、经济、社会文化环境就不可能稳定，甚至国内人员的人身安全都会受到威胁。工程所在国与工程承包企业的国家的关系也是影响工程项目实施的关键。如果两国之间关系友好，在工程项目实施过程中将会得到双方政府和民间机构、团体等各方面的支持和帮助，工程项目各事项将顺利开展。例如中国在非洲或一些贫穷国家的援助项目，由于对方国家感激中国的帮助，在项目实施过程中通常会给予各种便利的条件和支持，确保项目的顺利实施。但是，在一些与中国关系不太友好的国家就会遇到一些预想不到的问题和困难，例如在工程投标竞争过程中出现政治性的干预风险，工程项目实施过程中可能在货物运输、工程款支付、项目人员出入境以及合同争端的处理方面遇到对方歧视性的对待，使承包商的权益受到严重的损害。

（3）市场风险。

国外工程承包市场与国内市场相差很大，很多工程承包企业在"走出去"战略的大背景下，盲目地进入一个新的市场环境，缺少对新市场的调研和了解，遇到一些在合同签订阶段不可预见的风险因素，免不了会遭受各种各样的损失，影响工程承包企业的发展。

（4）经济风险。

经济风险主要是指因工程项目所在国的经济实力和经济形势的不可预见的变化以及市场需求波动的不确定性造成的工程项目实施中的风险。经济风险归纳起来主要有以下几种。

1）利率波动。

利率的波动可能会给工程承包商造成资产的减少、负债利息的增加或者利息收入的减少等影响。对于国际工程承包企业来讲，大多情况下企业都会向银行进行借款，所以借款利息的上涨是其面临的最为关键的风险。工程承包企业在项目实施前期应针对利率波动风险制订相应措施，避免不必要的损失发生。

2）通货膨胀。

通货膨胀是一个普遍存在的世界性的问题，每一国家或地区都存在这类问题，然而在发展中国家或地区通货膨胀的压力更为巨大，发展趋势更为严峻。由于通货膨胀的压力，工程所需的设备、材料的价格持续上涨，工程承包商的项目实施成本将大幅增加。如果工程承包商与项目业主签订的是固定总价合同，那么工程承包商不得不为通货膨胀带来的额外费用买单，造成其巨大的经济损失。

3）汇率波动。

目前，中国国内的工程承包企业承接的国际工程承包基本上都在第三世界国家，项目业主付款常常使用一种或几种货币，工程承包商因而不可避免地面临着汇率波动带来的风险。很多情况下，项目业主出于对本国市场的保护，经常要求外国工程承包商使用一定比例的本国货币进行工程费用支付，由于第三世界国家的货币的价格在国际市场上经常波动，因此工程承包商要承担汇率波动带来的巨大风险。即使承包商自行筹集到其他相对稳定的货币投入到国际市场中，但是工程项目结束后，项目业主采用本国货币支付工程款项的时候，可能会由于本国货币的贬值，给工程承包商带来严重的经济损失。

4）外汇管理。

外汇管制是指一个国家为了减缓国际收支危机，减少本国黄金外汇储备的流失，而对外汇资金移动、外汇买卖以及外汇和外汇有价物等进出国境直接或间接加以限制，以控制外汇的供给或需求，从而维持本国货币汇率的稳定所采取的一种政策性措施。

中国对外承包的国际承包工程项目，特别是风电工程项目大多集中于发展中国家，这些国家的国际金融体系不完善，市场不发达，本国货币不是可自由兑换货币，并且在不同程度上实行外汇管制策略。在非国际金融组织贷款项目中，项目所在国外汇管理当局不允许工程承包商将本币兑换成可自由兑换货币，或者即使兑换成可自由兑换货币也不允许工程承包商汇出该国。还有一些国家高估本币的价值，如果工程承包商根据银行牌价兑换，要蒙受巨大的经济损失，他们只能在黑市兑换，这样就会面临更大的风险。

5）税务风险。

税务风险是指因涉税问题而可能引发的各种潜在的风险因素。由于各个国家的税收体制、政策不同，国际工程承包项目实施中工程承包企业不可避免地面临巨大的税务风险。例如工程所在国家如果存在税率波动频繁、二次征税现象严重、对外国企业进行税收歧视等情况，那么将会给承包企业造成重大的经济利益的损失。

（5）法律风险。

1）法律的不合理。

国际工程项目参与人员众多，协调部门广泛，需要的资金量巨大，项目所在国拥有一套完善合理的法律法规体系是确保工程项目顺利安全实施的基础。一些第三世界国家由于历史原因，国内经济政治落后，法律体制不完善或者不合理，在项目实施过程中发生纠纷的时候，工程承包商往往缺少依靠有效法律的能力，不可避免地要蒙受一定的损失。

2）法律的差异和适用范围。

国际工程项目从招投标开始直至项目竣工验收结束，都要受到各种法律法规的约束和限制，因此法律的适用问题就变得十分重要。法律法规的适用性与项目所在国或地区有关，各个国家或地区都有自己的一套有关工程建设方面的法律法规，某些国际组织也有自己的规定，如非洲开发银行、日本协力基金、亚洲开发银行等。在国际工程承包合同中一般应明确本项目选择的适用法律，这样在履行合同时有明确依据，发生争议时也有据可循，减少不必要的麻烦。

（6）社会文化风险。

社会文化风险主要指工程项目所在地的社会各个领域、各个阶层和各种行业中存在的形式各异的习俗、习惯、风俗、秩序、文化等引起的阻碍及制约工程项目实施和经营管理的不稳定性的因素给工程项目建设带来的风险。社会文化风险具体表现在以下几个方面。

1）宗教信仰和风俗习惯。

工程所在地的宗教信仰和风俗习惯可能直接或者间接地对工程项目的正常建设产生一定的影响。例如在伊斯兰教的斋月，所有的教民几乎都不工作，进而影响了工程项目进度，增加了工程项目商的风险。例如一些国家宗教规定星期六不得生火，那么工程项目的所有生产设备不得不停机，延长了工程项目的建设工期，降低了企业的工作效率。

2）语言差异。

语言是传递信息、交流思想、协调关系的基本手段，世界上的语言多种多样，各语言相差巨大，因此在进行跨文化交流时，很容易因语言理解的不同出现误解。即使在使用同种语言的交流时，有时沟通也是困难的。国际工程项目涉及多个国家或地区人员的参与，往往需要使用多种语言、文字进行沟通，尤其是书面文件如项目合同、设计说明、工程技术标准等。在交流时，人们直接接触的是文字的符号和形象，能否准确传达意思，取决于人们沟通的质量。因此语言差异是沟通交流过程中的一个重要风险因素。

3）文化差异。

每一种文化都是在特定的环境下形成的，因而文化差异是普遍存在的。国际工程承包项目跨越了国界，决定了工程项目的参与人员如管理人员、工程技术人员、工人之间以及企业与项目当地社会存在文化上的差异，这种差异性可能引起不同的价值判断和行为趋向，甚至导致冲突，进而给工程承包商带来损失。

（7）环境保护风险。

随着自然环境的日益恶化，世界各国越来越重视环境保护，环境保护风险已经成为承包国际工程的承包商们面临的一项新风险。总体来看，中国国内环境保护执行力度没有发达国家那样严格，在发达国家，如果工程承包商在施工过程中违反了工程所在国的环境保护法的相关规定，可能面临着政府的高额罚款，给工程承包商带来巨大的经济损失，影响工程承包商的发展。许多国内工程承包企业就是因为环境保护方面的因素，在项目实施过程中遇到了很大的阻力，遭受了重大损失。

2. 国际工程项目内部风险

国际工程项目的内部风险包括工程技术风险、组织和项目管理风险。

（1）工程技术风险。

技术风险是国际工程项目投标和施工过程中的经常遇到的重要风险之一，可能造成重大不良后果。这一风险包括工程承包商技术能力、设计、施工、标准规范等方面因素。

1）承包商技术能力。

在投标前，工程承包商需要对招标文件进行慎重研究分析，判断自身技术能力是否能满足项目要求，不能满足招标文件的技术要求时不应参与投标。工程承包商的技术能力是工程投标资格和履行工程合同的关键前提，包括工程承包商的设计能力和经验、设备和原材料性能、施工能力和经验、产量和能耗指标、使用效率或运转率指标等方面。随着社会科学技术的飞快发展，新技术、新工艺不断出现，如果工程承包商不能跟上技术发展的步伐，最终将逐步被激烈的市场竞争所淘汰。但是新技术发展的同时也增加了工程项目的复杂性和难度，使工程承包商面临的工程技术风险增加。

2）设计风险。

工程项目投标阶段，有的项目标书对项目技术方案有了一定要求，通常这种技术方案已经比较成熟，在投标过程中工程承包商只是对标书中要求的技术方案进行响应，最多也只是去完善和充实该技术方案。这种情况的技术风险并不大。但有的项目标书并没有具体规定技术方案，而是要求最终的技术方案必须能够保证产品的质量和产量要求，以及要求系统（或设备）在电耗、热耗及环境保护方面达到某些特定的要求。这样国际工程承包商就需要慎重地选择项目的技术方案，不仅要考虑技术方案的先进程度，同时也要考虑项目标书及报价的竞争力。项目技术方案（包括设备选型）选择不当势必将为日后项目实施、达产达标、通过验收带来巨大的风险。此外，设计人员对工程所在国的环境、标准、习惯等缺乏深入的了解，或者考虑不够充分，也会对施工造成较大的影响。例如，在ADAMA风电EPC总承包项目中，由于设计人员未能充分考虑当地雨季的降雨量，排水能力的设计严重不足，造成升压站被洪水淹没的后果，对项目部造成了较大的损失，项目部不得不随后重新设计并开挖了大尺寸的排水沟。

3）施工中的技术风险。

技术风险是在施工过程中的最为常见的风险之一，例如：施工过程中应用新技术、新工艺和新方法困难或失败；施工工艺比较落后；施工技术和方案不合理；施工安全技术措施不合理；项目业主和外界单位对施工方案和技术的干扰；施工人员对工程所在国施工规范和习惯不熟悉等。

4）技术标准。

不同国家或地区的技术标准并不完全相同，不同的国家习惯采用的标准不同，国际工程项目中也存在多种技术标准并存的情况。因此对国际工程项目采用的技术标准不熟悉也有可能给工程承包商带来技术上的风险。

（2）组织和项目管理风险。

组织和项目管理风险是指由项目组织结构或项目利益方的管理引起的风险，对于项目内部的影响巨大，风险源主要包括合同、分包商、联营体、项目业主、监理单位、项目管理和物流运输。

1）合同风险。

合同风险主要是指由合同内容的不确定性而引起的相关风险。工程承包商往往要承担由这些原因导致的风险：合同中风险分配不合理，项目业主通过合同条款将大部分风险转移给工程承包商；由于招标文件的语言表达、工程承包商的外语水平、专业理解能力和工作态度等原因，可能造成合同条款不清楚、不细致、不严密，工程承包商不能清楚地理解合同内容，从而给其造成损失；合同条款不完整、不全面，没有将合同双方的责、权、利关系明确界定，没有预测到合同实施过程中可能发生的各种情况，在合同的执行中导致工程承包商的各种损失；在对合同中出现的问题的解释和处理上，项目业主和工程师具有很大的权力，工程承包商往往处于被动地位。

为了减少或避免上述因素给工程承包商带来的不利经济后果，工程承包商一定要高度重视合同内容，组织专业人员，结合工程项目实际情况以及相关国际通用条款和项目所在国的法律法规，系统地研究分析合同内容，以减少或避免可能出现的被动局面和不利地位。

2）来自分包商的风险。

产业链条较长，分工较细，专业化程度高，分包市场活跃是国际工程分包市场的基本特点。分包商作为项目实施的一个主要角色，其自身的履约能力、管理水平和技术能力直接影响项目进度、质量和安全，对项目执行至关重要。国际工程项目来自分包商的风险包括分包商工程质量和项目延期可能带来的风险、分包商沟通不畅或现场配合不力带来的风险、项目业主指定分包商时带来的风险等。

3）联营体内部的风险。

　　由于国际工程项目投资大、技术复杂、关系众多，往往一家企业不能独自承接国际工程项目，需要采取联营的方式进行承包。目前国际工程联营承包已经越来越多，而联营体内部的风险已经成为影响联营体工作效率的重要风险之一，其中包括：联营体合同/协议中规定的责任划分不明，对各方分工界定不清楚；参与各方对相关工作的态度不同，联营体某一方母公司或上级单位对项目实施干涉过多；某一方母公司政策变动或出现财务问题；联营体各方之间沟通不畅，互不信任，各方经常发生冲突；联营体一方破产倒闭等风险。

　　4）来自业主的风险。

　　业主作为项目的所有者也可能给项目实施带来一些风险，主要包括业主不合理的垫资要求、征地不及时、获得施工许可和手续等不及时、突然提出设计变更、不合理的工期要求、工程付款不及时、在施工阶段进行不合理的干预、突然破产倒闭、业主人员工作效率低下等。

　　5）来自监理单位的风险。

　　监理作为项目业主的代表对项目实施的过程进行监管，它的工作对工程项目的实施影响巨大，其中风险有监理人员对工程技术标准不熟悉、人员不够专业、人员、设备配备不足、监理项目工程承包商索贿受贿、监理有意偏袒业主、故意刁难过程承包商等。

　　6）项目管理风险。

　　项目管理风险是指因承包商自身管理能力而造成的风险，是影响较大的一项风险，主要包括项目管理团队能力不足，缺乏合格的项目管理人员，合同管理意识差，施工管理不规范，物资管理混乱，缺乏有效的应变管理能力，财务管理不清，内部存在劳资（务）纠纷，与业主和监理单位关系处理不当等风险。

　　7）运输过程的风险。

　　由于国际工程项目大批设备、材料等需要从国内或者第三国采购，要经过远距离和长时间的海运和陆运才能将货物运至项目现场，在货物运输、装卸过程中，可能会发生货物的损坏、锈蚀、丢失等风险，影响项目的顺利实施，给工程承包商带来一定的损失。

9.3　ADAMA 风电 EPC 总承包项目风险管理

9.3.1　全过程、全方位、全系统、多维度的项目风险管理体系

　　ADAMA 风电 EPC 总承包项目风险管理借鉴企业全面风险管理思路，运用系统工程的方法论进行风险识别、评价和控制，以减少工程项目在各个阶段、各方面中的不确定性。在项目前期就树立风险管理意识，在各个阶段、各个方面实施有效的风险管理措施，把风险管理的责任落实到各部门，构建了一个全过程、全方位、全系统、多维度的风险管理模型，如图 9-4 所示。

　　1. 项目风险全过程管理

　　ADAMA 风电 EPC 总承包项目风险全过程管理指两个"全过程"，首先是产品实现全过程，即项目投（议）标到项目结束的全过程；其次是风险管理全过程，包括风险管理规划、风险识别、风险分析、应对规划、监控。

　　ADAMA 风电 EPC 总承包项目划分为项目投（议）标、项目启动、策划、勘察设计、采购、施工、调试与试运行、项目竣工验收及交付阶段，针对每一个阶段的风险进行风险管理规划、风险识别、风险分析、应对规划、监控，从而确保项目实现全过程风险得到有效控制。

　　对项目全过程的风险管理既要求关注与项目生命期各个阶段工作相关的风险，识别每一阶段所面临的风险，同时也要识别跨越多个阶段的风险以及该风险在不同阶段发生的概率和可能造成的损失，从而在处理风险的最佳时机采取应对措施。

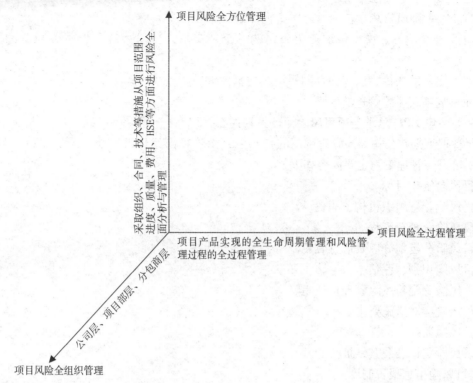

图 9-4　基于全过程、全方位、全系统、多维度的风险管理模型

2. 风险全方位管理

风险全方位管理是指对项目可能面临的各种风险的管理，包括项目进度、质量、费用、安全、环境保护等方面的风险。因此，ADAMA 风电 EPC 总承包项目在风险管理过程中综合考虑采取多种风险防范措施来避免或减轻风险带来的危害，例如从合同、管理、组织等各个方面确定解决方法，通过对项目风险分析、风险辨别、风险评价、风险监控、风险控制来实现对项目风险的全方位管理。

3. 风险全系统管理

风险全系统管理是指建立所有项目管理层级风险管理组织。ADAMA 风电 EPC 总承包项目建立了包括公司层级、项目部层级以及分包商层级三级风险管理组织，根据公司规定和分包合同，建立了包括分包商层次在内的风险责任体系和风险控制体系，在组织上全面落实风险责任，将风险管理作为项目各层次管理人员的任务之一，使各个层次的人员都树立风险意识，全员参与风险的监控工作。公司风险管理部门统一协调和监控风险管理责任的落实情况，确保项目风险管理体系有效运行。

9.3.2　项目风险管理策划

项目风险管理策划是项目管理组织决定如何计划和进行一个项目风险管理的一系列活动的过程，它是进行项目风险管理的纲领。风险管理策划的工作包括：决定项目风险管理的策略，选择适合的风险管理方法，确定风险评判的依据等。

1. ADAMA 风电 EPC 总承包项目风险管理策划依据

ADAMA 风电 EPC 总承包项目风险管理策划的依据主要来源于下几个方面：

（1）ADAMA 风电 EPC 总承包项目的规模、项目目标、项目复杂程度、项目干系人情况、所需资源、项目时间段、约束条件及假设前提等。

（2）埃塞俄比亚的政治、经济、文化、社会环境以及特点。

（3）合同文件。包括合同协议书、招标文件、投标文件、中标通知书、施工图样、工程量清单等。

（4）公司风险管理政策和方针。

（5）ADAMA 风电 EPC 总承包项目总体实施计划。

（6）公司的风险偏好。埃塞俄比亚为公司的一个新市场，公司持有"保本微利"的开拓市场的思想。

（7）埃塞俄比亚的法律、法规和合同规定的技术标准。

（8）其他影响项目风险管理的因素。

2. ADAMA 风电 EPC 总承包项目风险管理策划内容

项目风险管理策划在公司风险管理部门的指导下，由项目部经理组织项目团队完成。ADAMA 风电 EPC 总承包项目风险管理策划主要内容如下：

（1）项目风险管理目标。

（2）项目风险管理组织机构、职责。

（3）项目风险管理总流程。

（4）项目风险分类划分以及信息收集。

（5）项目风险识别、评估。

（6）重大风险确定与风险管理责任矩阵。

（7）项目风险应对措施要求。

（8）项目风险监控。

（9）项目风险登记表及其维护。

（10）项目风险信息报告制度。

（11）项目风险总结及管理文档管理。

3. ADAMA 风电 EPC 总承包项目风险管理策划时关注的问题

（1）国际工程项目生命期各个阶段发生的主要风险和风险对项目的影响程度是不同的。在进行风险管理策划时，应从各阶段的典型风险出发，全盘考虑，逐步细化，同时充分利用已有的项目风险管理策划模板和类似项目的风险管理经验，进行逐步细化。要注意的是，风险管理中的某些过程，如风险识别，不是一次性的，当出现新的风险和项目出现异常的时候，需要重复进行，这在风险管理策划中应予以体现。

（2）风险管理策划应明确风险管理的组织及其人员的角色分配和职责定位。风险管理应该有专门的风险管理人员负责，不断地识别、评估和跟踪项目不能正常进行的所有因素。

（3）风险管理策划应该保证一定的灵活性。即使进行最充分的考虑，也不能预料到所有的风险。因此在风险管理规划时，应留有恰当的余地，可以容纳新风险的加入。这就要保证时间、资金、人员上的一定灵活性、计划变更的及时性和有效性等等。

9.3.3 项目风险识别

项目风险识别是项目风险管理的一项基础性工作，它主要是通过收集必要的信息，确定哪些风险会影响项目的顺利实施，描述其风险特征并形成文件，从而使风险的估计和评价工作更加高效。风险识别是一个反复的过程（见图9-5），随着项目的生命周期的进行，新的风险可能还会出现，因此应当在项目实施过程中及时地进行风险识别。

ADAMA 风电 EPC 总承包项目部组建风险专家组进行项目风险评价与控制。风险专家组包括项目经理、总工、生产副经理及合同经理等10人，其中7人具有中、高级工程师职称，3人具有工程师职称，主要来自联营体公司和项目部。

在项目前期，项目风险专家组根据风险管理策划、工程招投

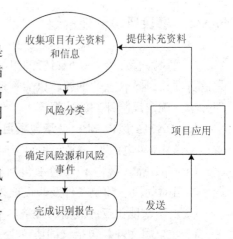

图9-5 项目风险识别过程

标资料、工程施工组织设计、进度计划、成本计划、人材机计划、工程项目施工技术方案、项目假设和约束条件清单、与本项目类似的历史信息等资料，采用头脑风暴法对 ADAMA 风电 EPC 总承包项目风险因素进行了识别，识别成果见表 9-1。

表 9-1　ADAMA 风电 EPC 总承包项目风险因素

项目名称	风险类别		风险因素
ADAMA 风电 EPC 总承包项目风险因素	外部风险	政治风险	政府机构调整风险
			政策变化风险
		经济风险	利率波动风险
			汇率波动风险
			税务风险
			外汇管制风险
			通货膨胀风险
		法律、体制风险	法律差异和适用范围
			法律体制不健全
		社会文化风险	文化、宗教冲突
			风俗习惯
			疾病风险
			语言风险
			社会治安风险
			医疗保障风险
			交通设施风险
			劳动用工风险
		其他风险	不可预见的水文、气候、地质风险
			野兽、有毒植物等的伤害风险
			火山、地震、台风、滑坡、泥石流等自然灾害风险
			不可抗力风险
	内部风险		项目投标风险
			项目策划风险
			工期延误风险
			施工质量风险
			施工费用风险
			施工试运行风险
			施工安全风险
			合同变更风险
			合作方风险
			境外人身安全风险

9.3.4　项目风险评价

为了提高项目风险评价效率，ADAMA 风电 EPC 总承包项目采用风险评价指数法（Risk Assessment Code，RAC）作为项目风险的评价方法。风险评价指数法是一种半定量的评价法，简单易操作，准确性高。

风险评价指数法是将决定风险的两个重要因素，即风险发生的可能性和风险对项目造成的影响程度，按一定的规则划分为相对的等级，形成一种风险评价矩阵，并赋以一定的加权值来定性地衡量风险大小。

1. 风险发生的可能性等级

一个项目风险的发生概率越高，造成损失的可能性就越大，人们对它的控制就应该越加严格。所以在项目风险度量中最为重要的工作之一就是要分析、确定和度量项目风险发生概率的大小，即项目风险发生可能性的大小。

ADAMA 风电 EPC 总承包项目根据风险事件发生的频繁程度，将项目风险可能性划分为 5 个等级，如表 9-2 所示。

表 9-2 ADAMA 风电 EPC 总承包项目风险可能性等级

评分	等级	风险概率范围（%）	等级解释说明
1	A	1~10	非常不可能发生
2	B	11~40	极少发生
3	C	41~60	偶然发生，或可能在项目中期发生
4	D	61~91	可能发生
5	E	91－100	频繁地发生、极有可能发生

2. 风险影响等级

风险影响是指风险因素导致风险事件后给项目造成的影响，是对风险严重程度的度量。ADAMA 风电 EPC 总承包项目将项目的风险影响划分了 5 个等级，如表 9-3 所示。

表 9-3 ADAMA 风电 EPC 总承包项目风险影响等级

评分	等级	风险影响程度	等级解释说明（影响项目目标）			
			成本	进度	质量	HSE
1	I	忽略	不明显的成本增加	不明显的进度拖延	质量影响不明显	HSE 影响不明显
2	II	微小	成本增加小于 5%	进度拖延小于 5%	质量受到微小影响	HSE 受到微小影响
3	III	一般	成本增加介于 5%~10%	整体进度拖延 5%~10%	质量受到一定影响	HSE 受到一定影响
4	IV	严重	成本增加介于 10%~20%	整体进度拖延 10%~20%	质量受到重大影响	HSE 受到重大影响
5	V	关键	成本增加大于 20%	整体进度拖延大于 20%	质量受到极大影响	HSE 受到极大影响

3. 评价矩阵

风险发生的可能性等级和风险影响等级确定后，就可以确定矩阵各元素及评价指数的值。具体方法是，风险发生的可能性等级得分和风险影响等级得分相乘，即

$$R_i = P_i \times S_i$$

式中，R_i 是第 i 个风险的评价指数；P_i 为第 i 个可能性等级得分；S_i 为第 i 个风险影响等级得分。

依据上式得到的评价矩阵（见表 9-4），指数越大，对应的风险越大。

表 9-4 ADAMA 风电 EPC 总承包项目风险评价矩阵

R_i 　 S_i P_i	I	II	III	IV	V
A	1	2	3	4	5
B	2	4	6	8	10
C	3	6	9	12	15
D	4	8	12	16	20
E	5	10	15	20	25

4. 风险综合评价标准

根据评价指数范围，ADAMA 风电 EPC 总承包项目设定了综合评价等级标准，见表9-5。

表9-5 ADAMA 风电 EPC 总承包项目综合评价等级标准

风险等级	较小风险	小风险	中等风险	重大风险	极大风险
评价指数范围	1~4	5~9	10~15	16~19	20~25

5. 风险评价结果

（1）风险发生可能性等级评价。

ADAMA 风电 EPC 总承包项目部风险管理专家组结合自身经验和项目特点，对已识别的各个项目风险因素发生可能性进行评价，根据评价结果填写《风险发生可能性评价表》（见表9-6）。

表9-6 风险发生可能性评价表

序号	风险名称	风险可能性等级				
		非常不可能发生（1分）	极少发生（2分）	偶然发生或可能在项目中期发生（3分）	可能发生（4分）	频繁发生、极有可能发生（5分）
1	政府机构调整风险					
2	政策变化风险					
3	利率波动风险					
4	汇率波动风险					
5	税务风险					
6	通货膨胀风险					
7	水文、气候、地质风险					
8	野兽、有毒植物等的伤害风险					
9	地震、滑坡、泥石流等自然灾害风险					
10	法律差异和适用范围					
11	法律体制不健全					
12	文化、宗教冲突					
13	风俗习惯					
14	疾病风险					
15	语言风险					
16	社会治安风险					
17	医疗保障风险					
18	交通设施风险					
19	劳动用工风险					
20	项目投标风险					
21	项目策划风险					
22	工期延误风险					

（续）

序号	风险名称	风险可能性等级				
		非常不可能发生（1分）	极少发生（2分）	偶然发生或可能在项目中期发生（3分）	可能发生（4分）	频繁发生、极有可能发生（5分）
23	施工质量风险					
24	费用支付风险					
25	施工试运行风险					
26	施工安全风险					
27	合同变更风险					
28	合作方风险					
29	境外人身安全风险					

（2）风险影响等级评价。

ADAMA 风电 EPC 总承包项目部风险管理专家组结合自身经验和项目特点，对已识别的各个项目风险发生后的影响进行评价，根据评价结果填写《风险影响评价表》（见表9-7）。

表 9-7　风险影响评价表

序号	风险名称	风险影响等级				
		忽略（1分）	微小（2分）	一般（3分）	严重（4分）	关键（5分）
1	政府机构调整风险					
2	政策变化风险					
3	利率波动风险					
4	汇率波动风险					
5	税务风险					
6	通货膨胀风险					
7	水文、气候、地质风险					
8	野兽、有毒植物等的伤害风险					
9	地震、滑坡、泥石流等自然灾害风险					
10	法律差异和适用范围					
11	法律体制不健全					
12	文化、宗教冲突					
13	风俗习惯					
14	疾病风险					
15	语言风险					
16	社会治安风险					
17	医疗保障风险					
18	交通设施风险					
19	劳动用工风险					
20	项目投标风险					
21	项目策划风险					

（续）

序号	风险名称	风险影响等级				
		忽略（1 分）	微小（2 分）	一般（3 分）	严重（4 分）	关键（5 分）
22	工期延误风险					
23	施工质量风险					
24	费用支付风险					
25	施工试运行风险					
26	施工安全风险					
27	合同变更风险					
28	合作方风险					
29	境外人身安全风险					

（3）风险综合评价。

根据风险发生可能性评价、影响评价结果，计算得到每个风险评价指数，即 $R_i = P_i \times S_i$。按照设置风险综合评价标准，得到项目风险综合评价结果（见表9-8）。

表9-8　ADAMA 风电 EPC 总承包项目风险综合评价结果

序号	风险	可能性等级评分	影响等级评分	综合评分	风险等级
1	政府机构调整风险	4	3	12	中等
2	政策变化风险	3	3	9	小
3	利率波动风险	4	3	12	中等
4	汇率波动风险	4	4	16	重大
5	税务风险	4	3	12	中等
6	通货膨胀风险	4	4	16	重大
7	水文、气候、地质风险	2	4	8	小
8	野兽、有毒植物等的伤害风险	2	3	6	小
9	地震、滑坡、泥石流等自然灾害风险	2	4	8	小
10	法律差异和适用范围	2	4	8	小
11	法律体制不健全	3	4	12	中等
12	文化、宗教冲突	4	4	16	重大
13	风俗习惯	3	5	15	重大
14	疾病风险	3	4	12	中等
15	语言风险	3	3	9	小
16	社会治安风险	3	3	9	小
17	医疗保障风险	3	4	12	中等
18	交通设施风险	3	3	9	小
19	劳动用工风险	3	4	12	中等
20	项目投标风险	3	3	9	小
21	项目策划风险	3	4	12	中等
22	工期延误风险	4	5	20	极大
23	施工质量风险	4	4	16	重大
24	费用支付风险	3	5	15	重大

（续）

序号	风险	可能性等级评分	影响等级评分	综合评分	风险等级
25	施工试运行风险	3	4	12	中等
26	施工安全风险	3	5	15	重大
27	合同变更风险	4	4	16	重大
28	合作方风险	4	4	16	重大
29	境外人身安全风险	3	5	15	重大

项目综合风险评价结果表显示汇率风险、通货膨胀风险、文化与宗教冲突、风俗习惯差异、境外人身安全风险、工期延误风险、施工质量风险、费用支付风险、施工过程安全风险、合作方风险为重大风险，应重点应对和监控。

9.3.5 项目风险应对规划

为了减少项目风险发生的概率，降低损失程度，ADAMA 风电 EPC 总承包项目部根据项目风险评价结果和项目组织抗风险能力，有针对性地选择了降低风险最为有效的战略，并制定了具体的应对措施。

1. 汇率风险和通货膨胀风险应对措施

（1）在投标报价时，分析金融危机的发展趋势，考察该国汇率和通货膨胀的变化情况，充分考虑项目执行期内汇率贬值的可能，在报价中加入汇率贬值风险。

（2）在合同的支付条款中，争取了尽可能多的当地货币工程预付款，要求当地货币一次性支付。

（3）成本控制方面，在当地采购建筑材料、租赁房屋时尽可能采用固定价合同和当地货币支付。例如在当地租用办公用房时，项目部采取了固定价合同，并使一个合同租期尽量能涵盖项目周期，以避免房租上涨带来的成本增加。

2. 文化、宗教冲突、风俗习惯风险应对措施

（1）公司从海外发展的长远利益出发，改变一味追求单个项目和短期利润最大化的传统经营观念，把自身巩固发展与带动当地合作方发展结合起来，注意体恤当地合作方的切身利益，实现与当地企业的合作双赢，共同发展。

（2）材料采购方面，在成本可接受的前提下，尽量采购当地公司的材料，加强与当地公司的经济利益联系。

（3）积极实施属地化经营管理。ADAMA 风电 EPC 总承包项目部积极吸收当地员工加入项目团队，项目上埃塞俄比亚本地员工已占 30%。通过实施属地化经营管理，公司一方面有效地控制项目成本，另一方面通过本地员工密切了与埃塞俄比亚社会的联系，有利于在埃塞俄比亚当地搭建本土化的公共关系。

（4）尊重当地民众的风俗习惯和宗教信仰，与当地居民友好相处。

（5）积极承担社会责任，参与当地社区建设，融入当地社会生活和文化，寻求当地社会的政治支持。ADAMA 风电 EPC 总承包项目部积极参与社会公益事业，密切与当地人民的关系，树立了良好的形象。

3. 境外人身安全风险应对措施

人身安全风险是特殊的、也是最严重的风险，因为生命无法像财产一样可以替代，人死不能复生。因此，公司在处理人身安全风险的问题上，更注重以人为本、员工的生命安全高于一切的观念。公司和项目部主要采取了以下应对措施：

（1）要求项目部着力处理好与埃塞俄比亚项目所在地各方面的关系，争取当地各方面的支持。

（2）加强员工安全教育工作。将安全防护意识教育作为出国教育的首要部分，帮助外派人员增强安全防范意识，掌握必要的安全常识，增强应对突发安全事件的能力。到达工作现场后帮助员工熟悉周围环境、当地治安情况和要求。

（3）建立驻外机构安全管理制度和应急机制，包括成立安全事件应急处置小组，制订应急预案，建立与中国驻埃塞俄比亚使领馆、当地医疗部门、当地政府公共安全部门的经常性联络，明确了应对突发安全事件的组织体系、职责、工作机制等内容。

（4）时刻注意中国外交部和驻外使领馆网站发布的安全预警提示，做到有针对性的防范工作。

（5）为所有中方人员和外籍人员购买人身伤害保险。

（6）将人身安全风险防范纳入经济合同的谈判中。公司在埃塞俄比亚承接项目时，将安全保障作为专门条款写入合同或正式书面文件，明确甲方有义务采取一切必要措施保护中方人员的人身安全和正常施工秩序。紧急情况下，甲方有义务提供应急设施和其他必要帮助。

4. 工期延误风险应对措施

为了应对 ADAMA 风电 EPC 总承包项目工期延误的风险，项目部采取了以下几项措施。

（1）在投（议）标阶段，根据收集到的相关信息，周密计算项目工期，充分考虑了项目所处环境的复杂性，承诺工期时预留了必要的工期冗余。

（2）在合同洽谈过程中，商务人员非常重视工期条款，一方面尽力争取较大的工期冗余度；另一方面明确工期免责条款，合同条款明确了非我方主观因素造成的工期延误，我方不承担工期延误的责任，还要求责任方对我方进行相应的补偿。

（3）在项目实施过程中，项目部重点抓好进度计划编制、资源投入、过程控制等各个环节的工作，尽量避免因我方原因发生的责任性施工延误事件。

（4）对项目实施过程中发生的非我方因素导致的停工、误工等情况，及时做好证据保留工作，并由监理工程师或业主代表签字确认。这些文件可以作为免责或索赔的依据。

（5）重视与业主及监理方的日常沟通工作，及时做好进度报告工作。对于发生的进度偏差及时向业主和监理方报告，及早采取措施予以纠正，尽最大努力保障项目按期完成。

5. 施工质量风险

施工质量直接关系到项目承包商的国际声誉，直接影响承包商的信用评级，是承包商风险控制的核心工作之一，也是项目业主最关心的核心问题。因此，切实抓好施工质量工作，避免施工质量风险是公司必须做好的重要工作。ADAMA 风电 EPC 总承包项目部采取了以下措施控制项目施工质量风险：

（1）明确工程质量规范和验收标准。工程施工前，项目部和项目业主、设计分包商、施工分包商、采购供应商及监理方进行充分的沟通，根据项目合同、工程设计及行业管理规定编制了统一的工程施工质量验收标准。

（2）建立健全质量管理组织体系和质量管理制度。在项目部设立了质量管理部门和质量工程师加强对施工分包单位施工过程的监督管理。

（3）严格执行工程材料的进场验收制度，并请监理工程师参加验收。

（4）尊重项目业主和监理工程师，认真听取他们的意见和建议，认真解决他们指出的问题和不足，创造良好和谐的合作氛围。

（5）在项目实施过程中，项目部质量管理部门负责人和质量工程师定期进行质量检查，定期召开质量分析会，及时发现和解决问题。

（6）规范风力发电场项目验收程序，项目部对分项工程完工、单位工程完工、工程启动试运、工程移交生产及工程竣工各个阶段验收进行了详细规定，要求各施工阶段应进行自检、互检和专业检查，对关键工序及隐蔽工程的每道工序也应进行检验和记录。

6. 施工安全风险应对措施

施工现场由于其固有的流动性大、临时性强、变动性大、交叉作业多、人员组成复杂的特点，因而存在程度不同的各种安全风险。ADAMA 风电 EPC 总承包项目部高度重视施工安全风险，采取了如下措施：

（1）在项目部建立安全生产管理委员会，业主、施工分包商、监理、设计等项目相关方负责人参与。项目部设置安全总监，项目现场各级生产部门设置安全管理员，建立健全了项目安全生产管理组织。

（2）对项目现场的电工作业人员、起重机械作业人员、爆破作业人员、金属焊接（气割）作业人员、机动车辆驾驶人员、登高架设作业者严格执行特种作业人员持证上岗制度，没有取得相关作业证书者不准上岗。

（3）加强对操作工具、机械设备和各类仪表的检修和保养，确保操作工具、设备、仪表保持良好的工作状态。

（4）加强对工程材料的检查，确保其符合安全标准。

（5）针对风电工程的特点，制定和完善了隐患排查、安全技术交底、安全奖惩等制度和安全作业操作规程。

（6）对项目高处作业、深基坑开挖、风机吊装作业等危险性大的分部分项工程，编制了专项施工方案，制定了安全措施，并要求审查、安全交底率 100%。

（7）为项目采购了工程一切险和货物运输保险，很大程度上转移了项目执行过程中的各种风险。

7. 合同变更风险应对措施

合同变更是工程项目实施过程中的常见事项。合同变更常造成工程量的变动，既能带来风险，也能带来收益。如果合同变更管理出现问题，则非常可能造成项目的亏损。ADAMA 风电 EPC 总承包项目部对此高度重视，采取了科学合理的措施避免合同变更风险。

（1）熟悉合同中关于合同变更和索赔的条款，尤其要注意有关合同条款中提出变更和索赔的有效期限的规定，以及合同变更和索赔流程，并注意收集证据。

（2）在海外项目中业主监理工程师在合同变更、索赔申请和批准方面拥有很大的裁量权，因此项目部管理人员与业主监理工程师要一直保持着良好的工作关系，以取得其理解、信任和支持。

（3）在合同变更发生时，项目部区别不同情况予以妥善应对。对于业主擅自取消的项目，项目部向其索赔按原计划配置的资源所发生的闲置成本及相应利息；在合同工程量增加时，在规定时限内向监理工程师书面提出索赔申请，确定新增工程量和计量价格，并及时办理书面签证手续。

（4）在合同变更及索赔方面，项目部按照抓大放小的原则执行。即对于小的变更，例如工程量变化很小的情况，只签证记录，不追求索赔；对于大的变更，根据公司和合同的规定收集好证据，据理力争，保障自己的合法利益。

8. 合作方风险应对措施

在海外项目实施中，寻找合作伙伴共同完成工程项目，是当前国际通行的做法。但合作方出了问题，总承包商将负连带责任，承担着很大的风险。因此公司和项目部对合作方带来的风险采取如下措施进行应对。

（1）在公司建立合作方准入制度，对合作方负责人的能力、施工设备、商业信用、企业资质作出明确规定。不符合条件的，一律不能参与该项目的建设。

（2）在分包合同中明确合作单位在项目中的角色和责任，并约定违约处理办法，从法律角度规避风险。

（3）在日常管理中，公司和项目部加强对合作单位的管控力度，对其参与项目人员和机械仪表设备实行备案制度；同时要加强对合作单位项目人员的日常培训和教育，杜绝以包代管和包而不管的做法。

（4）与合作单位处理好经济利益，按照合同规定及时向合作单位支付工程款，不拖欠，以避免给双方合作带来阴影，发生负面事件。

9.3.6　项目风险监督管理

项目风险监督和控制是指项目风险管理者跟踪已识别的风险，监视残余风险和识别新的风险，修改风险管理应对计划，保证风险计划的执行，并评估这些计划对降低风险的有效性。风险监督和控制是项目整个生命周期中的一种持续进行的过程，是建立在项目风险的阶段性、渐进性和可控性基础之上的一种项目管理工作。随着项目的成长，风险会不断变化，可能会有新的风险出现，也可能预期的风险会消失。一个好的风险监控系统可以在风险发生之前就提供给决策者有用的信息，并使之作出有效的决策。

ADAMA 风电 EPC 总承包项目在具体的实施过程中，为了保证项目风险应对措施能按计划得到实施，风险应对措施有效，建立了项目风险管理组织机构、项目信息沟通制度、项目实施监督检查制度以及项目风险管理评价与改进制度，确保项目风险得到有效监控，降低项目风险。

1. 项目风险管理组织机构

ADAMA 风电 EPC 总承包项目风险管理组织建立了三级风险管理体系，即公司层级、项目部层级、分包商层级，如图 9-6 所示。

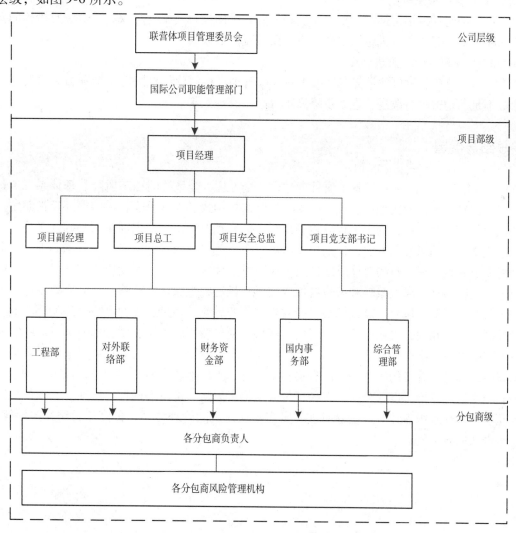

图 9-6　项目风险管理组织体系

（1）公司级包括联营体管委会和公司职能管理部门，具体负责指导、监督、检查、考核项目部的风险管理工作，负责重大风险事件的决策和处理。

（2）项目部是风险管理执行机构，建立了以项目经理为第一负责人的风险管理组织机构，项目副总、总工、安全总监、党支部书记负责各自管辖范围内的风险管理，各部门负责各自业务范围内的风险管理。

（3）分包商作为项目具体实施的主体，重点控制项目实施过程中的风险事件，定期或不定期向项目部汇报项目执行情况，密切监控项目风险事件。

2. 项目信息沟通制度

（1）建立会议制度。

项目部通过项目周、月例会和专项会议与项目参与方进行全面沟通，检查、评估项目的实施情况，分析项目进度、质量、成本、范围的各项偏差，制定纠偏措施，降低项目风险。

（2）建立报告制度。

项目部通过项目月度进展报告和专项报告，实现项目风险信息的沟通和监控。

（3）风险管理记录制度。

项目部规定了项目实施过程中各种记录文件的管理要求，确保管理活动被准确地记录下来，为项目管理组织进行风险决策提供有效的证据并记录风险管理经验。

3. 项目实施监督检查制度

公司、项目部定期或不定期对项目组织监督检查，了解项目实施情况以及风险应对措施的效果，对于发现的问题，责令相关负责人组织整改，事后跟踪整改效果。

4. 项目风险管理评价与改进制度

ADAMA 风电 EPC 总承包项目部定期组织对风险管理进行评价，阶段性总结项目风险管理的经验和不足，针对不足的地方进行改进，进一步提高项目风险管理效果。

9.3.7 总结与展望

ADAMA 风电 EPC 总承包项目基于项目全过程、全方位、全系统的动态风险管理体系，通过风险管理策划、风险识别、风险分析评价、风险应对、风险监控构成了工程风险管理的循环反馈系统。风险管理策划是风险管理的第一步，确定工程风险管理活动内容和方法；风险识别作为基础性工作，通过文件审核、信息收集、头脑风暴等方法，识别出工程项目中可能出现的各种风险；在此基础上，对风险的定性定量分析能够确定工程项目的总体风险情况和风险重要性排序清单；风险应对是针对不同风险分别采取风险回避、风险转移、风险减轻和风险自留等措施；最后，为保证风险管理计划有效执行，通过风险监控过程来跟踪已识别的风险、监视残余风险并识别新的风险。通过这样的风险管理循环机制，不断将潜在风险控制在公司和项目可接受的范围之内，确保了项目费用、进度、质量和安全目标的实现。

ADAMA 风电 EPC 总承包项目风险管理实践表明，由于国际工程承包本身的复杂性以及风险因素的多样性，国际工程风险管理的各个环节还有很多不完善、不成熟的方面。例如项目风险识别可以进一步细化明确，项目风险评价可以综合采用多种评价方法提高风险评价的准确性，应建立有效的风险预警系统等。因此项目管理组织需针对这些方面进一步完善项目风险管理体系，提高项目组织风险管理能力，为组织创造最大的经济效益。

第 10 章　供应链管理——ADAMA 风电 EPC 总承包项目采购管理

ADAMA 风电 EPC 总承包项目在项目采购管理中引入了供应链管理思想，在供应链一体化的基础上，加强了项目采购组织、计划、合同、物流、仓储、评价的管理，实现了项目采购全过程管控，提高了项目采购的工作效率。

10.1　供应链管理理论

10.1.1　供应链概念

20 世纪 80 年代，人们首次提出了供应链（Supply Chain）的概念，此后，国内外理论界和实务界的诸多学者在不同时期、从不同角度对其进行了研究分析，但至今一直没有对供应链形成一个统一的、公认的定义。即便如此，大多学者给出的供应链的概念都是以产品制造业或消费品行业为研究对象，其核心思想较为相似，具体来说包括这几个方面：供应链是由许多节点构成的一个网状结构，供应链上的每个企业都是其中的一个节点；整个供应链和链上各个企业都是为满足消费者的各种需求而采取相应的行动；供应链上各个企业与供应链可以直接发生联系；"供应商"和"消费者"是相对的，这个节点的"供应商"同时可能是那个节点的"消费者"；产品与服务在供应链中从"供应商"流向"消费者"，而各种需求信息则从"消费者"流向"供应商"。

随着工程建设项目的不断发展，工程建设项目采购管理过程中开始慢慢引入供应链管理思想，指导工程建设项目采购活动的实施。工程建设项目供应链概念是指项目管理组织通过对项目的信息流、物流、资金流的控制，在项目的整个生命周期内，将项目供应商、工程总承包商、工程分包商、监理（咨询工程师）以及业主连成一个整体的功能网络结构模式。

10.1.2　供应链管理概念

与供应链一样，供应链管理（Supply Chain Management）到目前也没有形成一个统一的、公认的定义。同样，关于供应链管理的概念都是以产品制造业或消费品行业为研究对象提出的，其核心思想克服了传统管理仅针对企业内部的局限性，将研究的范围扩展至企业供应商的供应商以及最终使用者的整条网链，将存在独立经济利益的各个上下游企业从以往追求各自企业的利润最大化扩展到追求整条供应链的利润最大化。

根据以上供应链管理的定义，可以将工程建设项目供应链管理定义为：在项目整个生命周期内，从项目整体利益出发，对工程建设项目的供应链网络及网络中各个企业进行计划、组织、领导与控制，确保项目综合目标的顺利实现。

10.1.3　基于供应链管理下的项目采购管理特点

1. 订单驱动的采购模式
传统的项目采购目的比较简单，就是为了补充项目所需物资库存，即为库存而采购。采购部门并不关心项目所需物资的实际情况，不了解项目完成的进度和物资的需求变化，他们只是通过合理的订货量来不断补充需求的耗用量，以保持项目所需物资的存货不低于保险储备量。因此项目采购过程缺乏主动性，采购部门制订的项目采购计划很难适应项目实施对材料和设备需求的变化。

在供应链管理模式下，采购部门以订单驱动方式进行采购活动。项目对材料和设备的需求产生需求订单，需求订单产生项目采购订单，项目采购订单再驱动项目供应商。这种准时化的订单驱动模式使供应链系统得以及时响应项目承包商的需求，降低库存成本，提高物流速度和库存周转率。

2 外部资源管理

在传统的项目采购模式中，项目承包商与供应商各自为政，都是站在各自的利益角度考虑问题，双方之间缺乏有效的合作以及对需求快速响应的能力。在供应链管理模式下，项目采购管理不但加强了内部资源的管理，也注重对外部资源的整合和管理，加强了与供应商在信息沟通、市场应变能力、产品设计、产品制造、产品质量、产品交货期、产品售后等方面的有效合作，真正实现零库存的管理目标，达到双赢的目的。

3. 战略合作伙伴关系

在传统的项目采购模式中，项目承包商与供应商的是一种利益互斥、对抗性的竞争关系，这种关系影响了项目采购效率，增加了项目采购风险。在供应链管理模式下，项目承包商与供应商从一般的短期买卖关系发展成长期的合作伙伴关系，直至战略协作伙伴关系，双方变得相互信任，采购决策变得十分透明，双方为了达成战略性合作关系而共同协商，从而避免了因信息不对称造成的成本损失。

10.2　ADAMA 风电 EPC 总承包项目采购管理

10.2.1　基于供应链的项目采购管理模型

根据 ADAMA 风电 EPC 总承包项目设备、材料的采购特点和公司管理需求，在项目物资采购过程中引入供应链的管理思想，构建了项目采购管理模型（见图 10-1），在供应链一体化的基础上，加强了项目采购组织管理、采购计划管理、供应商管理、采购协调管理、采购合同管理、物流管理、仓储管理和采购评价管理，实现了项目采购的全过程管控。

10.2.2　项目采购干系人管理

ADAMA 风电 EPC 总承包项目为提高项目采购管理效率，实现供应链的一体化管理，以"系统原理、资源集成、多赢互惠、合作共享"为指导思想，加强了项目供应链上各节点单位的管理，包括业主、设计、公司项目管理部门和采购管理部门、施工单位、国内外供应商、物流服务商、监造或检验服务商、国内外海关部门等，与各方建立了良好的合作关系。

10.2.3　项目采购信息流管理

ADAMA 风电 EPC 总承包项目采购过程中以"需求驱动、快速响应、同步运作、动态重构"为指导思想，加强了对供应链信息流管理，注重采购干系人之间的接口管理，促进了采购供应链各方信息共享，实现了高效决策，同时对采购全流程进行有效的监控。

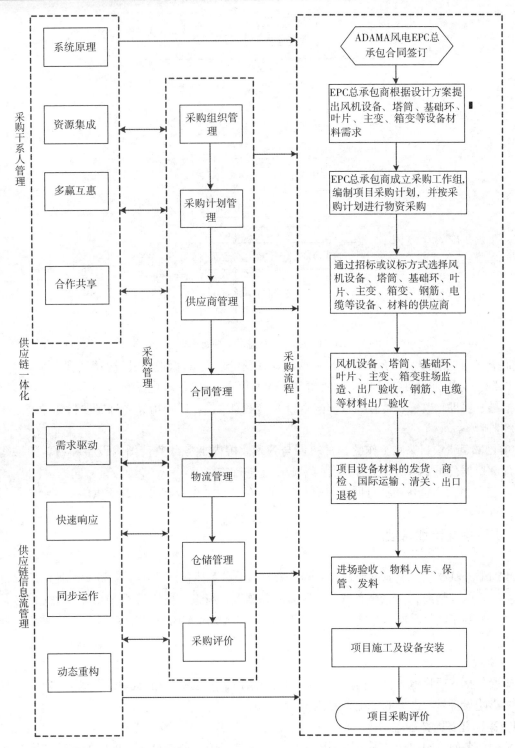

图 10-1　ADAMA 风电 EPC 总承包项目采购管理模型

10.2.4　采购组织管理

　　ADAMA 风电 EPC 总承包项目设备和材料的采购分为国内采购和国外采购，国内采购由国内公司组织实施，国外采购由施工分包商组织实施。根据项目采购的特点以及项目供应链上各个单位的管控需求，ADAMA 风电 EPC 总承包项目设备和材料采购实施四层管控机制，如图 10-2 所示，包括：

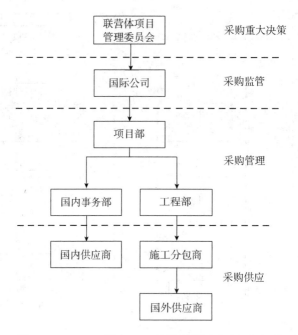

图 10-2　ADAMA 风电 EPC 总承包项目采购组织机构

（1）联营体项目管理委员会负责项目采购活动过程中重大事件的决策及协调处理。

（2）国际公司作为项目执行单位，负责 ADAMA 风电 EPC 总承包项目设备和材料的采购与监管，国际公司指导、协助、监督、检查项目部国内事务部采购工作，以及指导、督促项目部做好施工分包商采购工作的监管。

（3）项目部负责项目采购工作的日常协调与管理。国内事务部负责国内设备和材料的采购执行与管理，工程部根据公司要求对施工分包商的采购工作进行监管。

（4）项目各供应商负责根据合同要求进行项目设备、材料以及相关服务的供应。

10.2.5　项目采购计划管理

ADAMA 风电 EPC 总承包项目在制订采购计划时，充分利用供应商的信息资源，提前了解设备物资技术、价格、运输等情况，在综合考虑各个因素的基础上，组织人员编制了 ADAMA 风电 EPC 总承包项目采购计划，提高了项目采购计划的科学性和可操作性。ADAMA 风电 EPC 总承包项目采购计划包括以下内容。

1. 项目概况

项目概况包括：项目地理位置、海拔高度；气象条件，如温度、相对湿度等；水、电、气参数说明和其他可能影响设备材料性能的工况条件说明。

2. 项目采购任务的范围

项目采购任务的范围包括：项目主合同中确定的采购范围、分包给施工单位的采购范围、分包给第三方的采购范围。这一说明是为了明确公司与业主以及施工单位在采购任务方面的分工和责任关系。

3. 采购原则

（1）质量原则：选择和审查合格供应厂商、严格监督厂商质量体系的运行、严格监督产品检验与试验程序的执行。

（2）经济原则：采购费用控制的目标和要求。

（3）进度原则：进度控制的要求和目标。

（4）安全原则。

（5）转口/当地采购原则。

（6）分包原则：根据项目规模和设备材料的特点制定不同的分包办法，明确设备材料的采买方式，如是否系统成套、是否包括安装等。

4. 采购规定

（1）采购标准文件的规定，如招标文件、询价文件、合同通用文本等，特别注意海外工程的几个合同通用附件。

（2）海外工程中设备材料的编码规定。

（3）设备分级规定和监制检验分级划分。

（4）包装、运输要求规定，尤其是海外工程设备出口对包装运输的要求，如木质包装是否需要薰蒸等强制性要求，包装运输的唛头要求等。

（5）项目采购通用及表格的规定：按照公司贯标要求和相关规定结合项目的特点制订。

（6）项目采购特殊问题的说明：例如关键设备、不按正常程序采购的特殊设备、要求提前采购的设备、超限设备的采购和运输、现场组装的设备、用户指定制造厂（商）的采购等。

5. 采购组织及职责

必须明确项目采购组织机构及各岗位的职责和权限。

6. 采购协调程序

应说明业主对采购工作的特殊要求以及公司对业主要求的意见和拟采用的措施。例如规定的采购组与业主及供货商的协调程序和通讯联络方式，采购文件的传送和分发范围，确定需业主审查的原则和内容，与公司相关部门的接口关系等。

7. 现场零星设备/材料应急采购的办法

对于现场零星设备材料的采购要引起足够的重视。它常常是工程进行的一大障碍，施工现场常为某些临时增补的少量设备材料而不得不临时局部停工。解决这个问题的途径有：一是提前与工地现场附近的机电批发零售市场建立良好的合作关系，以便临时调剂急需的物资；二是在进行施工分包时，明确设备材料的分交范围，把某些难于预料的少量零星物资分交给施工单位负责。特别是海外工程，其费用的来源和结算方式应提前与公司相关部门沟通好。

8. 项目采购进度安排

采购进度管理是项目采购过程控制的关键。项目采购管理经理根据施工进度计划、设计进度计划、设备、材料请购单以及相关方要求，组织编制项目采购进度计划。采购进度计划根据需要分为采购总体进度计划和详细采购进度计划。采购进度计划按照合同规定的程序报业主批准后实施。

另外还包括其他问题说明。

10.2.6　供应商管理

1. 项目供应商分类

ADAMA 风电 EPC 总承包项目结合物资采购管理体制中不同层次采购职能的划分，按照统一管理、分层控制的供应商管理体系建设的指导思想，依据物资品种和采购模式进行供应商分类，培育和优化了项目供应商网络，提高供应商管理效率。

（1）战略供应商。

ADAMA 风电 EPC 总承包项目主要关键设备供应商定义为战略供应商。如叶片、塔筒、发电机、主变等关键设备供应商应在行业内规模大、资信好、质量优、产品有竞争力、技术先进、持续发展能力强、管理理念开放的供应商中选择。

公司对战略供应商要采取支持培养的态度，及早邀请战略供应商参与项目建设，甚至在设计阶段就邀请其介入，实施协同计划策略。同时，在共享的信息平台的支撑下，与该类供应商建立互换需求信息、库存信息和生产信息的运行机制，规避由于信息不对称带来的风险，实现供应商计划协同。

（2）主要供应商。

战略供应商之外的能提供项目通用物资（例如钢筋、水泥等）的供应商定义为主要供应商。主要供应商应在行业内专业技术力量雄厚、质量优、售后服务能力强、管理精细、守信誉的供应商中进行选择。

公司和项目部对主要供应商要采取支持的态度。在采购过程中，注重对优秀的主要供应商的扶持，给予优秀的主要供应商更多的采购机会，使其能够在充分竞争的市场环境中得到更大的发展空间，并成为项目建设过程中重要的资源保障。

（3）一般供应商。

主要供应商之外的经营项目所用的其他风电项目物资的供应商以及项目现场采购的当地物资的供应商，ADAMA 风电 EPC 总承包项目定义为一般供应商。ADAMA 风电 EPC 总承包项目重视对一般供应商关系的优化，在优化过程中不仅要加大考核力度，淘汰不合格供应商，而且还要避免同一物资有过多的供应商，分散集中采购力度。提高供应商准入标准，淘汰注册资金少于一定数额的供应商。这些供应商由于资金太少，出了问题无法赔付，风险太大。淘汰没有上网条件的供应商，因为他们缺乏信息共享的平台基础。根据实际情况对一些代理商进行分类，区别对待一般制造商的驻外办事机构、销售代理商等，在存在一般制造商的前提下，淘汰单纯加价的代理商。ADAMA 风电 EPC 总承包项目对于那些只入网不交易的供应商实行定期淘汰制度，并按照供应商数量控制原则压缩同类供应商数量，根据考核结果定期淘汰多余的供应商。

2. 项目供应商管理流程

ADAMA 风电 EPC 总承包项目将供应商管理流程分为：事前控制、事中控制和事后控制，从深层次上挖掘供应商资源，规避资源风险，增强资源控制能力。从供应商的角度出发，准入前为事前控制，签订合同进行交易前为事中控制，签订合同后为事后控制，如图 10-3 所示。

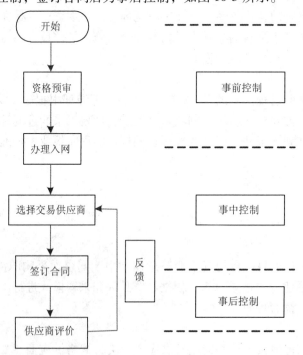

图 10-3　ADAMA 风电 EPC 总承包项目供应商管理流程

（1）事前控制流程。

事前控制流程主要是指对供应商进行资格预审并办理网络准入的过程。只有预审通过的供应商才有资格进行交易，避免为交易而办证的供应商管理模式，"资格"将成为供应商管理的重点。供应商资格预审制度的全面推广应用将使供应商准入管理进入规范化的轨道，交易行为也将严格控制在具有资格的供应商范围内，有效控制供应商网络外的交易，以控制资源风险和质量风险。ADAMA 风电 EPC 总承包项目的供应商管理由公司采购管理部门全面负责制订，包括技术与工程能力、制造或分销能力、财务状况、管理状况等指标的供应商准入标准指标体系。根据供应商经营的物资类型，ADAMA 风电 EPC 总承包项目部负责对供应商管理体系、资源管理与采购、产品实现、设计开发、生产运作、测量控制和分析改进等方面进行现场测评和综合分析评价，并以此进入准入决策。具体供应商事前管理流程如图 10-4 所示。

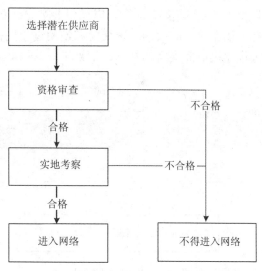

图 10-4　事前控制流程图

（2）事中控制流程。

ADAMA 风电 EPC 总承包项目供应商事中控制是通过招投标、设计或施工方面专家推荐、历史交易业绩评价等方式从具有交易资格的供应商网络中择优选择，以达到控制目标的活动，如图 10-5 所示。项目供应商的综合评价成为事中控制关键点，ADAMA 风电 EPC 总承包项目建立具有财务和经济稳定性、质量、交货期、价格和售后服务五大类指标的供应商综合评价指标体系，确保为项目选择最优供应商。

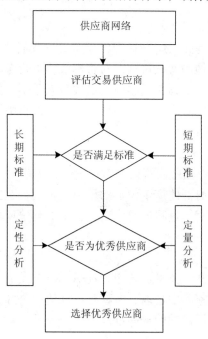

图 10-5　事中控制流程

在资格预审后从获得准入资格的供应商网络中选择优秀供应商进行交易的过程进一步增强了对供应商交易行为的规范和控制，强化了优中选优的思想。在 ADAMA 风电 EPC 总承包项目采购过程中管理层和执行层采购业务人员结合短期和长期标准，以及定性和定量分析方法，从供应商网络中择优选择供应商进行交易。

（3）事后控制流程。

事后控制是指项目结束后，通过对项目供应商进行综合评价，决定奖惩，进而优化公司供应商网络，如图 10-6 所示。ADAMA 风电 EPC 总承包项目建立以质量、数量、价格、交货期和售后服务为指标的供应商绩效评估体系，以此为依据对供应商的物资交付和使用过程进行综合评价，并及时反馈给公司采购管理部门。考评结果作为优化供应商网络的基础，记入供应商档案，并实时公布。

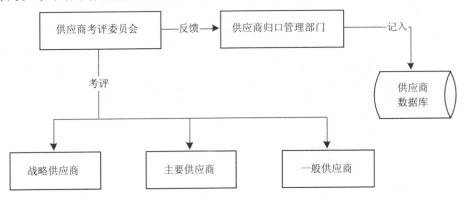

图 10-6 事后控制流程

3. 项目供应商管理机制

（1）建立奖惩机制。

为了更好地突出供应商的战略地位，ADAMA 风电 EPC 总承包项目建立了良好的合作机制和奖惩制度，对优秀的供应商予以奖励，对不合格的供应商予以警告、惩罚甚至淘汰，真正实现择优汰劣。通过具体的奖励制度和宣传机制，充分调动供应商的合作积极性，有效抑制了供应商交易过程中的不规范行为，进一步优化整个供应商网络。

（2）建立内部供应商管理责任追究制度。

为了更好地实施供应商管理，提高供应商管理的质量，增加管理机构管理的积极性，ADAMA 风电 EPC 总承包项目建立了面向管理机构的考核机制，对管理机构进行考核，实现奖优罚劣，促使供应商管理更加规范化、制度化、透明化。为了确保供应商网络成员素质不断提高，项目加大了对供应商管理过程的考核力度，逐步建立起对在供应商准入、考核评估和淘汰过程中弄虚作假的个人和组织的责任追究制度，形成规范有序的评估考核环境。

（3）引入竞争机制。

ADAMA 风电 EPC 总承包项目中供应商资格预审制度的推广应用，使大量具有资格的供应商成为潜在的交易供应商，从而对交易供应商群体产生无形的压力，特别是对主要供应商和一般供应商。竞争产生动力，竞争优化结构，项目部在交易过程中努力营造公平的竞争环境，使竞争成为考核供应商经营风险和承受市场压力的一项工具。

（4）考评过程公开机制。

为了保证供应商考核评估的公开、公平、公正，在 ADAMA 风电 EPC 总承包项目实施考核过程中，考评专家主要通过随机的方式从专家库中选取，考核标准和流程公开，作为管理层和项目现场考核评估时共同遵守的标准，增强供应商考核评估的透明度。

10.2.7 合同管理

ADAMA 风电 EPC 总承包项目加强了对采购合同评审、签订及交底、采购合同履行、采购合同价款支付、采购合同争议、索赔、变更、采购合同文档、采购合同收尾的管理。

1. 合同评审、签订及交底

根据 ADAMA 风电 EPC 总承包合同的采购内容，采取招标或非招标方式选定供应商之后，项目部组织国内事务部和公司相关部门进行项目采购合同的评审、谈判、起草、签订。为了降低采购风险，国内事务部派出由管理人员和技术人员组成的谈判小组与供应商就项目采购需求、技术标准和价格进行充分谈判。待协调一致后，由公司采购管理部门组织人员编制采购合同，经领导批准后，与供应商签订采购合同。

采购合同签订后，公司组织人员向采购人员进行采购合同交底，以便采购人员清楚了解采购合同内容，有效地开展采购工作。

2. 合同履行

项目供应商根据采购合同约定按时向项目供应采购的物资和服务，项目部定期或不定期监控供应商供应过程，收集、汇总、分析项目采购信息，向公司、联营体项目管委会报告采购状况。

3. 合同价款支付

采购合同履行期间，供应商根据采购合同约定的付款时间和方式，提出采购合同付款申请并提供支持材料、发票等文件，经项目部审核及会签后，提交公司审核。公司审定分包合同支付申请后，通知项目部，由项目部再通知分包商确认有关数据及条件，并按公司规定程序办理分包合同支付手续。

4. 合同争议

ADAMA 风电 EPC 总承包项目采购过程中发生争议时，主要采取以下几种方式解决方式：

（1）协商和解。

在争议出现后，项目部应及时处理并争取友好解决争议。在采购合同履约过程中由于干扰（违约）事件引起争端时，双方当事人首先应以合法、自愿、平等的原则，根据法律规定和合同约定，在互谅互让的基础上，经过谈判和协商友好解决并达成一致意见。

（2）仲裁。

争端发生后，当事人双方可以通过事前或事后达成的书面协议，自愿将争端提交合同约定的仲裁机构，由仲裁员或仲裁机构按照仲裁程序和规则作出裁决。

（3）诉讼。

当双方不能通过协商、仲裁来解决争端或不能达成协议时，可采用合同约定的诉讼方式来解决争端。

5. 合同索赔

ADAMA 风电 EPC 总承包项目采购过程中，项目部积极开展索赔管理工作，规范索赔管理行为，维护公司的利益。索赔应以合同条款为依据，并严格按照合同规定的程序、条款等进行。一方违约时，另一方应及时发出通知，并说明合同依据、违约的后果、各方的责任等细节，提出索赔的费用和（或）工期延长等要求。双方应共同协商，依据合同条款确定各方责任。

6. 变更

ADAMA 风电 EPC 总承包项目划分了采购变更的权限，变更发生后，根据联营体、公司、项目部的采购权限不同，组织进行采购变更的审批、执行。无项目部或公司同意，供货商不得对合同进行变更。

7. 合同文档

合同签订后，合同原件由公司保存。ADAMA 风电 EPC 总承包项目部组织专业人员负责采购合同执行过程中的文档处理、收集、整理、建档、保管等工作，文件可随时备查，项目结束后，由项目部统一移交给公司档案管理部门。

8. 合同收尾

采购合同收尾时，项目经理应组织对采购合同约定目标进行核查和验证，当确认已完成合同规定的各方义务和责任时，及时进行采购合同的最终结算，签发履约证书并终止合同。当采购合同结束后应进行总结评价工作，包括采购合同订立、履行及相关效果评价等。

10. 2. 8   物流管理

ADAMA 风电 EPC 总承包项目的物流运输充分利用物流分包商的专业和资源优势，要求物流分包商以门到门物流服务方式全面负责项目物资的运输、装卸、仓储、商检、报关、清关，直到项目施工现场。

ADAMA 风电 EPC 总承包项目实现了从项目物流计划、供应商选择、物流运输方案、物流运输、出口退税、报关、清关等全过程管控。在项目物流运输全过程监控中，ADAMA 风电 EPC 总承包项目加强了与物流单位、业主、海关、货代等相关方的联络与合作以及物流过程监控力度，提高了对项目物流状态监控效率，降低了项目物流运输风险，保障项目设备材料运输进度、质量、费用目标的实现。

10. 2. 9   仓储管理

ADAMA 风电 EPC 总承包项目设备和材料（包括甲供物资）现场的仓储管理委托给了施工单位进行管理，项目部按照施工分包合同约定对施工单位的仓储管理进行监督检查。项目部组织施工单位建立了项目仓储管理制度，规范了项目现场物资入库、库房管理、发放、剩余物资回收处理的管理内容和要求。

1. 物资入库

甲供或分包商采购的设备和材料经过开箱检验合格，资料、文件、检验记录齐全，具备规定的入库条件，由交付方填写入库单，分包商库房管理人员验核签字，办理入库手续。

经检验不合格的设备和材料填写设备和材料检验问题处理情况表，按规定程序与有关责任方联系，待问题逐一处理完毕，再次检验合格后方可入库。

2. 仓库管理

仓库管理工作包括物资保管、技术档案、单据、账目管理和仓库安全管理等。对于有特殊保管要求的设备和材料，项目部组织施工单位制订保管方案，经项目主管领导批准后，由施工单位按要求落实仓储条件，保障相关设备和材料按照要求进行有效保管。

ADAMA 风电 EPC 总承包项目仓库管理利用仓储管理信息系统建立了物资动态明细账，所有物资注明货位、档案编号、标识码，实现了仓库管理信息化，提高了管理效率。

3. 发放

项目部审查分包商建立了设备材料发放出库制度。发放设备和材料应办理申请、批准、物资出库交接的手续，确保准确、及时地发放合格的物资，满足施工的需要。项目部设备材料管理人员定期进行现场库房盘点，对于瓶颈物资建立预警机制，出现材料短缺或库存不足，及时通报项目部采购负责人，协调解决施工物资供应。

4. 剩余材料的回收

工程剩余物资（包括现场办公设施、包装物及物品）应予以收集，建立剩余物资清单，项目部在工程完工时或适时向公司申请处理，经项目经理审核、公司领导批准后实施处理。属于业主提供的材料，应将剩余物资清单提交业主处理。

10.2.10　采购评价管理

ADAMA 风电 EPC 总承包项目采购工作结束后，采购管理部门组织项目部从采购计划、供应商选择、采购进度、质量、费用目标、供应商评价等方面，对项目采购工作进行了综合评价，总结了项目采购过中的经验和教训，根据最终评价结果，对相关方和责任人进行了相应的奖励和惩罚，提出了公司项目采购管理工作的改进计划，并组织落实改进计划，提升公司项目采购管理能力。

10.2.11　总结与展望

ADAMA 风电 EPC 总承包项目以项目采购相关者管理和项目采购信息流管理实现了项目供应链一体化，通过加强项目采购组织、计划、合同、协调、物流、仓储、评价的集成管理，提高了对项目采购需求提出、计划、采购、运输、现场验收以及施工使用或安装的全过程监控，保障了项目采购进度、质量、费用目标的实现。

第11章　门到门物流服务——ADAMA 风电 EPC 总承包项目物流管理

ADAMA 风电 EPC 总承包项目采购的关键设备大多数是超长、超重的大件设备，包装和物流运输都比较困难，再加上国际运输距离较远，路况复杂，运输环节多，使得项目设备物流运输工作更加复杂和困难。针对以上情况，ADAMA 风电 EPC 总承包项目的物流运输充分利用物流分包商的专业和资源优势，要求物流分包商以门到门物流服务方式全面负责项目物资的运输、装卸、仓储、商检、报关、清关，直到项目施工现场。门到门的物流方式可减少项目物资运输费用，降低项目成本风险，并且有利于项目物资运输的整体筹划、组织、实施和控制，有效地提高了项目物流运输效率，实现了项目物资按期到货，保障了项目的工期。

11.1　国际工程 EPC 总承包项目物流概述

11.1.1　国际工程 EPC 总承包项目物流特点

由于国际工程 EPC 总承包项目的设备占比最大，如何保证设备、大宗材料按照实施的顺序及时运输到现场供施工之用，将是对物流水平和组织能力的最好检验，也是保证项目如期实施的关键。项目的物流对象主要是工艺设备、建筑材料和施工机械，其中设备占比最大，其特点是：体积庞大，超宽超高、形状各异、占用场地空间大，有些甚至需要大型的专门的物流设施，例如多轴液压平板车、大型吊装设备通常需要由专业大件物流公司完成；有些属于精密仪器，运输时需注意速度、坡度等，操作时需注意方向；有些则比较贵重，吊装需要配备专业工具等。EPC 总承包项目物流具有如下特点：

(1) 短时间操作量非常大。

(2) 操作专业性强。

(3) 项目物流具有一次性和不可重复性。

(4) 流动资金占用大。

(5) 工程物资种类繁多且地域分布较广。

(6) 工作环节多，协调难度高。

11.1.2　国际工程 EPC 总承包项目物流基本流程

在国际工程 EPC 总承包项目中，物流服务商可以根据承包商或业主的不同需求提供个性化的、门到门的物流解决方案，服务范围可从生产工厂接货开始，到工地现场交货卸车为止。国际 EPC 总承包项目的物流基本包括以下流程：

(1) 办理绿色通关手续。

(2) 办理退税率备案。

(3) 办理工程所在国项目物资免税登记。

(4) 制订发运计划。

（5）组织召开包装储运会议。

（6）设备发运前的包装检验。

（7）总包所在国设备起运地接货。

（8）专口设备（如有）的运输管理。

（9）回运设备的运输管理。

（10）统计设备的运量、订舱。

（11）检验检疫。

（12）货物集港仓储和数量的清点。

（13）装船前对不合格包装的整改。

（14）货物投保险。

（15）重大件设备或大货量发运前需要开船监会，研究合理的配载方案。

（16）报关。

（17）打尺工作的监督。

（18）装船时的监装。

（19）船舶开启后给相关方（业主、目的国代理、工程现场等）发起运通知。

（20）获得海运提单，办理原产地证明等相关运输单据。

（21）制单结汇。

（22）办理清关。

（23）卸船时的监卸。

（24）工程所在国的内陆运输。

（25）工程所在国现场接货、卸货至指定地点。

（26）现场清点和查验。

（27）工程所在国现场仓储管理。

（28）工程运输所涉及的保险索赔管理。

（29）补件工作的管理。

（30）发运、退税、收汇、出险、付款等情况的台账登记及文件资料的归档备查。

11.1.3　国际工程 EPC 总承包项目物流管理模式

世界经济全球化已经成为现实，中国作为世界经济体的重要组成部分，对世界经济的发展起着重要的作用。在中国政府"走出去"的战略背景下，国内的国际工程总承包企业积极开拓国际工程总承包市场，并且取得了一定的成绩。然而，随着国际工程市场的不断发展，竞争日益激烈。面对复杂多变的市场竞争环境，国际工程总承包企业如何获取和保持竞争企业自身的优势就成为企业在国际工程总承包商市场中生存与发展的关键。而在影响国际工程总承包企业竞争力的诸多因素中，物流管理是最为关键和重要的因素之一。综合目前国际工程 EPC 项目物流的发展新趋势、新特点以及国际工程 EPC 总承包物流范围特色，国际工程 EPC 总承包物流管理模式呈现出以下几个特点。

1. 按照项目化模式进行管理

国际工程总承包企业将 EPC 总承包项目物流业务看作一个独立项目，借鉴现代项目管理的理论、技术、方法、工具，实现 EPC 总承包项目物流业务的项目化管理。在该模式下，国际工程总承包企业将整个物流项目分为启动、策划、实施与控制、收尾四个阶段进行管理，在每个阶段进行十大知识领域管理，即综合、范围、时间、成本、质量、人力资源、沟通、风险、HSE 以及采购管理。

EPC 总承包项目物流项目化管理的四大目标是进度目标、成本目标、质量目标、安全目标，它们之间的协调平衡是物流项目化管理的关键。项目管理组织应对目标有整体和系统的认识，在不同的部门和不可分割的目标之间寻求平衡和一致，使这四大目标能够被最好地实现，以满足项目干系人的需要和期望。

2. EPC 总承包物流管理的精细化

EPC 总承包物流管理涉及专业众多，工作内容和工作流程复杂，管理比较困难。精细化的管理思想以注重细节、立足专业、科学量化的三大原则有效地解决了 EPC 总承包物流管理中的诸多问题。EPC 总承包物流管理的精细化建立了以专业化为前提、系统化为保证、数据化为标准、信息化为手段的管理理念，实现了将复杂的事情简单化、简单的事情流程化、流程的事情定量化、定量的事情信息化，提高了物流管理效率。

3. EPC 总承包物流管理的单据化

随着国际工程物流系统日益成熟，国际工程物流标准更加统一化，EPC 总承包物流管理也越显单据化。EPC 总承包企业委托相关权威机构出具物流单据来保证货物的质量和包装符合要求，操作符合流程规定。EPC 总承包物流管理的单据化促进了物流管理的科学化、规范化，使得定性的或不易定量的操作具有可控性。

4. 重视物流人才培养

国际工程 EPC 总承包物流从业人员应具有较高的综合能力：首先，应具备一定的外语沟通技能；其次，要具备较高水平的国际贸易管理知识；此外，还应该熟悉国际工程 EPC 总承包项目的物资特点，并了解各世界各地区的政治、经济、社会、文化、气候特点等基本情况。从目前的情况来看，国际工程物流人才仍然比较匮乏。国际工程 EPC 总承包物流管理过程中注重物流人才的培养对于物流管理效率的提高起着关键作用。

5. 合同模式管理

为了加强 EPC 总承包企业对项目物流的管理力度和控制能力，提高项目物流管理效率，EPC 总承包企业对项目物流各个关键环节，例如大件运输、海运、保险、清关等进行直接分包。这样的平行分包模式可以充分发挥 EPC 总承包企业的优势，减少中间环节，提高各合作方之间的沟通协作效率，节省项目物流成本，保证项目物流过程的可控性。EPC 总承包企业需要加强对各物流分包合同的管控，保障项目物流的质量、成本、工期、安全目标的实现。

6. 合作伙伴管理

EPC 总承包企业在市场中寻求项目物流合作伙伴，利用外部的资源优势，弥补内部作业能力和物流专业人员数量的不足，提高企业的物流服务水平。EPC 总承包企业通过建立合作单位管理机制，加强各合作单位的管控，提高合作效率。

11.2 门到门物流服务

11.2.1 门到门物流服务内容

国际工程项目货物运输由于环节多、各种物流手续复杂、时间长、风险大，项目承包商没有国际货物承运的能力，一般会将项目物资的运输分包给专业的物流公司负责，借助物流公司的国际物流经验和专业能力，确保项目物资顺利到达现场。

目前国际工程项目物资运输过程中，项目承包商与物流分包商签订运输合同时大多数采取的是"门到门"的运输条款，即托运人（项目承包商）负责将货物在其货仓或厂库交承运人（物流分包商）验收，由承运人负责全程运输，直到收货人的货仓或工厂仓库交货为止。门到门物流服务有利于项目承包商对物资运输的管理，并且节省了项目承包商在项目物资物流方面的人力和精力的投入。

随着国际物流运输行业的不断发展，各种专业的运输公司不断实现业务扩展，门到门物流服务的内容更加完善，从发货地点到指定地点接货，物流公司实现运输过程中的全面服务，包括货物接收、装卸、各种物流运输中手续办理以及各种税费缴纳等。门到门物流服务已经成为物流行业的主流，也成为一种全方位物流服务的理念。

11.2.2　门到门物流服务特点

国际工程项目物流中采用门到门物流服务能有效地利用外部资源优势，实现项目物资运输目标的完成，确保项目整体顺利进行。在国际工程项目中的门到门物流服务具有如下特点及优势。

1. 利用外部优势，提高物流效率

项目关键设备、材料的工期和质量直接影响整个项目的工期和质量，而且由于设备、材料采购的国际性及国际物流环境的复杂性，国际工程项目设备、材料的运输变得尤为重要而困难。在这种情况下，项目承包商针对项目设备、材料运输情况，选取专业的物流公司，签订门到门的物流服务模式，全面负责项目物流运输是最佳的选择。专业物流公司不管从技术、资源和经验上都要比项目承包商自身在物流运输方面强很多，而且门到门服务更强调物流公司在项目物资运输的全过程服务。门到门的物流服务还可以有效利用物流分包商的专业优势，提高项目物流效率，保障项目物流工作的顺利完成。

2. 项目承包商的风险转移

国际工程项目的项目承包商与物流分包商签订门到门物流服务方式，从而将物流过程中的重大风险转嫁给了物流分包商，保证项目承包的利益不受损害或减少损害程度。例如项目设备、材料的延期到货，造成工期耽误，业主可能向承包商进行索赔，此时，项目承包商可以根据物流合同将该风险转移给物流分包商，从而减少项目承包商因业主索赔而造成的利益损失。

3. 有利于项目物流的管理

由于国际工程项目环境复杂，项目相关方众多，作为项目管理的主体——项目承包商需要协调、处理的工作众多而复杂。项目物流是国际工程项目中重要工作，如何有效管理项目物流，是项目顺利实施的关键。采取门到门的物流服务方式，减少了项目承包商的大量工作，节省了项目承包商的精力。项目承包商只需对项目物流分包商进行管理，设置关键的管控点，监督控制项目设备、材料运输状态，进而确保项目物流的顺利进行。

4. 采用多式联运

国际工程项目物流中要实现门到门的物流服务，一般采用一种运输方式是不能做到的，需要采取多式联运，即按照国际多式联运合同，以至少两种不同的运输方式，由多式联运经营人把货物从一国境内接管地点运至另一国境内指定交付地点的货物运输。而中国海商法对于国内多式联运的规定是必须有种方式是海运。多式联运具有如下特点：

（1）根据多式联运的合同进行操作，运输全程中至少使用两种不同运输方式连续运输。

（2）多式联运的货物主要是集装箱货物，具有集装箱运输的特点。

（3）多式联运是一票到底，实行单一运费率的运输。发货人只要订立一份合同，一次付费，一次保险，通过一张单证即可完成全程运输。

（4）多式联运是不同方式的综合组织，全程运输均是由多式联运经营人组织完成的。无论涉及几种运输方式，分为几个运输区段，都由多式联运经营人对货运全程负责。

因此，多式联运具有组织运输的全局性，可以有效地实现项目设备、材料运输的门到门。而且多式联运可以大幅度降低运输费用和进口税费，减少运输的环节和时间，加快运输速度。

11.3 ADAMA 风电 EPC 总承包项目物流管理

11.3.1 项目物流概况

1. ADAMA 风电 EPC 总承包项目设备和材料

该项目的关键设备和主要原材料在中国国内采购，其他零星材料在当地采购。项目在中国采购的设备、材料大体包括：

（1）设备。

1）风机设备（GW77/1500），34 台套。

2）塔筒、基础环、叶片，34 台套。

3）132kV 主变，1 台。

4）箱变，34 台。

5）400t 履带吊，1 台。

6）70～80t 汽车吊，2 台。

7）400kW 柴油发电机，2 台。

8）风机备品备件、易耗品及专用工具。

9）升压站设备，电气一次、二次设备。

10）通信设备、消防设备。

（2）材料。

1）钢筋，1600t。

2）33kV 电力电缆（ZRC-YJV22-26/33KV-3 ×50mm²）及附件，3.97km。

3）33kv 电力电缆（ZRC-YJV22-26/33KV-3 ×95mm²）及附件，4.34km。

4）33kv 电力电缆（ZRC-YJV22-26/33KV-3 ×185mm²）及附件，8.43km。

5）钢芯铝绞线（LGJ-2400/30），34.6km。

6）钢绞线（GJ-50），9.9km。

7）0.6/1kV 电力电缆（ZRC-YJV22-3 ×240 +1 ×120mm²）及附件，4.76km。

8）光缆。

9）暖通、给排水、防雷材料。

10）基础环支撑材料。

（3）施工机具。

2. ADAMA 风电 EPC 总承包项目物流环境

该项目采购大件物资的产地集中在中国北方，所以选择天津港作为出口港。本项目的发电机组、塔筒、叶片、主变、箱变、吊车等大件物资在工厂车板交货，由物流分包单位在工厂提货并运至天津港。其他货物由供货厂家在指定的天津港码头所在仓库交货。

埃塞俄比亚为内陆国家，与吉布提陆地接壤、公路相通，其国内进口的所有大宗物质均通过吉布提港经公路运输转运至埃塞俄比亚国内。因此，本项目在中国采购的设备、材料运输计划通过天津港装船，海运至吉布提港，在吉布提港卸船短倒至港区临时堆场，最后从港区临时堆场经公路陆运至埃塞俄比亚 ADAMA 风电工程项目施工现场。天津新港到吉布提港全程 6624n mile，吉布提港至 ADAMA 风电场公路里程约 846.5km。

3. ADAMA 风电 EPC 总承包项目物流分包

ADAMA 风电 EPC 总承包项目门到门物流工作通过公开招标分包给中国外运股份有限公司。2011 年 4 月 7 日，埃塞俄比亚财政发展部签发了要求所有埃塞俄比亚进出口货物必须使用埃塞俄比亚船运公司（以下简称"埃船"）进行海上运输的文件，并要求总承包商必须就 ADAMA 风电项目进口的设备和材料运输与埃船合作。因此，本项目物流工作中的海运采用吊钩至吊钩的班轮条款由埃船负责。物流分包单位负责除海运外的门到门物流服务，包括对埃船的管理。

11.3.2　项目物流特点

1. 物流环节多，涉及单位多，运输距离长，关务手续繁杂

ADAMA 风电 EPC 总承包项目物流是一项复杂的系统工程，整个物流过程涉及境内陆运、出口报关、装船、海运、卸船、清关、埃塞俄比亚陆运等一系列相互依托的环节，全过程需要与业主、总包商、物流分包商等密切协调。由于关务手续复杂，运输距离较长，再加上境外的陌生环境，导致物流难度增加。任何一个环节都关系着整个物流工作的成败。

2. 关键设备、材料供货要求及时

ADAMA 风电 EPC 总承包项目工期紧、任务重，首批机组发电工期仅 6 个月，关键设备如风机、塔筒、变压器、箱变等为现场生产所必须的贵重设备，价值高且无替代品，货物物流进度制约着项目工期。

3. 货物易损坏，修复难度大，包装和支架质量要求高

ADAMA 风电 EPC 总承包项目中的大件设备均在国内加工制造，如果在物流过程中损坏，运抵现场后修复难度较大，费用较高。为方便运输并降低货物损坏的可能性，叶片、塔筒和发电机等大件设备需要设计专用的支架进行运输。各货物的包装和支架应保证物流货物能够经受多次搬运、装卸、陆运和海上运输及进出口商检的要求。

4. 操作难度大，技术含量高，运输过程安全防护要求高

ADAMA 风电 EPC 总承包项目设备材料从国内几十家工厂集中到天津港装船，经吉布提港中转，换公路过境运输至埃塞俄比亚的工地交货，全程运距超过一万多公里，运输方式除了海、陆联运还包括空运（用于满足工地紧急物资需求）及国内外口岸清关，设备中的超长超重等大件货物较多，运输组织工作十分复杂，需考虑运输线路、运输安全性、货物包装长途运输适应性、运输工具等多个方面。两种运输方式和设备材料的多样性对物流中的装卸、转运、仓储、包装、单据制作等流程都提出了严格要求。大件货物在运输时需要对道路设施安全、运输安全、运输工具及物流管理进行精心策划，确保在项目施工期内，将工程项目所需的施工机具、材料、成套设备等及时、高效、无损差地低成本运抵工地。

11.3.3　项目物流管理组织结构

ADAMA 风电 EPC 总承包项目采购由项目部的国内事务部负责执行，包括项目采购计划编制、供应商选择、设备、材料催交与检验、物流、现场交付和服务管理。项目部的国内事务部设立在水电顾问集团国际公司名下，负责组织协助项目部完成项目采购工作。为了有效管理项目物流工作，国内事务部配备一名物流经理，专门处理运输过程中的一切问题，协调项目部、设备、材料供应商、物流服务商、货代、项目现场等相关方解决物流过程中发生的问题，确保项目物流工作的顺利实施。项目物流管理组织结构如图 11-1 所示。

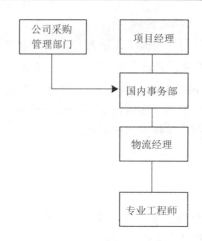

图 11-1　ADAMA 风电 EPC 总承包项目物流管理组织结构

11.3.4　项目物流方案策划

1. 项目物流策划前的路勘

在物流分包公开招标前，应组织有投标意向的物流分包单位对交通运输状况及港口设施进行查勘，收集相关口岸的清关流程及工程所在国相关物流的法律法规等资料，提出物流工作方案。物流工作开展前需了解的内容如下：

（1）了解目的港口泊位、堆场容量、卸货能力、港口操作人员水平、主要进出口货物、港口繁忙情况，最终要搞清楚在清关中发生的各项费用。

（2）了解目的国的清关情况，包括目的国对进口货物有无限制、有哪些税种、免税如何办理、施工机械临时进口如何通关、进口是否有期限、到期如何办理延期等。

（3）了解从港口至风电场工程沿途的交通现状，包括沿途的桥梁、隧道、道路限高和限宽、运输超重型货物时桥梁是否需要加固、运输超宽货物时收费站是否需要临时拆除等情况，还要了解道路弯道转弯半径是否满足超长车辆运输要求，了解道路通行许可的办理情况、运输距离，估算道路改造、休息点选取及其他措施等涉及的费用。

（4）对港口和工程所在国的运输市场、运输成本进行调研，收集可供运输风机设备的车辆资源情况，最终要搞清楚在运输过程中发生的各项费用。

（5）了解工程所在国对政府项目物资海运及陆运保险的要求。

（6）了解目的国的治安状况，是否需要武装押运。

（7）初步估计货物海运和境外陆运单台套风机设备的运输周期。

2. 编制物流总体方案

根据项目施工建设的需要，在综合考虑各物流阶段所需时间、供货商供货时间、船型容量及船期、运输安全和项目里程碑进度计划等各方面因素后，ADAMA 风电 EPC 总承包项目部组织物流分包商制订了详细的物流计划，具体包括物流整体组织设计、物流服务技术方案、典型批次全程物流运输方案、物流组织管理、物流服务进度计划、物流突发危险事故或设备事故的应急处置方案等。项目设备材料物流流程见图 11-2。

为了加强工程项目设备、材料物流安全，保证设备材料按计划到工地，也为了控制物流成本，分别针对海运、陆运以及特殊情况下的运输进行了策划，确保各物流环节的顺利衔接和实施。

（1）海运策划。

根据埃塞俄比亚法律的规定，海运由埃塞俄比亚船运公司承担。鉴于埃船第一次承运风电场大件机电设备，在货物海运前，项目部邀请埃船技术代表赴中国设备厂家进行考察，了解风电场工程大件设备

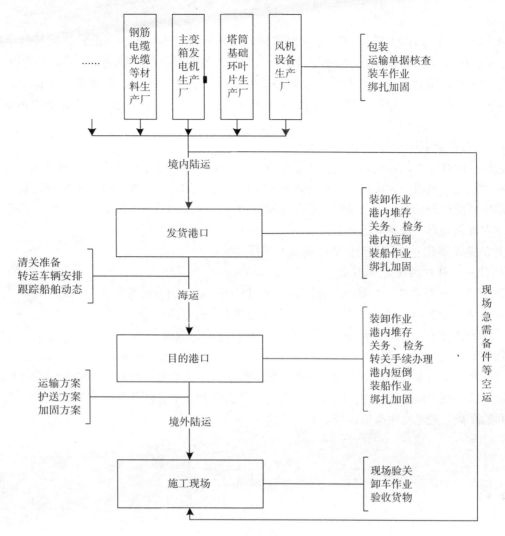

图 11-2 ADAMA 风电 EPC 总承包项目设备材料物流流程图

的件数、单件重量、尺寸、形状、包装形式及其坚固程度、装运要求等，埃船技术人员将船舶承运重大件货物的能力，如船体结构、局部强度、重吊的负荷量及其他技术参数、绑扎加固设备等向我方技术人员进行了详细的介绍，经过几次的沟通和谈判，签订了海运合同，并根据项目货物清单及运输计划制定了详细的货物配载方案。ADAMA 风电 EPC 总承包项目海运计划共 4 批，具体的运输货物如表 11-1 所示。

表 11-1 埃塞俄比亚 ADAMA 风电 EPC 总承包项目海运货物汇总表

发运批次	货物名称	件数	毛重/t	体积/m³
第一批	塔架基础环、钢筋等预埋件，风机安装工具，柴油发电机，测风塔等	545	1937.6	4230.58
第二批	11 台套风机、塔筒、叶片、箱变，除通信系统外的所有升压站电气设备，输电线路铁塔及电力电缆，地埋材料等	847	3481.5	23993.98
	4 套测风塔	19	15.6	47.624
	1 台 400t 履带吊，2 台汽车吊	48	505.1	1322.95
第三批	11 台套风机设备，升压站通信设备，箱变等	196	2264.6	21246.05
第四批	12 台套风机设备，箱变等	194	2502.3	23226.75
总计		1849	10706.7	74067.934

（2）陆运策划。

从吉布提港口到 ADAMA 风电 EPC 总承包项目现场陆运距离 846.5km，沿线公路转弯半径均大于 50m，道路状况良好，仅需对部分路段和通行设施进行修补或临时移除就能满足大件设备通行要求。

项目部根据埃塞俄比亚境内路况情况组织物流分包商编制了详细的陆运方案，包括职责、运输设备、运输安全控制措施、运输保障措施、运输技术安全措施、运输应急措施、大件设备专项运输技术措施等。

1）叶片境外陆运技术措施。

叶片运输使用叶片专用运输车，此种运输车辆专为风电设备运输设计制造，能够满足叶片的运输需求。由于叶片较长，具有一定柔性，因此对叶片的运输过程中的绑扎、加固提出了较高的要求；考虑在叶片运输途中可能出现颠簸、上下坡以及紧急制动等情况，叶片相对于平板车将会产生位移趋势，所以必须进行捆绑加固处理。加固要求如下：

a. 叶片运输需要用叶片厂商提供的运输支架进行运输。

b. 捆绑位置：叶片两处支座。

c. 捆绑方式：针对叶片装车后的捆绑加固，使用专用工具，封固托架四处。

d. 加固方式：选择叶片的 2 个支座，采取钢丝绳"八"字捆绑。

e. 使用索具及工具：φ21.5mm 钢丝绳 4 根，人转动花链和撬棍。

f. 对捆绑钢丝绳校核。

由于叶片两个支承架之间的距离较大，在行驶过程中，车辆难免会有颠簸，叶片会受振颤，为了能最大限度地降低振颤对风叶的影响，需要在叶片的尾部支架和车板之间放置一个工作平台，以增加叶片跟车板之间的距离，避免发生摩擦，如图 11-3 所示。

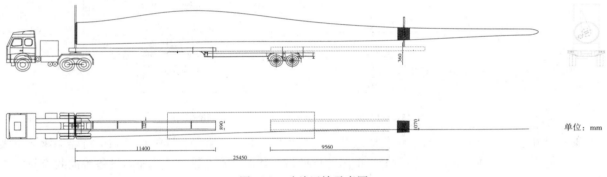

图 11-3　叶片运输示意图

2）塔筒境外陆运技术措施。

使用塔筒专用抽拉地板运输车能够满足塔筒的运输需求，如图 11-4 所示。塔筒运输加固要求如下：

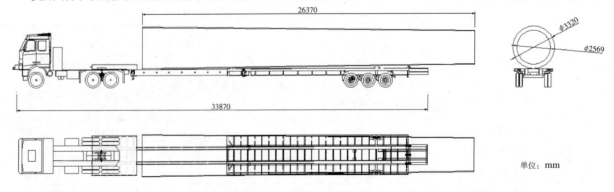

图 11-4　塔筒运输示意图

a. 针对塔筒是裸装设备的特点，捆绑、加固的过程中，无论采用任何材料加固，均应保护好设备的表面，不允许由于加固不当造成设备表面的划痕、污染和变形。

b. 严格按照生产厂家的运输捆绑要求进行作业，只能在允许受力的部位进行加固，谨防设备受力过度造成变形或损坏。设备在车辆上的捆绑必须牢固，索具、拉紧器强度足够，必须保证任何时候设备在车辆上不发生任何位移。

c. 设备与运输车辆间的支撑必须保证车辆在运输中能够正常运行，车辆主梁承受的正负弯矩不得超出车辆设计要求。

d. 捆绑方式：在选择设备捆绑位置时，采取八字封刹及围捆封刹。

e. 运输途中，在服务区停车时，通过颠簸路面后必须检查设备捆绑加固情况，发现捆绑松动、移动及其他异常情况的，应及时纠正，重新捆绑，直至合格为止。

3）主变境外陆运技术措施。

主变使用液压轴线车进行运输，如图 11-5 所示，主变的捆绑加固要点如下：

a. 变压器运输应每天不少于三次检查氮气压力情况，若其低于最低标准值，须立刻充氮加压。

b. 带油运输时，需加挂防静电的铁链。

c. 根据变压器设备形状及裸装特点，计划做一些专用捆扎钢丝绳扣，以提高工作效率和安全性，保护设备免遭划损。

d. 选择设备的起重点作为捆绑加固位置，采取八字封刹方式。

e. 选择捆绑加固工具为 10t 手拉葫芦和 $\phi26mm$ 的钢丝绳扣，捆绑 4 道。

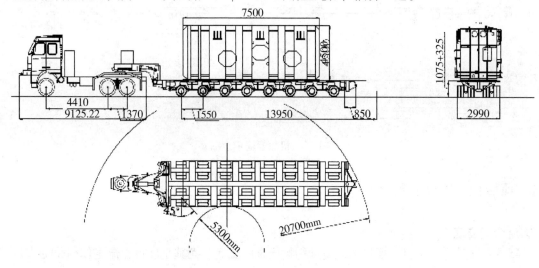

图 11-5　主变运输示意图

4）机舱、轮毂境外陆运技术措施。

轮毂使用普通 12m 平板车进行运输，每车两台，如图 11-6 所示。机舱使用重型低平板进行运输，每车 1 台，如图 11-7 所示。由于机舱和轮毂结构上固有的特点须采用与其他风电设备不同的捆绑加固方法：

a. 机舱支架前、后、左、右各用一把 5t 手拉葫芦，一端固定在机舱底部支架上，另一端固定在车辆受力梁上同步受力捆绑加固，以防移动。轮毂按前面的方法类似加固。

b. 如有需要，在机舱罩上采用二道宽 10cm，重 10t 的尼龙捆绑带进行捆绑，受力不可太大，主要用于稳定机舱罩，防止产生晃动。

c. 装车前在弧度托梁上铺橡胶板，以增大摩擦力，保证设备免遭划伤。

d. 在运输车辆上标注设备装车参照线。

e. 设备装车时，各装车人员佩带手套。

f. 该设备装车必须使设备重心与平板车的中心对正，以保证装载平稳。如果设备与平板车的中心不对正，最大偏差不超过 50mm，左右支撑点负荷悬殊不能超过 10%。

g. 装车时，所有人员必须持证上岗，做好一切安全工作，不得出现任何安全隐患。

h. 装车完毕后，吊装司绳人员将起重索具撤离设备后方可组织运输公司专业起重人员进行捆绑。

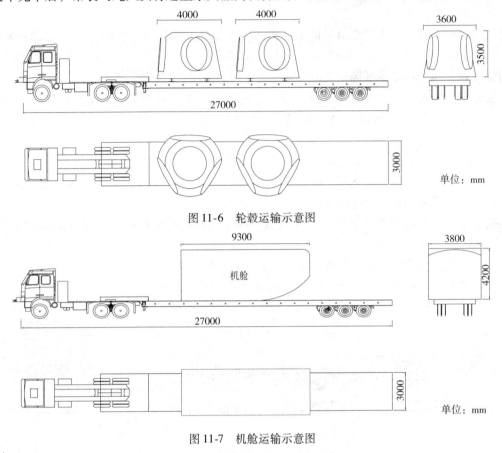

图 11-6　轮毂运输示意图

图 11-7　机舱运输示意图

11.3.5　项目物流过程控制

1. 物流合同交底

物流合同签订后，公司组织项目部人员进行物流合同交底，尤其是项目物流工作岗位的人员，要求理解和掌握物流合同各条款，确保货物到达项目现场不损坏、丢失和变质，对装卸、储存、运输、货物交接等各项物流工作进行监督和控制。

2. 项目物流状态报告

项目部要求物流分包单位定期编制项目物流状态报告，说明项目目前货物运输状态、存在的问题和下月计划，加强对物流工作的信息管理。

3. 关键物流工作流程控制

（1）出口单据筹划与缮制。

项目部协助物流分包商完成出口单据筹划与缮制工作，包括出口贸易方式的确认、确定货物出口申报归类、品名、海关税则号、货物出口定价等，确保项目设备出口过程中相关手续的顺利办理。

（2）货物生产地商检。

根据 2006 年 4 月 25 日中华人民共和国国家质量监督检验检疫总局与埃塞俄比亚联邦民主共和国贸易工业部在北京签署的《中华人民共和国国家质量监督检验检疫总局与埃塞俄比亚联邦民主共和国贸易工业部关于中国出口产品装运前检验合作协议》（以下简称"《中埃质检合作协议》"），要求各直属检验检疫局对出口埃塞俄比亚的产品实施装运前检验，检验的内容包括质量、数量、安全、卫生、环保项目检验、价格审核、监督装载和装箱等。每批次价值在 2000 美元以上的所有贸易性出口产品，都必须申办"装船前检验证书"，该证书作为在埃塞俄比亚办理进口清关手续的必备文件。

要获取装船前检验证书，必须凭货物生产地的商检局出具的"商检换证凭单"文件，由出口港口岸商检局官员对货物装船进行监装后予以签发。因此，项目项下所有货物在产地需要向当地商检局办理报检手续，获取"商检换证凭单"。

（3）货物集港。

货物出厂前，项目部派人并协调物流分包单位到供货工厂检查货物的包装是否符合远距离海运及陆运的要求，并对包装给予指导和验收，若包装不符合要求，及时协调供货厂家整改。对于由供货商直接送货到天津港的普通货物，在货物到达港口后，供货厂家与物流分包单位应完成货物交接，物流分包单位对包装有缺陷的设备应进行及时改正，保障货物包装满足运输的要求。

（4）出口报关报检。

货物集港完毕后，装船之前到天津港口岸出口检验检疫局办理"装船前检验证书"，对于法检产品，还需单独向口岸检验检疫局申请换领"出境货物通关单"。在向出口口岸海关办理出口报关手续时，需及时对海关提出的任何问题给予解释，直至海关通关放行。

（5）货物运输保险投保。

在货物集港完毕、装船之前，项目部向保险公司投保货物海陆联运运输保险。由于埃塞俄比亚法律规定必须由其本国的保险公司承保货物运输险，所以本项目项下的设备、材料的运输均向埃塞俄比亚保险公司投保。

（6）货物装船及海运。

海关通关放行后，即可开始货物的装船工作。在货物装船前，应协调船公司、船代公司、港口方、物流分包单位等确定船舶配载方案，并与船运公司就货物在码头的状况进行交验。特别是对于大件货物，货物上船后要加强绑扎和加固。

货物装船吊装作业过程中，项目部派人或货代公司人员在现场，及时跟踪记录装载过程中存在的问题并协调各方改进。同时委托第三方船检公司，对开船前的货物、装船、绑扎加固等环节的工作做详细的检验，出具第三方船检报告，作为海运货物保险索赔的依据。

（7）缮制进口单据。

开船后，项目部物流人员向承运的船公司申请签发海运提单，催促口岸检验检疫局签发装船前检验证书，向贸易促进委员会申请签发一般原产地证，同时缮制商业发票和装箱单。将这些文件确认并收集齐全后，发给项目现场负责清关的人员。

（8）目的港卸货及短倒。

在吉布提港口卸货时埃船负责从船上货物向物流分包商交货，物流分包单位负责安排车辆在船边接货并转运至港区海关监管堆场。货物装卸完毕后，由物流分包单位负责在吉布提办理转关手续，转关手续完成后即可启动从吉布提到埃塞俄比亚 ADAMA 风电场的内陆运输工作。

（9）埃塞俄比亚进口清关。

除由国内提交给埃塞俄比亚项目部办理清关用的提单、发票、装箱单、一般原产地证、装船前检验证书之外，在埃塞俄比亚当地还需准备清关代理委托书、货物运输保险单和海运费发票、EPC 合同原件、现场清关支持函、办理不支付外汇银行证明、免税进口许可等文件。为避免货物的多次倒运，减少物流成本，本项目采取现场清关方式，安排埃塞俄比亚海关官员到现场对货物进行检验和放行。本项目的埃塞俄比亚进口清关流程如图 11-8 所示。

（10）项目现场交接验货。

货物从吉布提港发出后，物流分包单位提前通知项目部货物预计到达现场的时间以及对卸货的要求，项目部协调相关单位做好堆场和卸货准备。货物运抵现场后，由项目部协调卸货时间及地点，并组织交货检验验收的工作，交货验收由项目部、安装分包商、物流分包商共同参与进行，对货物规格型

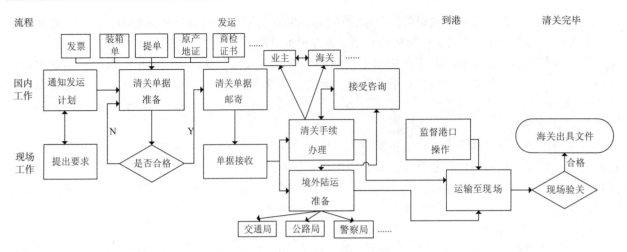

图 11-8　ADAMA 风电 EPC 总承包项目清关流程

号、数量、质量和包装等进行共同查验。验收完成后，由各参与方签署货物交接单。

4. 物流索赔控制

项目部物流负责人随时关注项目物流状态，如果发生索赔事件，及时组织相关人员收集索赔证据资料，编制索赔报告，发出索赔意向通知或索赔报告，积极争取最为有利的索赔结果，保障公司的合法利益。

11.3.6　总结与展望

国际工程 EPC 总承包项目物流是项目实施过程中的关键工作之一，物流工作的质量决定整个项目的工期和成本，项目经理必须给予重视，否则，物流工作做得不好所带来的负面影响往往在工程过半以后才显现出来，造成的损失无法弥补。ADAMA 风电 EPC 总承包物流实践表明国际工程物流容易产生的问题有以下几个方面。

包装问题：国际工程 EPC 项目的货物在整个物流环节中通常要经过工厂装车、国内港口卸车、倒运至仓库、出库、装车运输到船边、装船、目的港卸船并装车运至港口堆场、堆场卸车、堆场存放、堆场装车、内陆运输、现场卸车和现场倒运等环节，每件货物在物流过程中甚至要经过十余次的装卸，不合格的包装使得货物在这个过程中无法经受多次装卸的考验，造成货物损坏。

货物的尺寸和重量描述不准确：如果供货商所提供的清单对货物毛重、包装尺寸描述与实际不符，甚至清单、唛头和实物三者各异，就会给订舱和港口吊装工作带来麻烦。

交货不及时：如果供应商未按总承包商指定的时间将货物运抵港口，导致货物被甩，这不但影响现场施工进度，还要产生高额的亏舱费。

船期延误：由于港口泊位紧张、气候条件等因素导致船舶无法停泊，或者船舶未按计划时间抵达等原因造成的发货延误，货物在港口超过免费堆存期而产生堆存费。

商品归类不准确所造成的问题：由于单证操作人员对商品归类的规则掌握不够和对商品性能不了解产生归类错误，从而造成少征进口关税，多获取出口退税，逃避监管证件等情形，根据情节产生的直接后果是扣货、罚款、没收违法所得、降低企业等级、甚至触犯刑法构成走私罪，间接后果是增加物流成本、影响施工进度、引起业主索赔和丢失市场等。

通关受阻：实际发货与申报不符，出现误报、漏报现象，甚至货物中夹带其他物品，无论在国内出境还是在目的港入境，一旦被海关发现都会延误通关。总承包商被罚款，甚至货物被没收，并且引起海关对企业的注意，使得后续运输的查验率提高。此外，海关的工作人员对货物性能不了解，往往也会对总包商的某些退税率高的设备商品归类提出质疑，尽管总包商向海关提供了技术文件并作出解释，但仍然被怀疑有骗税嫌疑,甚至被提交到缉私部门。而缉私部门对事件的处理通常是,如果总承包商承认归类错误,不上诉,则向海关说明情况,并提交放货申请,缴纳与退税额相当的抵押金,海关放货,总承包商等待海关对企业的处罚;如果承包商坚持认为原来的归类无误,则货物暂扣,承包商上诉到商品归类中心重新归类,如果重新归类与原归类不符,则企业被认定骗税,将受到更加严厉的惩罚。如果重新归类与原归类相符,则对企业无任何处罚,货物可放行,但是这个过程需要较长的时间,势必会影响发货和项目进度。

临时出口的施工机械回运问题:临时出口的施工机械在出口时没有在海关备案,入境时无法通关,或者同一票出口的施工机械没有同时回运,而是分批回运,或者回运时包装的规格、数量与出境时不符,都无法通关。

保险索赔困难:货物一旦出现问题,保险公司需要总承包商提交很多证明资料的原件方能理赔,而这些资料要由供货商和物流承包商参与物流工作的各个流程所涉及的部门如船运公司、港口、内陆运输公司等来提供;有些资料如目的港卸货时的理货单、卸货报告、重量证书等,如果目的港不提供将影响索赔。

运输损坏造成货物报废:货物一旦在运输中被损坏,会影响设备的性能,甚至报废。从国内重新采购不但增加采购成本,而且对项目工期产生难以估量的影响。

运输文件管理不善:运输文件是运输付款、索赔、施工机械和试验设备回运以及解决其他可能出现的项目纠纷的可靠依据,需要经常查阅,一旦丢失将产生严重后果。

为了防止上述问题的出现,必须在以下几个方面加强物流管理工作。

(1)提高物流团队的整体素质。

要有一支作风严谨、经验丰富、不怕吃苦、精益求精的团队承担这项工作。这里要特别强调的是物流经理的作用,因为国际工程 EPC 总承包项目物流工作各个环节稍有疏忽就会产生高额费用,商品归类是否正确影响退税和能否顺利通关,项目部负责物流的经理要对物流的各个环节进行严格把关,审核运输单证,及时发现问题。一名合格的物流经理,应该对所做的项目具有较丰富的经验,了解施工计划,便于合理地、有计划地组织运输。另外,物流经理还要具备较丰富的专业知识,因为海外项目的物流工作不是单纯的运输,而是集物流、国际贸易、工程项目等专业于一体的工作,要熟悉产品的性能,这样便于组织物流分包商报关。物流分包商的单证操作人员和报关员如果不具备专业知识,单纯从字面上对设备进行理解和判断,有时会产生歧义,从而在商品归类时出现错误,造成退税损失和增加不必要的单证,因此对于厂家提供的设备名称要根据该设备的功能和结构来准确区分是否需要商检。如果物流经理在审核单证中发现不了这些问题,本来不需要商检的货物就要办商检,不仅增加费用,还要延误发货和减少退税。

(2)做好项目物流的风险防范和成本预算。

物流工作要延伸到项目开拓。在项目预算中要准确地估算出运输成本、退税额等,并且在执行过程中向着既定的目标前进,有利于控制成本,降低风险。因此,建议在项目跟踪阶段就要对项目运输的全程路线进行细致考察,收集相关信息,搞清楚物流过程中发生的各项费用。

(3)加强对物流分包商的考核。

一个合格的物流分包商,不仅能帮助总承包商按时发货、送货,也能在报关过程中,对货物正确归类,帮助总承包商多退税、少商检,快速通关。此外,物流分包商在海关和港口的声誉对物流工作也有很大作用,如果该分包商物流分包和报关在海关的信誉高,可以减少查验率,快速通关,如果在港口是VIP 客户,港口可以为总承包商在送货、卸车、仓储方面提供便利。因此,对物流分包商的考核非常重要。必须选择有相关项目经验、业绩突出、有实力、未出现过违法事件、未出现过重大责任事故、对总承包项目的设备和物资熟悉的物流商承担项目的物流工作。

(4)加强货物的出厂包装检查和港口装卸的监督。

总承包商安排专人或者有资格的监理公司常驻设备制造厂家负责设备催交,指导厂家严格按照项目部制定的《包装储运规定》包装，尤其注意核实货物包装箱充满度是否达到 90%，对于捆扎的货物是否整齐合理以使体积最小、净重、毛重、包装尺寸与箱件清单和唛头上标注的是否统一，商品标志、起吊点、重心是否标志齐全，这些都检查无误后方可放行。总承包商在港口也要安排专人负责货物转运的协调和监督工作，一旦发现包装或者货物损坏，要分清责任，协调解决处理。检查设备的配箱是否合理，是否按照体积、重量的不同合理搭配，以减少运输成本。监督打尺是否准确，还要处理在港口可能出现的纠纷。

（5）加强文件管理。

物流工作实际上就是一项文件工作，最终会积累大量的文件和单证。这些文件、单证随时需要查询。装箱单、箱件清单、厂家发货清单、发货起运通知和接货记录单是提交国外业主商务单证的重要组成部分，是国内外装运、报关的必备文件，也是设备分包、运输、安装等各有关单位进行设备交接的重要依据，必须认真制作，保证质量，做到单单相符、单货相符、单证相符，准确无误。各批发运的箱单、报关单、发票、海运提单、保险单都要留存，以便在货物出险时作为索赔资料向保险公司提交。

总之，国际工程 EPC 总承包项目物流工作管理的好坏直接关系到项目的成本和工期，任何一个细节的疏忽都会产生不该发生的费用，影响工期。因此，物流工作要延伸到项目开拓阶段，并在执行过程中重视每一个环节，避免出现各类问题，确保项目的顺利进行。

第 12 章　组织项目管理成熟度模型——ADAMA 风电 EPC 总承包项目管理评价

随着经济发展与管理水平的提高，有关管理的评价正在引起人们的高度重视。对企业质量管理、企业实力和竞争力的评价，对资产（有形资产和无形资产）、人才、知识管理等的评价，正在广泛应用和快速发展中。项目管理评价是指项目管理的价值主体以其自身价值准则对项目管理过程和结果的有效性进行判断的过程，有助于发现组织项目管理的不足与优点，提升组织的项目管理水平，同时通过第三方评价还可以提升社会对组织项目管理能力的认可度，因此做好项目管理评价关系着组织未来的发展。

水电顾问集团借助 OPM3 模型对 ADAMA 风电 EPC 总承包项目管理过程进行了评价，全面总结了境外风电 EPC 总承包项目管理经验和教训，对今后同类项目的决策提供了很好的借鉴，有助于持续改进组织现有的项目管理体系，提高企业项目管理人员的决策水平和管理水平，增强企业的综合实力。

12.1　OPM3 模型

12.1.1　OPM3 模型发展

OPM3 是 Organizational Project Management Maturity Model 的头字母缩写，它是美国项目管理协会全体成员开发的一个标准，其目的是为组织提供了一个测量、比较和改进项目管理能力的方法和工具。

1998 年美国项目管理学会开始启动 OPM3 计划，并期望其能作为标准模型投入市场竞争。John Schlichter 担任 OPM3 计划的主管，并在全球招募了来自 35 个不同国家（包括中国）、不同行业的 800 余位专业人员参与。经过 5 年的努力，OPM3 终于在 2003 年 12 月问世。OPM3 计划的成果包括：术语列表；结果，指那些能显示一个项目主导型组织以实施"成功"管理的结果，这些结果和组织的种种能力之间有确定的关系；意外变量，指一些重要的影响因素，比如说项目规模、技术的复杂性、公众的能见度等；组织项目管理成熟度模型的构成和梯级描述，包括指定的能力或能力组，例如基准的确定、满足顾客要求的组织安排等，也包括说明性材料，例如定义、首要的必备能力、实践范例等。

12.1.2　OPM3 基本概念

1. 组织项目管理

"组织项目管理"是指通过项目将知识、技能、工具和技术应用于组织和项目活动来达到组织目标。组织扩展了项目管理的范围，不仅包括单一项目的成功交付，还包括项目组合管理和项目投资组合管理。单个项目的管理可以认为是战术水平的，而组织项目管理上升到了战略高度，被视为组织的一项战略优势。

2. 成熟度模型

"成熟度模型"可以定义为描述如何提高或获得某些期待物（如能力）的过程的框架。"成熟度"一词指出能力必须随着时间持续提高，这样才能在竞争中不断地获取成功。"模式"是指一个过程中的变化、进步或步骤。OPM3 为组织提供了一个测量、比较、改进项目管理能力的方法和工具。美国 PMI

学会对 OPM3 的定义是："它是评估组织通过管理单个项目和组合项目来实施自己战略目标能力的一种方法，它还是帮助组织提高市场竞争力的工具。"

3. 组织项目管理成熟度模型

PMI 认为 OPM3 不仅是评估组织通过管理单个项目和项目组合来实施自己战略目标能力的方法，还是帮助组织提高市场竞争力的方法。OPM3 的目标是"帮助组织通过开发其能力，成功地、可靠地、按计划地选择并交付项目而实现其战略"。OPM3 为使用者提供了丰富的知识和自我评估的标准，用以确定组织的当前状态，并制订相应的改进计划。

12.1.3 OPM3 基本构成

1. OPM3 基本构成要素内容

OPM3 模型构成要素包括最佳实践、能力、结果和关键绩效指标（KPI），如图 12-1 所示，在 OPM3 模型中包括 151 个问题、557 种最佳实践、2019 种能力、2000 多个结果和 2000 多个 KPI。

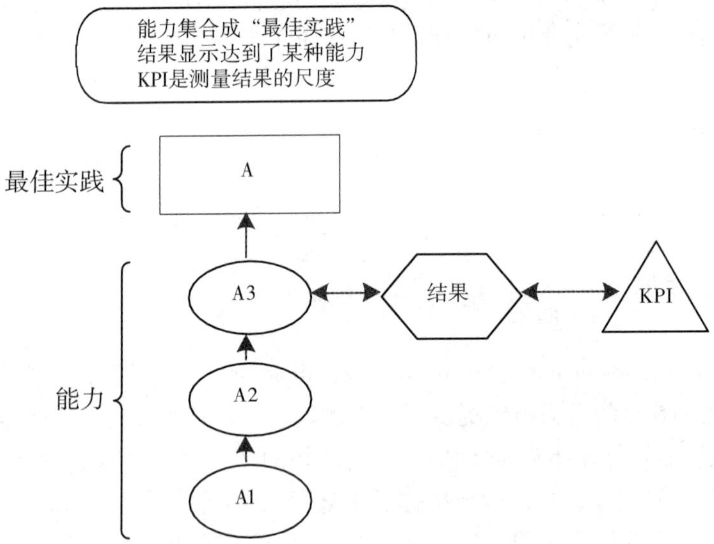

图 12-1 能力、结果和绩效指标

（1）最佳实践。

组织项目管理的一套最佳实践是目前被行业公认的、用于取得一定目标最为理想的方式。对于组织的项目管理而言，它包括始终如一地、准确地交接项目和成功完成组织战略目标的能力。

OPM3 模型有 557 种最佳实践，分为 SCMI 最佳实践和组织驱动力最佳实践。SMCI 最佳实践是成熟度等级层面的，分为标准级、测量级、控制级和改进级的最佳实践，共有 468 种；组织驱动力是结构、文化、技术和人力资源层面的最佳实践，共有 89 种。

1）SMCI 最佳实践。

SMCI 最佳实践的制定具有一定的规律性和标准化。通过分析发现在一个成熟度等级、一个项目管理版图和九大知识领域中 SMCI 最佳实践为 39 种，整个 OPM3 模型中 SMCI 最佳实践为 468 种。

2）组织驱动力最佳实践。

组织驱动力最佳实践反映组织管理层面的最佳实践，是对组织结构、文化、技术和人力资源的测评。它的制定不像 SMCI 那样具有一定的规律性和标准化，通过分析发现组织驱动力大部分都是标准级层面的最佳实践（共有 89 种），它主要是提高组织层面的管理能力，为项目过程管理提供基础和支持。

（2）能力。

能力是最佳实践的前提条件，或者说，能力集合成最佳实践，具备了某些能力集合就预示着对应的最佳实践可以实现。组织只有具备了相应的能力，才能够形成最佳实践，实现项目的各个目标能力本身具有高低之分，存在着一定的逻辑关系，能力的发展是循序渐进的。

（3）路径。

路径是识别能力整合成最佳实践的发展路径，包括一个最佳实践内部的和不同最佳实践之间的各种能力的相互关系。能力的发展沿着路径方向前进并最终形成最佳实践。路径的延伸表明项目具有较高的成熟度。

（4）结果。

结果是衡量项目组织是否具备能力的判断依据。特定的表现结果意味着组织存在或者达到了某种特定的能力。

（5）KPI。

KPI 是能测定每个成果的一个或多个主要绩效指标，是每项成果的测量手段。

PMI 的组织项目管理成熟度模型是由最佳实践、能力、结果和 KPI，以及一些描述性说明、指导手册、自我评估模板和组织项目管理过程的描述一起构成的。

2. OPM3 构成要素相互关系

（1）能力和最佳实践。

OPM3 模型中各种能力之间存在一定的相互依赖性，由于最佳实践的实现是依靠一定的能力组成或集成，因此这种依赖关系同样存在于各种最佳实践之间。这些互相依赖的关系如图 12-2 所示。

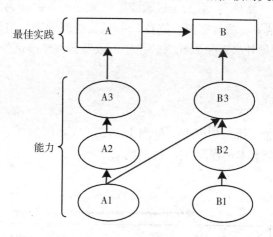

图 12-2　能力之间的关系

在图 12-2 中，最佳实践 B 与最佳实践 A 存在着相互依赖关系，那么最佳实践 B 中至少有一种能力与最佳实践 A 中的一种能力也同样存在着相互依赖的关系。最佳实践 B 本身依赖于能力 B3，而能力 B3 依赖于能力 B2、A1，能力 B2 又依赖于能力 B1。

依据最佳实践以及能力之间的各种依赖关系，组织可以了解到实现一定的最佳实践必须要完成什么和实现最佳实践的不同路径，以及找到需要改进的地方。项目管理组织应注重研究对项目管理过程中最佳实践以及能力之间的依赖关系，从而找出一条最佳的路径和改进内容，提高项目管控效率。

（2）能力、成果和关键绩效指标。

结果是衡量组织是否具备能力的判断依据，特定的表现结果意味着组织存在或者达到了某种特定的能力。以一个实例来说明：如果某一项目管理组织有一种"定期维护项目进度计划"的能力，那么结果表现就是存在一个更新的项目进度计划，如图 12-3 所示。关键绩效指标（KPI）是一种衡量标尺，用来衡量结果存在的程度，包括定性和定量两种。在所举的示例中，绩效指标就是要确定项目进度计划是否涵盖了项目的所有工作任务以及各工作任务之间关系的准确性与合理性，同时确定它是否被经常、定期地维护和更新，以满足所有项目干系人的需要。

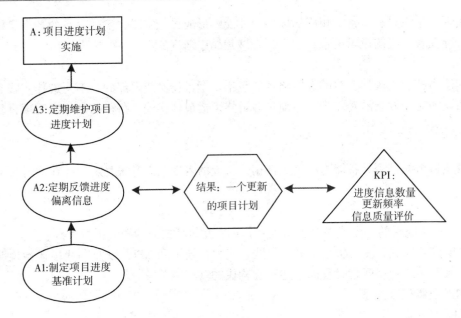

图 12-3 最佳实践、能力依赖关系图

简而言之，OPM3 模型为组织提供了一种了解组织现有能力和发现所需获得能力的工具，以及为组织找到获得所需能力的最佳"路径"。组织通过验证结果来证明各种能力的存在，也可以通过绩效指标来评估结果程度。"能力、结果、绩效指标、路径"一旦被组织确定，组织就会清楚地了解要实现某一个"最佳实践"时他们需要做什么，采取什么的路径，以及必须要改进的方面。

12.1.4 OPM3 结构

PMI 的 OPM3 模型是一个三维结构模型，见图 12-4，"成熟度的四个梯级"构成模型的第一维度，"项目管理的九个领域和五个基本过程"构成模型的第二维度，"组织项目管理的三个版图层次"构成模型的第三维度。

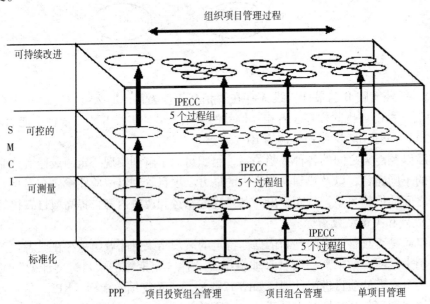

图 12-4 OPM3 模型结构图

1. 第一维度：成熟度的四个梯级

PMI 的 OPM3 模型将项目管理过程改进按照从最低级到最高级的顺序划分了四个梯级，如图 12-5 所示，依次是：标准化的（Standardizing）、可测量的（Measuring）、可控的（Controlling）、持续改进的（Continuously Improving）。根据成熟度的四个梯级，项目管理组织可以看出哪些最佳实践是影响组织项目管理成熟度的关键因素，项目管理组织处于哪一成熟度等级，如何进行项目管理能力的改进。

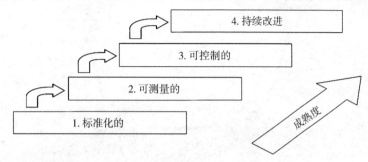

图 12-5　OPM3 模型的四个梯级

2. 第二维度：项目管理九个领域和五个基本过程

项目管理九个领域包括整体管理、范围管理、时间管理、费用管理、质量管理、人力资源管理、沟通管理、风险管理和采购管理。项目管理五个基本过程包括启动过程、计划过程、执行过程、控制过程和收尾过程。

3. 第三维度：组织项目管理的三个版图

组织项目管理的三个版图分别是单个项目管理、项目组合管理和项目投资组合管理。在组织项目管理的三个版图范畴中，融合了项目管理五个基本过程和九个领域，如图 12-6 所示。

（1）单项目管理：项目管理组织指把项目所涉及的各种系统、方案、人员和资源结合在一起，在规定的时间、预算和质量目标范围内，完成项目的各项工作。

（2）项目组合管理：项目管理组织通过对项目组合进行集中协调管理来实现项目群的战略利益和目标。

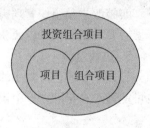

图 12-6　组织项目管理的
三个版图

（3）投资组合项目管理：投资组合管理是一个或多个投资组合的中心管理，项目管理组织通过集中管理一个或多个组合项目，包括对识别、优化、批准、管理和控制单个项目、项目群、组合项目和相关的工作管理，来实现具体的战略商业目标。

12.1.5　OPM3 模型评价过程

OPM3 模型的目的是为组织提供了一个测量、比较和改进项目管理能力的方法和工具。它不仅为那些想在项目管理成熟度方面有所改进的组织避免组织资源的浪费，而且提供了合理改进过程的指导方针。从一个广泛的意义上来讲，如图 12-7 所示，OPM3 模型评价过程包括以下步骤。

1. 评价准备

第一步是组织在运用 OPM3 模型进行评价之前应熟悉掌握模型的构成、基本原理、操作程序等内容，与此同时也应该了解组织评价的对象并做好相关资源配置，以便为评价做好充分准备，提高评价工作效率。

2. 实施评价

第二步是评价组织项目管理成熟度。组织将自己目前项目管理的特征和 OPM3 模型所描述的特征作比较，从而评价组织项目管理成熟度现状。在这种比较中，组织可以识别其自身目前在项目管理方面的

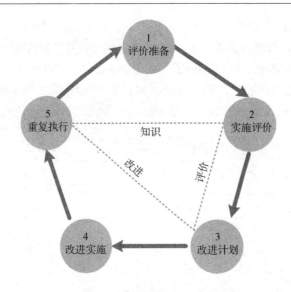

图 12-7　OPM3 模型的应用过程

强项和弱项，以及其在组织项目管理成熟度中所处的梯级。最常见的做法是与最佳实践的相关内容进行严格和详细的比对，以确定组织目前具备哪些能力，进而帮助组织就可能的改进和资源配置做出决定。

3. 改进计划

以上步骤的完成是组织制订改进计划的基础。那些未被观察到的结果反映了组织在某些能力方面的欠缺，应根据需要对这些结果和能力进行优先级排序。将这些信息同实现资源最优配置的最佳实践的选取结合起来，编制完成组织的改进计划。

4. 实施改进

实施改进是组织管理提升的关键步骤。一旦制订了改进计划，组织必须一步一步地落实贯彻下去，开展必要的组织活动以便获得组织所需的能力，提高组织项目管理成熟度梯级。

5. 过程重复

当完成了改进计划中的某些改进活动后，组织将对当前的组织项目管理成熟度现状进行重新评价，也可能针对在早期评价中识别的尚未完成的最佳实践开展工作。

12.2　基于 OPM3 的 ADAMA 风电 EPC 总承包项目管理评价

基于项目管理考核和企业项目管理体系的持续改进，企业项目管理能力提升等原因，水电顾问集团借鉴 OPM3 理论模型，构建境外风电建设项目管理能力评价体系模型，对 ADAMA 风电建设项目的实施过程进行综合评价，总结项目实施过程中成功的管理经验和知识，发现组织在项目管理过程中存在的不足和问题，然后制订并落实企业项目管理改进计划，促进项目管理能力的持续改进。

12.2.1　项目管理评价体系

1. 评价指标体系

评价指标体系是项目管理评估的基础。通过对 OPM3 理论模型研究，结合埃塞俄比亚 ADAMA 风电 EPC 总承包项目管理的特点，经过多位项目管理专家、公司领导、项目管理人员总结、分析后，确定了以项目管理组织、项目管理过程、项目管理领域（要素）、项目成果为关键指标的项目管理能力评价指标体系，具体见表 12-1。

表 12-1　ADAMA 风电 EPC 总承包项目管理能力评价指标体系

目标	关键指标	二级指标	三级指标
项目管理能力 A	项目组织 B_1	项目经理 B_{11}	组织结构设计和选择能力 B_{111}
			项目团队建设能力 B_{112}
			团队人员角色职责的定义能力 B_{113}
			团队绩效管理能力 B_{114}
			项目干系人管理能力 B_{115}
			沟通及解决冲突的能力 B_{116}
			组织协调应变能力 B_{117}
			项目总体分析能力 B_{118}
			项目关键点分析和控制能力 B_{119}
		项目团队 B_{12}	员工素质 B_{121}
			工作能力 B_{122}
			工作业绩 B_{123}
			工作态度 B_{124}
		相关单位的评价 B_{13}	对工作能力的反馈 B_{131}
			对品质的反馈 B_{132}
	项目管理过程 B_2	项目启动 B_{21}	项目交底 B_{211}
			项目合同生效手续办理 B_{212}
			项目目标界定 B_{213}
			项目执行方案编制 B_{214}
			项目执行方案审批 B_{215}
			项目经理的任命和团队组建 B_{216}
		项目计划 B_{22}	项目目标分解 B_{221}
			项目实施计划编制 B_{222}
			项目实施计划的审批 B_{223}
			项目专项计划编制、审批 B_{224}
		项目勘察设计 B_{23}	勘察设计管理计划 B_{231}
			勘察工作控制 B_{232}
			勘察成果审查 B_{233}
			设计工作控制 B_{234}
			设计成果审查 B_{235}
			设计现场服务 B_{236}
			设计的变更管理 B_{237}
			设计分包商评价 B_{238}
		项目采购 B_{24}	采购计划编制 B_{241}
			采购计划审批 B_{242}
			采购供应商选择 B_{243}
			招议标过程控制 B_{244}
			采购进度、质量、费用控制 B_{245}
			设备、材料供应商评价 B_{246}
		项目施工 B_{25}	施工目标分解 B_{251}
			施工组织设计编制 B_{252}
			施工组织设计审查 B_{253}
			施工实施过程监控 B_{254}
			施工阶段验收 B_{255}
			施工过程中变更 B_{256}
			施工分包商评价 B_{257}

（续）

目标	关键指标	二级指标	三级指标
项目管理能力 A	项目管理过程 B₂	项目调试与试运行 B₂₆	调试与试运行管理计划 B_{261}
			调试与试运行管理方案 B_{262}
			设备调试 B_{263}
			试运行准备 B_{264}
			试运行过程控制 B_{265}
			试运行总结报告 B_{266}
		项目竣工验收及交付 B₂₇	单项工程竣工验收 B_{271}
			初步验收 B_{272}
			正式竣工验收 B_{273}
			项目移交 B_{274}
			项目收尾过程控制 B_{275}
	项目管理领域 B₃	项目范围管理 B₃₁	项目范围的界定能力 B_{311}
			项目分解能力 B_{312}
			项目技术要求及性能的定义能力 B_{313}
			项目范围变更控制的能力 B_{314}
		项目合同管理 B₃₂	合同签订 B_{321}
			招投标程序 B_{322}
			报批程序 B_{323}
			合同价款支付 B_{324}
		项目进度管理 B₃₃	进度计划编制 B_{331}
			进度报表报送和统计情况 B_{332}
			对施工承包商进度统计资料审查情况 $_{333}$
			施工进度计划报送和调整 B_{334}
			进度计划分析报告 B_{335}
			进度管理措施 B_{336}
		项目质量管理 B₃₄	质量计划 B_{341}
			质量事故 B_{342}
			质量控制 B_{343}
			质量管理制度 B_{344}
		项目 HSE 管理 B₃₅	HSE 管理组织 B_{351}
			HSE 管理体系 B_{352}
			HSE 管理过程 B_{353}
		项目成本管理 B₃₆	资源计划 B_{361}
			费用预算 B_{362}
			财务能力 B_{363}
			成本控制 B_{364}
		项目风险管理 B₃₇	风险管理规划的能力 B_{371}
			风险识别能力 B_{372}
			风险评估及分析能力 B_{373}
			风险应对方案的制定水平 B_{374}
		项目信息沟通管理 B₃₈	文档管理 B_{381}
			信息管理 B_{382}
			沟通设施 B_{383}
			分包商的协调能力 B_{384}
		人力资源管理 B₃₉	项目经理综合素质 B_{391}
			职能安排合理性 B_{392}
			激励制度 B_{393}
			培训制度 B_{394}

（续）

目标	关键指标	二级指标	三级指标
项目管理能力 A	项目管理领域 B$_3$	项目财务管理 B$_{3-10}$①	项目资金计划 B$_{3-10-1}$
			项目资金控制 B$_{3-10-2}$
			项目税务管理 B$_{3-10-3}$
		项目文化管理 B$_{3-11}$①	项目文化建设 B$_{3-11-1}$
			项目文化宣传 B$_{3-11-2}$
		项目综合管理 B$_{3-12}$①	项目营地管理 B$_{3-12-1}$
			项目后勤支持 B$_{3-12-2}$
			项目外事管理 B$_{3-12-3}$
	项目成果 B$_4$	客户成果 B$_{41}$	客户的反馈意见 B$_{411}$
			项目经理和团队的竞争力 B$_{412}$
			识别的客户利益和需求 B$_{413}$
			客户是否通过此项目获奖 B$_{414}$
			客户的忠诚度是否得以提高 B$_{415}$
		人员成果 B$_{42}$	项目成员是否完成自身的利益和需求 B$_{421}$
			成员对项目的满意度 B$_{422}$
			成员对项目的忠诚度 B$_{423}$
		其他参与方成果 B$_{43}$	其他相关方对项目的满意度 B$_{431}$
			信息沟通管理是否有效 B$_{432}$
			合约的履行状况 B$_{433}$
		关键绩效和项目成果 B$_{44}$	项目完成预期目标的情况 B$_{441}$
			项目完成额外成果的情况 B$_{442}$

① 为免与二级指标 B$_{31}$ 的三级指标 B$_{311}$、B$_{312}$ 等混淆，这里以 B$_{3-10}$、B$_{3-11}$、B$_{3-12}$ 表示二级指标，其后的三级指标使用同样格式。

2. 评价指标体系权重的确定

为了科学地对 ADAMA 风电 EPC 总承包项目进行项目管理评价，水电顾问集团利用专家判断法，组织项目管理专家、公司领导、项目管理人员对项目管理评价指标给出了不同的权重，如表 12-2 所示。

表 12-2 评价指标体系权重明细表

目标	关键指标	权重	二级指标	权重	三级指标	权重
项目管理能力 A	项目组织 B$_1$	0.15	项目经理 B$_{11}$	0.55	组织结构设计和选择能力 B$_{111}$	0.10
					项目团队建设能力 B$_{112}$	0.10
					团队人员角色职责的定义能力 B$_{113}$	0.12
					团队绩效管理能力 B$_{114}$	0.13
					项目干系人管理能力 B$_{115}$	0.12
					沟通及解决冲突的能力 B$_{116}$	0.13
					组织协调应变能力 B$_{117}$	0.12
					项目总体分析能力 B$_{118}$	0.10
					项目关键点分析和控制能力 B$_{119}$	0.08
			项目团队 B$_{12}$	0.30	员工素质 B$_{121}$	0.15
					工作能力 B$_{122}$	0.20
					工作业绩 B$_{123}$	0.40
					工作态度 B$_{124}$	0.25
			相关单位的评价 B$_{13}$	0.15	对工作能力的反馈 B$_{131}$	0.25
					对品质的反馈 B$_{132}$	0.75

（续）

目标	关键指标	权重	二级指标	权重	三级指标	权重
项目管理能力 A	项目管理过程 B₂	0.35	项目启动 B_{21}	0.15	项目交底 B_{211}	0.05
					项目合同生效手续办理 B_{212}	0.15
					项目目标界定 B_{213}	0.11
					项目执行方案编制 B_{214}	0.25
					项目执行方案审批 B_{215}	0.05
					项目经理的任命和团队组建 B_{216}	0.30
			项目计划 B_{22}	0.18	项目目标分解 B_{221}	0.30
					项目实施计划编制 B_{222}	0.40
					项目实施计划的审批 B_{223}	0.05
					项目专项计划编制、审批 B_{224}	0.25
			项目勘察设计 B_{23}	0.16	勘察设计管理计划 B_{231}	0.20
					勘察工作控制 B_{232}	0.10
					勘察成果审查 B_{233}	0.05
					设计工作控制 B_{234}	0.25
					设计成果审查 B_{235}	0.05
					设计现场服务 B_{236}	0.10
					设计的变更管理 B_{237}	0.15
					设计分包商评价 B_{238}	0.10
			项目采购 B_{24}	0.14	采购计划编制 B_{241}	0.20
					采购计划审批 B_{242}	0.05
					采购供应商选择 B_{243}	0.15
					招议标过程控制 B_{244}	0.15
					采购进度、质量、费用控制 B_{245}	0.35
					设备、材料供应商评价 B_{246}	0.10
			项目施工 B_{25}	0.12	施工目标分解 B_{251}	0.05
					施工组织设计编制 B_{252}	0.20
					施工组织设计审查 B_{253}	0.10
					施工实施过程监控 B_{254}	0.30
					施工阶段验收 B_{255}	0.10
					施工过程中变更 B_{256}	0.15
					施工分包商评价 B_{257}	0.10
			项目调试与试运行 B_{26}	0.10	调试与试运行管理计划 B_{261}	0.20
					调试与试运行管理方案 B_{262}	0.15
					设备调试 B_{263}	0.15
					试运行准备 B_{264}	0.12
					试运行过程控制 B_{265}	0.28
					试运行总结报告 B_{266}	0.10
			项目竣工验收及交付 B_{27}	0.15	单项工程竣工验收 B_{271}	0.15
					初步验收 B_{272}	0.20
					正式竣工验收 B_{273}	0.25
					项目移交 B_{274}	0.10
					项目收尾过程控制 B_{275}	0.30

（续）

目标	关键指标	权重	二级指标	权重	三级指标	权重
项目管理能力 A	项目管理领域 B_3	0.20	项目范围管理 B_{31}	0.08	项目范围的界定能力 B_{311}	0.10
					项目分解能力 B_{312}	0.35
					项目技术要求及性能的定义能力 B_{313}	0.20
					项目范围变更控制的能力 B_{314}	0.35
			项目合同管理 B_{32}	0.08	合同签订 B_{321}	0.25
					招投标程序 B_{322}	0.20
					报批程序 B_{323}	0.20
					合同价款支付 B_{324}	0.35
			项目进度管理 B_{33}	0.10	进度计划编制 B_{331}	0.10
					进度报表报送和统计情况 B_{332}	0.15
					对施工承包商进度统计资料审查情况$_{333}$	0.15
					施工进度计划报送和调整 B_{334}	0.20
					进度计划分析报告 B_{335}	0.30
					进度管理措施 B_{336}	0.10
			项目质量管理 B_{34}	0.10	质量计划 B_{341}	0.20
					质量事故 B_{342}	0.30
					质量控制 B_{343}	0.40
					质量管理制度 B_{344}	0.10
			项目 HSE 管理 B_{35}	0.10	HSE 管理组织 B_{351}	0.25
					HSE 管理体系 B_{352}	0.40
					HSE 管理过程 B_{353}	0.35
			项目成本管理 B_{36}	0.10	资源计划 B_{361}	0.20
					费用预算 B_{362}	0.20
					财务能力 B_{363}	0.20
					成本控制 B_{364}	0.40
			项目风险管理 B_{37}	0.08	风险管理规划的能力 B_{371}	0.20
					风险识别能力 B_{372}	0.15
					风险评估及分析能力 B_{373}	0.40
					风险应对方案的制定水平 B_{374}	0.25
			项目信息沟通管理 B_{38}	0.09	文档管理 B_{381}	0.30
					信息管理 B_{382}	0.20
					沟通设施 B_{383}	0.20
					分包商的协调能力 B_{384}	0.30
			人力资源管理 B_{39}	0.09	项目人员综合素质 B_{391}	0.30
					职能安排合理性 B_{392}	0.30
					激励制度 B_{393}	0.20
					培训制度 B_{394}	0.20
			项目财务管理 $B_{3\text{-}10}$①	0.08	项目资金计划 $B_{3\text{-}10\text{-}1}$	0.20
					项目资金控制 $B_{3\text{-}10\text{-}2}$	0.30
					项目税务管理 $B_{3\text{-}10\text{-}3}$	0.30
			项目文化管理 $B_{3\text{-}11}$①	0.05	项目文化建设 $B_{3\text{-}11\text{-}1}$	0.50
					项目文化宣传 $B_{3\text{-}11\text{-}2}$	0.50
			项目综合管理 $B_{3\text{-}12}$①	0.05	项目营地管理 $B_{3\text{-}12\text{-}1}$	0.30
					项目后勤支持 $B_{3\text{-}12\text{-}2}$	0.45
					项目外事管理 $B_{3\text{-}12\text{-}3}$	0.25

① 为免与二级指标 B_{31} 的三级指标 B_{311}、B_{312} 等混淆，这里以 $B_{3\text{-}10}$、$B_{3\text{-}11}$、$B_{3\text{-}12}$ 表示二级指标，其后的三级指标使用同样格式。

（续）

目标	关键指标	权重	二级指标	权重	三级指标	权重
项目管理能力 A	项目管理领域 B_4	0.30	客户成果 B_{41}	0.35	客户的反馈意见 B_{411}	0.20
					项目经理和团队的竞争力 B_{412}	0.12
					识别的客户利益和需求 B_{413}	0.13
					客户是否通过此项目获奖 B_{414}	0.10
					客户的忠诚度是否得以提高 B_{415}	0.45
			人员成果 B_{42}	0.20	项目成员是否完成自身的利益和需求 B_{421}	0.35
					成员对项目的满意度 B_{422}	0.25
					成员对项目的忠诚度 B_{423}	0.40
			其他参与方成果 B_{43}	0.10	其他相关方对项目的满意度 B_{431}	0.28
					信息沟通管理是否有效 B_{432}	0.22
					合约的履行状况 B_{433}	0.50
			关键绩效和项目成果 B_{44}	0.35	项目完成预期目标的情况 B_{441}	0.75
					项目完成额外成果的情况 B_{442}	0.25

12.2.2 项目评价流程

水电顾问集团根据自身管理的特点，按照图 12-8 的流程开展了 ADAMA 风电 EPC 总承包项目管理评价。

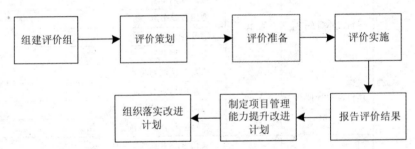

图 12-8　ADAMA 风电 EPC 总承包项目管理评价流程

1. 组建评价组

（1）评价组综合素质。

评价组是进行项目管理评价的主体。因此，评价组的建立要考虑评价成员的知识、技能和能力。ADAMA 风电 EPC 总承包项目评价组建立时，规定评价成员必须满足以下条件：

1）知识标准：熟悉国际工程项目管理基础知识，熟悉国际风电工程项目实施过程及实施细节要求。

2）经验标准：工程项目管理工作 8 年以上经验，国际工程项目 4 年以上经验，直接负责或参与风电工程项目 5 个以上。

3）能力标准：必须具有良好的评估和会话技能、流畅处理信息的能力，以及作为评估组成员进行谈判取得共识的能力；每个评价员须取得高层管理者的信任和企业内部的尊重，并能影响他人。

（2）评价成员选择。

评价成员的选择应遵循以下原则：可以由项目管理组织内部、项目参与单位或从咨询机构聘请的有经验的项目管理专家构成；评价组规模建议 8 人（不少于 4 人，不多于 10 人）；至少 1 名评价员应来自被评价的组织；评价成员应接受一定时间的评价培训。

ADAMA 风电 EPC 总承包项目评估组共 6 位专家成员，包括水电顾问集团 1 名专家、中地海外建设集团有限公司 1 名专家、水电顾问集团国际公司 2 名专家、咨询公司 2 名专家。

（3）评价组架构。

评价组设定一定的工作架构及职责分工，确保评价顺利进行。ADAMA 风电 EPC 总承包项目评价组架构如下：

1）评估组组长（水电顾问集团）。

2）副组长（中地海外建设集团有限公司）。

3）评价专家（6 人，包括组长和副组长）。

4）评价工作人员（10 名，协助评估专家工作）。

2. 评估策划

（1）确定、完善评价要素和评价准则。

根据项目管理评价的相关要求，结合项目管理评价的基本方法，以 OPM3 模型为基准，建立完善项目管理能力评价模型，明确评价要素和评价准则，对各要素评价要求进行细化描述，并结合项目管理实践产生的新成果和认识对评价要素和评价准则进行完善。

ADAMA 风电 EPC 总承包项目管理能力被划分为四个等级，即标准的、可测量的、可控制的、持续改进的。因此，每一个指标评价标准的制定都将按此划分，并且指标分值的划分按照标准的（0 ~ 30 分）、可测量的（30 ~ 60 分）、可控制的（60 ~ 80 分）、持续改进的（80 ~ 100 分）四个等级，如表 12-3 所示。

表 12-3　ADAMA 风电 EPC 总承包项目评价指标体系评价标准（部分）

二级指标	三级指标	成熟度等级			
		标准的（0 ~ 30 分）	可测量的（30 ~ 60 分）	可控制的（60 ~ 80 分）	持续改进的（80 ~ 100 分）
项目范围管理 B_{31}	项目范围的界定能力 B_{311}	项目范围界定能力一般	项目范围界定能力较强	项目范围界定能力很强	能力特强，且不断改进
	项目分解能力 B_{312}	项目分解能力一般	项目分解能力较强	项目分解能力很强	能力特强，且不断改进
	项目技术要求及性能的定义能力 B_{313}	项目技术要求及性能的定义能力一般	项目技术要求及性能的定义能力较强	项目技术要求及性能的定义能力很强	能力特强，且不断改进
	项目范围变更控制的能力 B_{314}	项目范围变更控制的能力一般	项目范围变更控制的能力较强	项目范围变更控制的能力很强	能力特强，且不断改进
项目合同管理 B_{32}	合同签订 B_{321}	管理较为规范	有明确的管理程序，但执行力度不够	有明确的管理程序，并执行	有明确的管理程序，并严格执行
	招投标程序 B_{322}	管理较为规范	有明确的管理程序，但执行力度不够	有明确的管理程序，并执行	有明确的管理程序，并严格执行
	报批程序 B_{323}	管理较为规范	有明确的管理程序，但执行力度不够	有明确的管理程序，并执行	有明确的管理程序，并严格执行
	合同价款支付 B_{324}	管理较为规范	有明确的管理程序，但执行力度不够	有明确的管理程序，并执行	有明确的管理程序，并严格执行

（续）

二级 指标	三级指标	成熟度等级			
		标准的（0~30分）	可测量的（30~60分）	可控制的（60~80分）	持续改进的（80~100分）
项目 进度 管理 B_{33}	进度计划编制 B_{331}	编制内容较为规范	有明确的编制和修改要求，但执行力度不够	有明确的编制和修改要求，并执行	有明确的编制和修改要求，并严格执行
	进度报表报送和统计情况 B_{332}	制定监控措施	有明确的监控机制，但执行力度不够	有明确的监控机制，并执行	有明确的监控机制，并严格执行
	对施工承包商进度统计资料审查情况 B_{333}	审查较为规范	有明确的审查流程，但执行力度不够	有明确的审查流程，并执行	有明确的审查流程，并严格执行
	施工进度计划报送和调整 B_{334}	制定监控措施	有明确的监控机制，但执行力度不够	有明确的监控机制，并执行	有明确的监控机制，并严格执行
	进度计划分析报告 B_{335}	编制内容较为规范	有明确的编制和修改要求，但执行力度不够	有明确的编制和修改要求，并执行	有明确的编制和修改要求，并严格执行
	进度管理措施 B_{336}	制定监控方法	有明确的监控机制，但执行力度不够	有明确的监控机制，并执行	有明确的监控机制，并严格执行

（2）制订评价计划。

在项目管理评价之前，ADAMA 风电 EPC 总承包项目评价组制订了项目评价计划。评价计划明确了评价组的组成人员及职责，评估工作目的，评估的主要内容、依据、标准，评估时间，以及其他相关要求。

3. 评价准备

（1）评价培训。

在项目管理评价之前，评价组组长组织评价组成员进行评价培训或交底，确保每个评价组成员了解评价过程、评价的基本原则、必须执行的任务，以及在执行这些任务时每个评价员所担当的角色。

（2）问卷准备。

项目评价组制定了项目评价指标评分表，由评价对象进行自评，了解评价对象对项目管理情况和能力的自我认识。

（3）项目评价资料准备。

项目管理资料是项目评价的重点，是全面了解和总结项目管理经验的基础。为了保证项目评价的顺利进行，ADAMA 风电 EPC 总承包项目部各相关责任人对不同评价要素材料进行整理，注重客观证据的采集和汇总。

4. 评价实施

（1）资料文档审查。

项目评价组通过对项目部提供的各类管理文档资料进行审查，根据管理标准或管理制度要求，判断项目管理过程是否规范、科学。

（2）访谈。

项目评价组通过访谈项目经理、项目成员、分包单位、监理、业主，全面了解 ADAMA 风电 EPC 总

— 190 —

承包项目管理情况，以便科学评价管理能力。

（3）问卷分析。

项目评价组通过发放评估表，收集评价对象对项目管理的自我评价以及提出的相关建议要求，分析项目管理具体情况。

（4）打分。

项目评价组成员就调查了解的情况给相关单位的项目管理能力进行打分，填写评分表时也要遵循互不干涉原则独立完成，由评价组组长监督进行。

（5）综合评价。

项目评价组根据评价成员的打分结果，利用模糊综合评价法，综合计算得出相关单位的项目管理能力等级，并画出项目管理成熟度模型示意图。

5. 评价结果

项目评价组组长组织评价组成员编制项目评价报告，报告内容包括：评估收集的数据；项目部项目管理能力等级；各关键要素层的满足情况；项目部在项目管理中的优势与弱势；项目管理需要改进的方面。

6. 制订并落实改进计划

水电顾问集团根据评估报告，针对评估中发现的问题和不足以及评估组提出的改进意见与建议，研究制订企业项目管理改进方案和工作计划，逐步组织责任单位落实实施，不断提升企业项目管理的能力。

12. 2. 3　项目评价方法

ADAMA 风电 EPC 总承包项目管理评价选择模糊综合评价法作为项目管理能力综合评价方法。模糊综合评价法包括以下几个步骤。

1. 建立因素集

设有 n 种因素构成的因素集，通常用 U 表示

$$U = \{u_1, u_2, \cdots, u_n\}$$

式中，元素 u_i（$i = 1, 2, \cdots, n$）代表各影响因素，这些因素通常具有不同程度的模糊性。

2. 确定各个指标权重

一般地，各因素对所评价对象的影响是不一致的。为了反映各因素的重要程度，对各元素 u_i（$i = 1, 2, \cdots, n$）应赋予相应的权数 a_i（$i = 1, 2, \cdots, n$），故因素的权重分配可视为 U 上的模糊集，记为

$$A = \{a_1, a_2, \cdots, a_n\} \in F(U)$$

式中，a_i 是各元素 u_i 的权重，它们满足归一化条件：$\sum_{i=1}^{n} a_i = 1$。

3. 建立评价标准指标，作为评价打分的依据，确定评价集

评价集是由评判者对评判对象可能的各种结果所组成的集合。设由 m 种决断所构成的评判集通常用 V 表示

$$V = \{v_1, v_2, \cdots, v_m\}$$

式中，各元素 v_j（$j = 1, 2, \cdots, m$）代表各个可能的评判结果。模糊综合评价的目的就是在综合考虑所有影响因素后，从评价集中得出最佳的评判结果。

4. 单因素模糊评价

所谓单因素模糊评价是指单从一个因素出发进行评判，以确定评判对象对评价集元素的隶属程度。单因素模糊集实际上可视为因素集 U 和评价集 V 之间的一种模糊关系，因此可以将单因素评价综合成评

价矩阵 R，表示为

$$R = [r_{ij}] = \begin{bmatrix} r_{11} & r_{12} & \cdots & r_{1n} \\ r_{21} & r_{22} & \cdots & r_{2n} \\ \vdots & \vdots & \vdots & \vdots \\ r_{n1} & r_{n2} & \cdots & r_{nn} \end{bmatrix}$$

式中，r_{ij} 是 u_i 和 v_i 之间的隶属关系。

5. 多因素模糊评价

单因素模糊评价，仅反映了一个因素对评判对象的影响，这显然是不够的。在进行决策时要综合考虑所有因素的影响，得出正确的判断结果，这就是多因素模糊综合判断。因此综合后的评判可以看作 V 上的模糊集，记为

$$B = \{b_1, b_2, \cdots, b_n\} \in F(V)$$

式中，b_i 是第 i 个决断在评判总体 V 中所占的地位。

假定有一个 U 和 V 之间的模糊关系为 $R = (r_{ij})_{nm}$，并且有权重分配 $A = \{a_1, a_2, \cdots, a_n\} \in F(U)$，则多因素模糊综合评价可表示为

$$B = A \cdot R = \{b_1, b_2, \cdots, b_n\} = \{a_1, a_2, \cdots, a_n\} \cdot \begin{bmatrix} r_{11} & r_{12} & \cdots & r_{1m} \\ r_{21} & r_{22} & \cdots & r_{2m} \\ \vdots & \vdots & \vdots & \vdots \\ r_{n1} & r_{n2} & \cdots & r_{nm} \end{bmatrix}$$

6. 多层次模糊评价

当因素很多时，可以把因素集按照某些属性分成几类。即每一单一因素评价是低一层次的多因素的综合结果。由此对于管道工程项目可以构造多层次模糊综合评价模型。多层次模糊综合评价步骤如下：

（1）将因素集 $U = \{u_1, u_2, \cdots, u_n\}$ 按属性分成 s 个子集

$$U = \{u_{i1}, u_{i2}, \cdots, u_{im}\}, \quad i = 1, 2, \cdots, s$$

（2）对每一个子集 U_i，分别作综合评价。

设有评价集 $V = \{v_1, v_2, \cdots, v_m\}$，$U_i$ 中各因素集的权重 $A_i = \{a_{i1}, a_{i2}, \cdots, a_{im}\}$，则得到一级模糊综合评判

$$B_i = A_i \cdot R = \{b_{i1}, b_{i2}, \cdots, b_{in}\}, \quad i = 1, 2, \cdots, s$$

（3）将每个 U_i 视为一个元素，记为 $U = \{u_1, u_2, \cdots, u_s\}$，其评价矩阵为

$$R = \begin{bmatrix} B_1 \\ B_2 \\ \vdots \\ B_s \end{bmatrix} = \begin{bmatrix} b_{11} & b_{12} & \cdots & b_{1m} \\ b_{21} & b_{22} & \cdots & b_{2m} \\ \vdots & \vdots & \vdots & \vdots \\ b_{s1} & b_{s2} & \cdots & b_{sm} \end{bmatrix}$$

其权重分配为 $A = \{a_1, a_2, \cdots, a_n\} \in F(U)$，于是得到二级模糊综合评价

$$B = A \cdot R = \{b_1, b_2, \cdots, b_m\}$$

同理，可以继续计算形成三级、四级模糊综合评价。

12.2.4 项目评价结果

1. 指标评分结果

项目评价组 6 位专家根据调查的情况给相关单位的项目管理能力打分，结果见表 12-4。

表 12-4　ADAMA 风电 EPC 总承包项目管理能力评价打分结果（部分）

关键因素	二级指标	三级指标	评价专家 1	评价专家 2	评价专家 3	评价专家 4	评价专家 5	评价专家 6
项目组织 B_1	项目经理 B_{11}	组织结构设计和选择能力 B_{111}	75	78	82	81	74	80
		项目团队建设能力 B_{112}	68	70	55	65	70	71
		团队人员角色职责的定义能力 B_{113}	75	68	65	70	74	65
		团队绩效管理能力 B_{114}	65	57	68	55	54	55
		项目干系人管理能力 B_{115}	70	75	65	59	70	72
		沟通及解决冲突的能力 B_{116}	65	62	57	55	67	75
		组织协调应变能力 B_{117}	68	70	65	58	69	74
		项目总体分析能力 B_{118}	72	67	65	70	73	76
		项目关键点分析和控制能力 B_{118}	70	65	58	72	76	71
	项目团队 B_{12}	员工素质 B_{121}	85	88	90	82	80	82
		工作能力 B_{122}	87	90	88	83	82	81
		工作业绩 B_{123}	85	78	79	82	81	75
		工作态度 B_{124}	88	91	82	85	82	84
	相关单位的评价 B_{13}	对工作能力的反馈 B_{131}	85	79	86	84	83	82
		对品质的反馈 B_{132}	89	92	90	87	81	83

2. 综合评价结果

项目评价组利用模糊综合评价法对 ADAMA 风电 EPC 总承包项目的项目管理能力进行定量评价，确定项目管理能力的等级。下面以"项目组织"综合评价过程为例，给出 ADAMA 风电 EPC 总承包项目综合评价的具体量化过程。

（1）单因素评价。

1）根据单因素评价原理，汇总各指标打分情况。

以"组织结构设计和选择能力"为例，6 位专家打分为："75、78、82、81、74、80"，根据评价等级标准，打分在可控制级别的有 3 人，持续改进级别的有 3 人。按此进行单因素评价打分汇总，最终结果见表 12-5。

表 12-5　"项目经理"单因素评价汇总表

二级指标	三级指标	标准管理级	可测量管理级	可控制管理级	持续改进管理级
		0 ~ 30	30 ~ 60	60 ~ 80	80 ~ 100
项目经理	组织结构设计和选择能力	0	0	3	3
	项目团队建设能力	0	1	5	0
	团队人员角色职责的定义能力	0	0	6	0
	团队绩效管理能力	0	4	2	0
	项目干系人管理能力	0	1	5	0
	沟通及解决冲突的能力	0	2	4	0
	组织协调应变能力	0	1	5	0
	项目总体分析能力	0	0	6	0
	项目关键点分析和控制能力	0	1	5	0

2）根据"项目经理"单因素评价汇总表，计算"项目经理"的评价矩阵。

根据单因素评价汇总表，得到了"项目经理"的初步评价矩阵，即：

$$
\text{"项目经理"评价汇总} =
\begin{bmatrix}
0 & 0 & 3 & 3 \\
0 & 1 & 5 & 0 \\
0 & 0 & 6 & 0 \\
0 & 4 & 2 & 0 \\
0 & 1 & 5 & 0 \\
0 & 2 & 4 & 0 \\
0 & 1 & 5 & 0 \\
0 & 0 & 6 & 0 \\
0 & 1 & 5 & 0
\end{bmatrix}
$$

根据评价理论，对单因素评价汇总形成的评价矩阵每一行进行归一化处理，形成"项目经理"最终评价矩阵，即：

$$
\text{"项目经理"评价矩阵}（R_1）=
\begin{bmatrix}
0 & 0 & 0.5 & 0.5 \\
0 & 0.17 & 0.83 & 0 \\
0 & 0 & 1 & 0 \\
0 & 0.67 & 0.33 & 0 \\
0 & 0.17 & 0.83 & 0 \\
0 & 0.33 & 0.67 & 0 \\
0 & 0.17 & 0.83 & 0 \\
0 & 0 & 1 & 0 \\
0 & 0.17 & 0.83 & 0
\end{bmatrix}
$$

3）按照上述方法，计算出"项目团队""相关单位"的评价矩阵。

$$
\text{"项目团队"评价矩阵}（R_2）=
\begin{bmatrix}
0 & 0 & 0 & 1 \\
0 & 0 & 0 & 1 \\
0 & 0 & 0.5 & 0.5 \\
0 & 0 & 0 & 1
\end{bmatrix}
$$

$$
\text{"相关方评价"评价矩阵}（R_3）=
\begin{bmatrix}
0 & 0 & 0.17 & 0.83 \\
0 & 0 & 0 & 1
\end{bmatrix}
$$

（2）多因素评价。

根据计算的评价矩阵和上文中确定的三级指标的权重，按照计算公式可计算得出"项目经理（B_1）""项目团队（B_2）""相关方评价（B_3）"的评价结果，具体如下

$$
B_1 = A_1 \cdot R_1 = (0.1 \quad 0.1 \quad 0.12 \quad 0.13 \quad 0.12 \quad 0.13 \quad 0.12 \quad 0.1 \quad 0.08) \cdot
\begin{bmatrix}
0 & 0 & 0.5 & 0.5 \\
0 & 0.17 & 0.83 & 0 \\
0 & 0 & 1 & 0 \\
0 & 0.67 & 0.33 & 0 \\
0 & 0.17 & 0.83 & 0 \\
0 & 0.33 & 0.67 & 0 \\
0 & 0.17 & 0.83 & 0 \\
0 & 0 & 1 & 0 \\
0 & 0.17 & 0.83 & 0
\end{bmatrix}
$$

$$
= (0 \quad 0.2 \quad 0.75 \quad 0.05)
$$

$$B_2 = A_2 \cdot R_2 = (0.15 \quad 0.2 \quad 0.4 \quad 0.25) \cdot \begin{bmatrix} 0 & 0 & 0 & 1 \\ 0 & 0 & 0 & 1 \\ 0 & 0 & 0.5 & 0.5 \\ 0 & 0 & 0 & 1 \end{bmatrix} = (0 \quad 0 \quad 0.2 \quad 0.8)$$

$$B_3 = A_3 \cdot R_3 = (0.75 \quad 0.25) \cdot \begin{bmatrix} 0 & 0 & 0.17 & 0.83 \\ 0 & 0 & 0 & 1 \end{bmatrix} = (0 \quad 0 \quad 0.125 \quad 0.875)$$

（3）多层次评价。

1）根据多因素评价结果，再按照计算的评价矩阵和上文中确定的二级指标的权重，由计算公式则可计算得出"项目组织"这一关键因素的评价结果，具体如下：

$$B_0 = A_0 \cdot R_0 = (0.55 \quad 0.30 \quad 0.15) \cdot \begin{bmatrix} 0 & 0.2 & 0.75 & 0.05 \\ 0 & 0 & 0.2 & 0.8 \\ 0 & 0 & 0.125 & 0.875 \end{bmatrix} = (0 \quad 0.11 \quad 0.49 \quad 0.40)$$

2）依照以上计算过程，埃塞俄比亚 ADAMA 风电 EPC 项目评估组计算得出其他三个关键要素的评价结果，分别是

$$\text{"项目管理过程"评价结果} = (0 \quad 0.22 \quad 0.72 \quad 0.06)$$
$$\text{"项目管理领域"评价结果} = (0 \quad 0.32 \quad 0.51 \quad 0.17)$$
$$\text{"项目成果"的评价结果} = (0 \quad 0.24 \quad 0.57 \quad 0.19)$$

3）根据上文中确定的关键要素权重，按照计算公式，得到项目管理能力的评价结果为：

$$\text{"项目管理能力"的评价结果} = (0.15 \quad 0.35 \quad 0.2 \quad 0.3) \cdot \begin{bmatrix} 0 & 0.11 & 0.49 & 0.40 \\ 0 & 0.22 & 0.52 & 0.26 \\ 0 & 0.42 & 0.41 & 0.17 \\ 0 & 0.24 & 0.57 & 0.19 \end{bmatrix}$$
$$= (0 \quad 0.25 \quad 0.51 \quad 0.24)$$

（4）项目评价综合得分。

根据确定的分级标准（四个等级），结合项目评价结果，计算出埃塞俄比亚 ADAMAA 风电 EPC 项目评估的评定值为：

1）"项目组织"的综合得分
$$(30 \quad 60 \quad 80 \quad 100) \cdot (0 \quad 0.11 \quad 0.49 \quad 0.40)^T = 85.78$$

2）"项目管理过程"的综合得分
$$(30 \quad 60 \quad 80 \quad 100) \cdot (0 \quad 0.22 \quad 0.72 \quad 0.06)^T = 80.8$$

3）"项目管理领域"的综合得分
$$(30 \quad 60 \quad 80 \quad 100) \cdot (0 \quad 0.42 \quad 0.41 \quad 0.17)^T = 75$$

4）"项目成果"的综合得分
$$(30 \quad 60 \quad 80 \quad 100) \cdot (0 \quad 0.24 \quad 0.57 \quad 0.19)^T = 79$$

5）"项目评估"的综合得分
$$(30 \quad 60 \quad 80 \quad 100) \cdot (0 \quad 0.24 \quad 0.57 \quad 0.19)^T = 79$$

3. 结果分析

ADAMA 风电 EPC 总承包项目管理能力得分为 79.8 分，按照标准的（0~30 分）、可测量的（30~60 分）、可控制的（60~80 分）、持续改进的（80~100 分）四个等级划分标准，该项目管理能力成熟度为可控制的级别。

ADAMA 风电 EPC 总承包项目管理能力处于可控级别表明水电顾问集团以项目管理过程为基准，建立了一个基于事实的决策的基础，形成了该项目标准化的工作流程，能够对该项目进行有效的计划、管理、整合和控制。公司根据项目团队成员担任的不同角色，全面地制订并提供了项目管理培训，使得项

目管理的思想和工具在该项目管理过程中得到充分应用。

通过对关键因素得分进行分析，我们可知项目领域管理得分最低，因此在公司项目持续改进过程中应作为持续改进的重点方面。通过对二级指标及三级指标进一步研究分析可知，项目职责划分、项目分包商控制、供应商管理、项目收尾管理等是公司项目管理能力持续改进的重要内容。

公司根据项目管理评价结果，制订了项目管理持续改进的计划，组织各相关责任单位落实实施，确保公司项目管理能力的进一步提升。

12.2.5 总结与展望

水电顾问集团借鉴 OPM3 理论，选择"项目组织""项目管理过程""项目管理领域""项目成果"作为组织项目管理能力评价的四个关键因素，建立了一套科学项目管理评价指标体系。通过实施项目管理评价全面总结 ADAMA 风电 EPC 总承包项目的管理经验和教训，持续改进企业现有的项目管理体系，进一步提高企业项目管理人员的决策水平和管理水平，增强企业的综合实力。

项目管理评价应该是面对全过程项目管理的评价。因此，为了确保项目综合目标的实现，项目管理组织应该针对不同阶段进行项目评价，通过评价结果为项目决策人员提供决策依据，动态地调整项目管理策略。为了增加项目评价的可靠性，企业项目管理组织应针对不同项目和不同项目阶段，建立不同的科学评价指标体系，客观有效地评价项目实施状态，为项目决策提供真实的依据，从而达到提升项目管理组织管理能力的目的。

第13章 ADAMA风电场首年度运行总结

埃塞俄比亚ADAMA风电场建设项目是我国第一个技术、标准、管理、设备整体"走出去"的国际风电EPC项目，采用中国标准进行设计、施工和验收，采用中国风机设备，也是中国进出口银行优惠出口买方信贷支持的第一个新能源项目。经过一年多紧张的建设，ADAMA风电场于2012年9月1日正式投入商业运行，截至2013年8月31日风电场已稳定运行整整一年。在运行过程中，风电机组及其重要设备运行情况良好，设备故障率低，风电场实际发电量高于微观选址估算结果（预计发电量1.57亿kW·h）约4%，全场风电机组的平均月可利用率已达到99.58%。可见，基于中国风电标准建设的ADAMA风电场，设计和设备选型合理，工程建设质量可靠，电场设备设施运维管理良好。

13.1 风电场总体运行情况分析

ADAMA电场总装机容量51MW，共安装34台金风GW77单机容量1500kW的风电机组。全场各风电机组轮毂高度处实测平均风速为7.61m/s（SCADA系统测量结果与实际情况存在一定偏差），年实际上网发电量为16.35MW·h，年等效满负荷利用小时数为3206h，全场风电机组可利用率达到99.58%。风电场各风电机组实际运行情况数据见表13-1。首年月度实际发电量与设计预测发电量比较见图13-1。图中表明，2012年11月、2013年3月和4月实际发电量比设计预测发电量低，原因是箱变出现了故障，严重影响了风机的发电量。2013年6月、7月、8月，风电场实际发电量比设计预测发电量偏高，可能原因一是2013年雨季期间风较大；二是由于埃塞俄比亚雨季的测风数据的历史数据不全，在一定程度上影响了设计评估的准确性。

表13-1 风电场各风电机组实际运行情况数据

风机编号	实测平均风速/（m/s）	总发电量/（kW·h）	故障时间/h	总发电小时数/h	电能消耗/（kW·h）	带电时间/h	可利用率（%）
1	6.84	3 866 479.00	60.50	7 346.60	6 656.00	8 206.20	99.20
2	6.73	3 894 436.00	15.40	7 287.90	4 315.00	8 180.50	99.70
3	6.96	4 094 773.00	14.30	7 241.70	7 456.00	8 207.10	99.78
4	6.69	3 875 107.00	73.40	7 316.80	7 284.00	8 207.00	99.05
5	6.89	4 097 978.00	6.00	7 364.70	6 280.00	8 208.40	99.87
6	8.07	4 422 203.00	6.70	7 305.90	5 931.00	8 208.50	99.88
7	7.29	4 371 824.00	11.40	7 364.80	5 989.00	8 205.50	99.81
8	7.63	4 655 200.90	44.20	7 346.50	8 157.00	8 206.50	99.40
9	7.65	4 749 269.90	23.40	7 241.30	9 172.00	8 190.70	99.59
10	7.94	4 918 477.90	4.10	6 416.50	6 321.00	7 264.90	99.84
11	8.45	5 866 489.00	33.80	7 822.10	3 555.00	8 375.50	99.48
12	8.22	5 655 759.00	138.70	7 729.70	5 448.00	8 371.40	98.23
13	8.31	5 262 940.90	15.90	7 832.80	5 323.00	8 367.10	99.70
14	8.32	5 657 054.00	13.80	7 890.00	4 517.00	10 363.60	99.76
15	8.14	5 516 104.00	7.40	7 841.00	4 450.00	10 313.20	99.81

（续）

风机编号	实测平均风速/（m/s）	总发电量/（kW·h）	故障时间/h	总发电小时数/h	电能消耗/（kW·h）	带电时间/h	可利用率（%）
16	8.08	5 430 386.10	33.80	7 831.30	4 730.00	10 314.20	99.47
17	8.35	5 151 640.90	41.70	7 847.20	3 842.00	10 250.90	99.41
18	7.42	4 564 694.00	7.40	7 927.10	4 581.00	10 124.00	99.82
19	6.98	3 632 935.00	4.90	7 725.80	6 178.00	10 056.10	99.85
20	7.34	4 723 285.90	9.00	7 897.50	4 949.00	10 056.30	99.80
21	7.43	4 869 514.10	19.30	7 889.30	2 788.00	10 078.10	99.69
22	7.92	5 247 589.00	1.70	7 878.20	4 517.00	10 040.20	99.89
23	8.48	5 361 654.00	15.60	8 110.00	7 169.00	8 546.90	99.72
24	7.14	4 428 417.00	3.00	7 932.50	5 197.00	8 546.70	99.90
25	6.66	3 910 014.00	16.20	8 011.40	7 351.00	8 547.80	99.74
26	7.03	4 340 834.00	50.30	7 893.50	6 324.00	8 546.10	99.33
27	7.02	4 286 176.00	108.90	7 831.30	6 417.00	8 536.70	98.57
28	7.73	5 248 067.90	12.90	7 988.30	3 685.00	8 547.00	99.76
29	7.49	4 866 619.00	3.00	8 007.50	6 157.00	8 547.40	99.88
30	7.35	4 349 529.00	45.80	7 815.50	5 951.00	8 540.50	99.35
31	8.33	5 705 061.10	23.50	7 964.90	5 044.00	8 547.00	99.62
32	7.89	5 028 721.00	20.10	7 917.60	1 366.00	8 547.60	99.66
33	7.99	5 560 441.00	37.30	7 866.30	6 758.00	8 546.90	99.50
34	8.05	5 911 823.00	26.60	8 001.10	3 436.00	8 545.30	99.60
总计	7.61	163 521 497.60	950.00	261 684.60	187 294.00	300 341.80	99.58

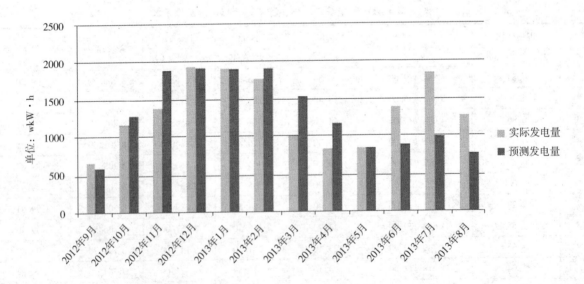

图 13-1　ADAMA 风电场首年月度实际发电量与设计预测发电量比较

13.1.1　单台机组平均风速分析

由于实际风速为 SCADA 系统测量结果，数据采自风电机组自身风速测量仪。受叶轮衰减影响，测量结果显示 ADAMA 风电场首年满年运行全部机组的实际平均风速仅为 7.61m/s，该值与真实值之间存在一定误差。另外结合 2012～2013 年期间小风年的影响，该平均风速仅能作为参考。根据风电场内各台风电机组平均风速对比图（见图 13-2），第二回路风电机组（11～22 号）所处地势较高，风资源相对较好，平均风速最高；1～5 号以及 24～27 号风电机组由于所处地理位置偏低，因此平均风速相对较低。

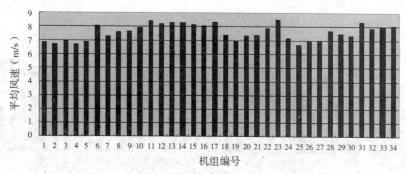

图 13-2　ADAMA 风电场各台机组平均风速对比图

13.1.2　单台机组发电量分析

　　ADAMA 风电场单台风电机组的发电量对比如图 13-3 所示，风电场机组的实际发电量与平均风速、可利用率基本成正比例关系。19 号风电机组年发电量是全部 34 台机组中最低的，其对应的平均风速及可利用率也较低，原因为：19 号机组旁边 5～10m 处为连绵山包，山包比风机高度略低，地形造成的湍流作用对风速有一定影响，根据记录，19 号机组位置平均风速比 18 号、20 号机组的平均风速低 0.35～0.5m/s；加之风向标对风角度、叶片零刻度对零角度有可能存在一定偏差，造成出力降低；建议根据该台风电机组的运行数据，在未来运行过程中要对 19 号机组持续观察，分析运行数据，适当更改机组的调节转速，利用软件控制自适应，尾流控制，切入切出风速调节等控制策略，适当地提高机组的输出功率来弥补湍流对机组输出功率的影响。

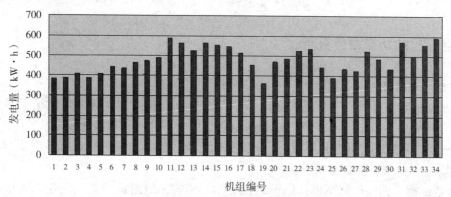

图 13-3　ADAMA 电场各台机组的发电量对比图

13.1.3　单台机组可利用率分析

　　从机组可利用率对比图（见图 13-4）来看，风电场单台机组可利用率全部在 98% 以上，远远高于合同中规定的单台机组可利用率 85% 的要求。大部分风电机组的可利用率在 99.5% 以上，可见 ADAMA 风电场所采用的风电机组运行情况稳定，故障率极低。全场风电机组中，12 号和 27 号机组可利用率最低，通过机组故障时间对比图（见图 13-5）可以发现，12 号和 27 号机组的故障时间分别为 140h 和

110h，为全场最高值。12 号机组可利用率低的主要原因是机组运行期间故障率较高，且故障多发于夜间，从安全角度考虑，不适合即时进行故障处理，因此故障累积时间较长；27 号机组可利用率低的主要原因是发生故障后，现场缺乏备件更换，延误了设备更替时间，造成风电机组停机时间过长，影响了机组可利用率的统计结果。因此，海外风电项目风电机组备件的物流响应时间成为影响机组可利用率的主要因素。

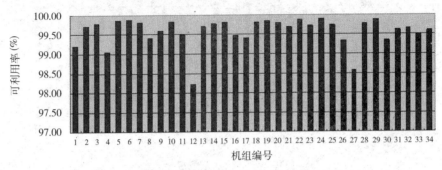

图 13-4　ADAMA 风电场各台机组的可利用率对比图

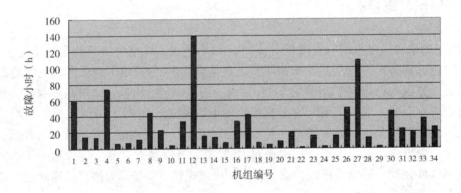

图 13-5　ADAMA 风电场各台机组的故障时间对比图

13.1.4　单台机组的功率曲线分析

1. 单台机组功率曲线

根据风电机组的功率曲线图（见图 13-6a、b、c、d、e、f、g），ADAMA 风电场大多数机组的功率曲线基本满足合同要求，但 6 号、23 号、32 号风电机组的功率曲线相对偏低较多，其原因为：

（1）6 号机组可利用率较低，其原因是：前期风向标有松动，造成机组对风出现偏差，功率曲线偏低，需厂家后续进一步观察和处理。

（2）23 号机组功率曲线低的原因：地形地貌有一定影响，机组位置低于山丘，风从山丘吹来，植被和地形对此有一定影响；风向标对风角度有可能存在一定偏差，造成出力降低；叶片零刻度对零角度有可能存在一定偏差。其他原因还需现场进一步观察和处理。

（3）32 号机组地势较低，12m/s 以上风速段占比时间较短，采集样本少，出力波动较大；风速瞬间达到 12m/s 以上，但机组出力还未到达对应值时，风速又降落，所以功率没达到理论值。这种情况尤其在小风季节比较明显，其他月份比较正常。

2. 总体功率曲线

由图 13-6a、b、c、d、e、f、g 可见，当风速达到 12m/s 以上时，机组功率曲线不够平滑，出力波动较大，分析其主要原因为：ADAMA 风电场风速在 12m/s 以下比较集中，12m/s 以上风速采样点较少。

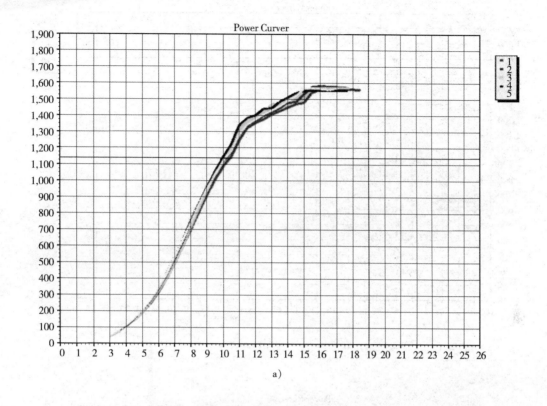

a)

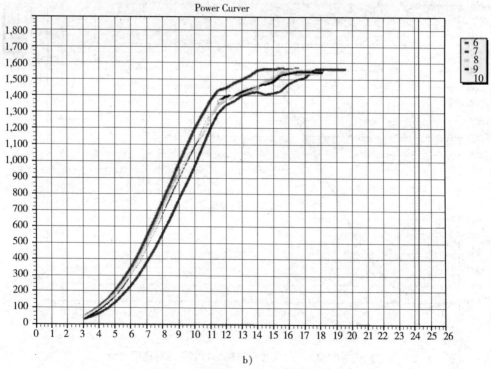

b)

图 13-6 ADAMA 风电场各台机组的功率曲线对比图
a) 1~5 号机组功率曲线对比 b) 6~10 号机组功率曲线对比

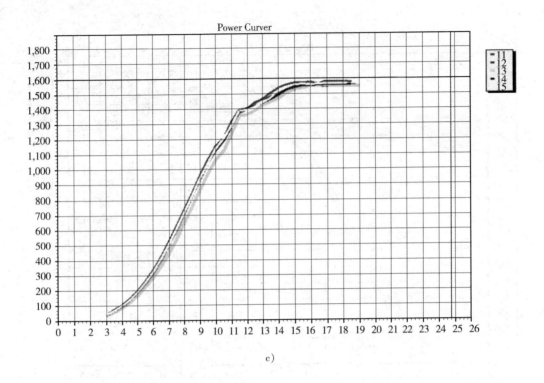

c)

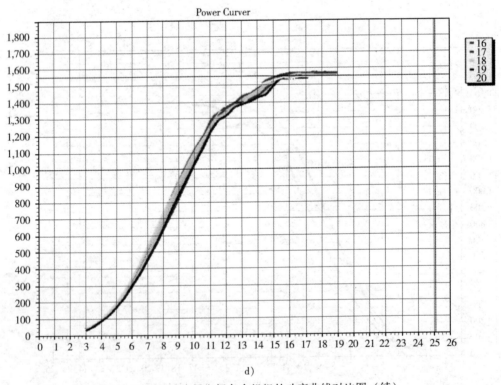

d)

图 13-6　ADAMA 风电场各台机组的功率曲线对比图（续）

c) 11 ~ 15 号机组功率曲线对比　d) 16 ~ 20 号机组功率曲线对比

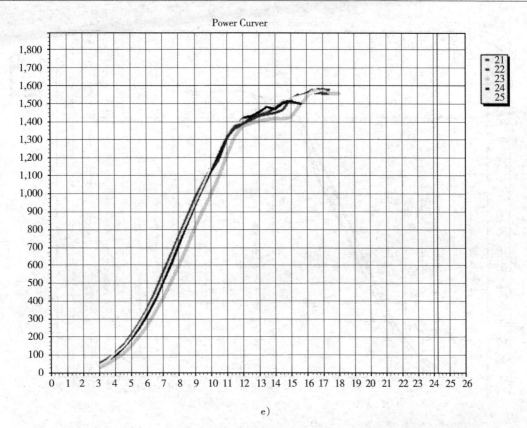

e)

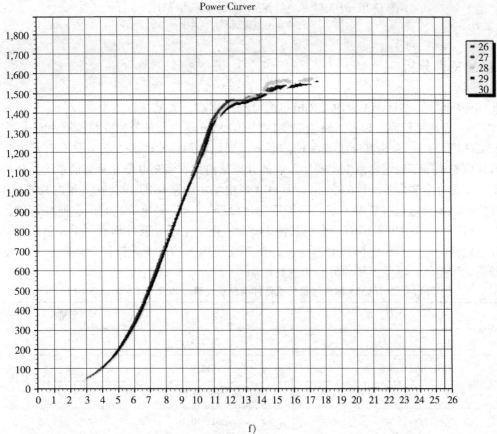

f)

图 13-6　ADAMA 风电场各台机组的功率曲线对比图（续）

e）21～25 号机组功率曲线对比　　f）26～30 号机组功率曲线对比

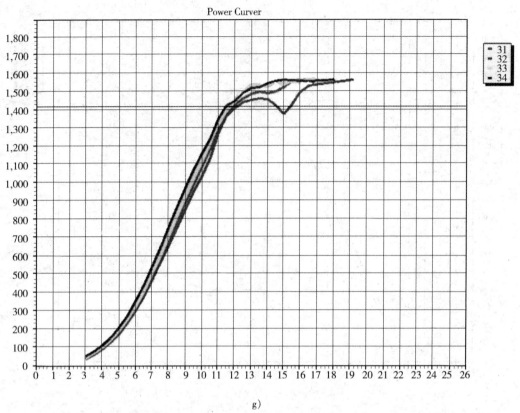

g)

图 13-6　ADAMA 风电场各台机组的功率曲线对比图（续）

g) 31～34 号机组功率曲线对比

13.1.5　备品备件分析

通过前述分析可知，ADAMA 风电场风电机组可利用率高，备品备件更换率较低，但低压电气元器件（230V 以下）损坏率较高，以具有整流逆变功能的电气元器件及各类速度测量模块的损害程度最高，具体见表 13-2 和图 13-7。分析其原因有两种：第一，当地电网环境较差，部分具有整流逆变功能的低压电气元器件由于电压不稳定容易发生损坏，例如升压站内部直流充电单元及通信系统整流模块比较容易损坏；第二，部分主要电气元件的损坏。ADAMA 风电场主回路 IGBT 单元在一年内共损坏 4 个。机组从试运行开始到机组稳定运行需要一定的环境适应过渡期，IGBT 是整流、升压、逆变部件，对工作环境要求很高，每台风机有 10 个 IGBT，全场共计 340 个。电力电子元器件均有一个正常的损坏范围，这个损坏率算是较低的。此外，电网频繁断电，对功率模块内部的电子元器件、保险管有一定的冲击电流，容易造成元件损坏，这是损坏的另一个主要原因。

表 13-2　ADAMA 风电项目机组备件消耗统计表（2012.9.1～2013.8.31）

序号	备件名称	更换日期	数量	单位
1	DC-DC	2012/9/1	1	个
2	IGBT 单元	2012/9/1	1	个
3	PLC	2012/9/13	1	个
4	人机界面	2012/10/10	1	个
5	变频器	2012/10/12	1	个

（续）

序号	备件名称	更换日期	数量	单位
6	变频器	2012/10/13	1	个
7	DC-DC	2012/10/20	1	个
8	辅助触点	2012/11/6	1	个
9	PLC	2012/12/8	1	个
10	加速度模块	2012/12/20	1	个
11	变桨柜防雷模块	2013/3/12	6	个
12	继电器（ABB）丨 CR-P024DC1 1C/O 主触点 16A/250VAC	2013/3/12	6	个
13	过速模块丨 Overspeed 1.1	2013/3/12	4	个
14	发电机转速测量模块丨 Gpulse 1.1	2013/3/12	1	个
15	IGBT 单元	2013/3/6	1	个
16	发光二极管插件丨 MSD4	2013/3/6	1	个
17	变频器	2013/3/6	1	个
18	IGBT 单元	2013/1/24	1	个
19	变频器	2013/1/24	1	个
20	四通道模拟量输入（贝福）丨 KL3404 – 10V ~ + 10V	2013/1/10	1	个
21	DC-DC	2013/1/10	1	个
22	IGBT 单元	2013/4/15	1	个
23	加速度模块丨 Gsensor 1.1	2013/6/1	1	个
24	Gspeed 模块	2013/6/9	1	个
25	加速度模块丨 Gsensor 1.1	2013/6/9	1	个
26	总线端子控制器 BC3150	2013/6/18	1	个
27	总线端子控制器 BC3150	2013/6/18	1	个
28	overspeed 1.1	2013/6/19	1	个
29	BK3150	2013/6/24	1	个
30	加速度模块丨 Gsensor 1.1	2013/6/25	1	个
31	熔断器丨 125NHG00B-690 丨 125A/ 690V gL/gG 120KA	2013/6/26	2	个
32	接近开关	2013/7/27	1	个

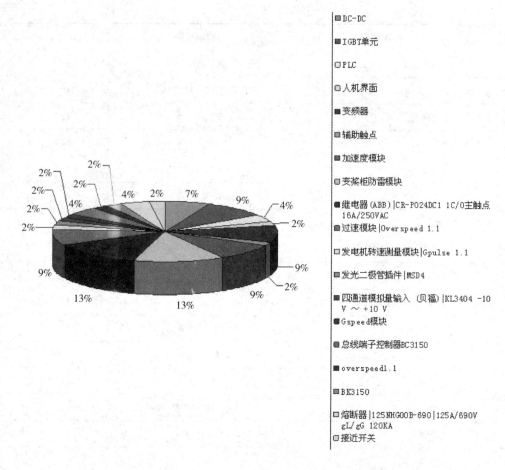

■ DC-DC

■ IGBT单元

□ PLC

□ 人机界面

■ 变频器

▨ 辅助触点

■ 加速度模块

□ 变桨柜防雷模块

■ 继电器(ABB)|CR-P024DC1 1C/0主触点 16A/250VAC

■ 过速模块|Overspeed 1.1

□ 发电机转速测量模块|Gpulse 1.1

□ 发光二极管插件|MSD4

▨ 四通道模拟量输入（贝福）|KL3404 -10 V ~ +10 V

■ Gspeed模块

■ 总线端子控制器BC3150

■ overspeed1.1

▨ BK3150

□ 熔断器|125NHG00B-690|125A/690V gL/gG 120KA

□ 接近开关

图 13-7　ADAMA 风电场备件更换情况

13.1.6　当地电网环境分析

ADAMA 风电场断电情况统计见表 13-3。

表 13-3　ADAMA 风电场电网断电情况统计

	断电时间	恢复时间	断电持续时间（h）	站内断电原因
1	2012/10/15，10：47	2012/10/15，15：35	4.80	调度调频
2	2012/11/3，19：42	2012/11/3，21：49	2.10	电网断电
3	2012/11/25，9：09	2012/11/25，10：26	1.30	电网断电
4	2012/12/23，15：25	2012/12/23，17：00	1.60	电网断电
5	2013/1/13，6：43	2013/1/13，12：25	5.70	电网断电
6	2013/1/18，19：20	2013/1/18，20：54	1.50	电网断电
7	2013/1/28，17：10	2013/1/28，19：40	2.50	电网断电
8	2013/2/25，10：25	2013/2/25，12：31	2.10	电网断电
9	2013/3/2，16：30	2013/3/2，20：00	3.50	电网断电
10	2013/3/6，21：40	2013/3/6，22：16	0.60	电网断电
11	2013/3/30，23：30	2013/3/31，03：00	3.50	电网断电
12	2013/4/3，11：10	2013/4/3，11：20	0.17	电网断电

（续）

	断电时间	恢复时间	断电持续时间（h）	站内断电原因
13	2013/4/17，10：15	2013/4/17，11：50	1.58	电网断电
14	2013/4/18，14：37	2013/4/18，14：43	0.10	电网断电
15	2013/4/26，13：17	2013/4/26，15：33	2.30	三相电压不平衡导致电网断电
16	2013/5/22，06：07	2013/5/22，12：20	6.20	电网断电
17	2013/5/31，21：00	2013/5/31，23：39	2.65	电网断电
18	2013/6/10，16：53	2013/6/10，19：00	2.10	电网断电
19	2013/6/25，10：06	2013/6/25，12：12	2.10	电网断电
20	2013/7/6，15：00	2013/7/6，17：24	2.40	电网断电
21	2013/7/27，9：16	2013/7/27，11：20	2.07	电网断电
22	2013/8/11，4：00	2013/8/11，5：30	1.50	电网电压低
23	2013/8/25，18：05	2013/8/25，18：35	0.50	纳兹雷特变电站某开关故障跳闸

从表 13-3 可以看出埃塞俄比亚电网断电频繁，平均每月网侧断电 3 次；另外，当地电网电压跌落的次数比较多，机组频繁脱网，机组主回路形成的过电压容易造成部分元器件损坏，降低机组可利用率，同时降低了全场发电量。ADAMA 风电场在运行的一年中共停电近 53 小时，约造成 200 万度电能损失。埃塞俄比亚政府应加强电网建设，从而改变因电网环境恶化而导致电能外送困难的现状。

13.2　结论

ADAMA 风电 EPC 总承包项目是埃塞俄比亚第一个竣工投产的风电项目。埃塞俄比亚电网比较薄弱，且地处高原，我国风电设备又是首次出口，虽然在风电并网方面，项目克服了当地电网系统电压频率波动幅度大、三相电压和电流不平衡、系统经常停电等不利因素，但中国的成套设备还需要逐步适应当地电网环境和自然环境，需要持续消缺和改进（例如箱变的几次故障和改进）。作为中国首个整体出口的国际风电 EPC 总承包项目，水电顾问集团从项目策划、可行性研究、工程建设到运行维护中的缺陷修复等方面投入了大量的人力、物力和财力，保证了 ADAMA 风电场总体运行良好，且首年度发电量达到了 16.35MW·h。但是对于埃塞俄比亚电力公司而言，缺乏运行维护经验以及备品备件的损耗也许是其首要问题。埃塞俄比亚电力公司应加强与中方合作，建立长期备品备件供应机制，为中方提供免税优惠，才能长期维持机组的稳定运行。同时，埃塞俄比亚电力人员应加强能力建设，敢于承担责任，尽快建立一支能独立承担起风电机组维护的队伍。

ADAMA 风电场的建设不仅为埃塞俄比亚缓解电力匮乏开启了新篇章，而且树立了中国风电技术标准走出去的成功典范。未来几十年，随着水电及风电的互补建设继续展开，埃塞俄比亚将能更好地满足国内的电力需求，同时还可以与周边国家的电网互联互通，外销吉布提、苏丹和肯尼亚等周边国家甚至更远的地区，为埃塞俄比亚创造外汇收入，更好地为经济增长与转型的国家战略服务。

参 考 文 献

［1］刘鹏. 风电项目全生命周期管理分析［J］. 新能源，2013（2）：188.

［2］孟祥鹏. 天威集团大安风力发电场项目全生命周期成本控制研究［D］. 保定：华北电力大学，2011.

［3］尉进兴. A 公司埃塞俄比亚 ETC 光缆通信工程项目风险管理研究［D］. 南京：南京理工大学，2011.

［4］胡萍. EPC 模式下风电项目总承包商的风险研究［D］. 宜昌：三峡大学，2011.

［5］孙昭东，周宏胜，刘锦国，等. 大型风电工程建设项目风险管理模式探讨［J］. 内蒙古电力技术，2008，26（4）：30-32.

［6］赵治. 风电项目全生命周期风险管理研究［J］. 徐州师范大学学报：哲学社会科学版，2010，36（6）：126-129.

［7］宗纪州，孟俊娇，袁雪梅. 风力发电工程风险管理探讨［J］. 科技致富向导，2012（14）：107.

［8］董志勇. 国际工程项目风险管理研究［D］. 西安：长安大学，2012.

［9］周宏胜. 华能吉林 100MW 风电工程建设项目风险管理研究［D］. 呼和浩特：内蒙古大学，2007.

［10］徐军. 中国风电行业项目风险管理研究［D］. 北京：对外经济贸易大学，2010.

［11］Thomas S N, Skitmore R M. Contractors' Risks in Design, Novate and Construct Contracts［J］. International Journal of Project Management, 2002, 20（3）：119-126.

［12］孟宪海，次仁顿珠，赵启. EPC 总承包模式与传统模式之比较［J］. 国际经济合作，2004（11）：49-50.

［13］唐坤，卢玲玲. 建筑工程项目风险与全面风险管理［J］. 建筑经济，2004（4）：19-26.

［14］雷琥. EPC 模式下的项目风险管理［D］. 天津：天津大学，2006.

［15］张水波，何伯森. 工程建设"设计-建造"总承包模式的国际动态研究［J］. 土木工程学报，2003（3），30-36.

［16］刘玥. 国际工程总承包风险的管理与应对研究［D］. 北京：北京邮电大学，2006.

［17］许劲. 国际工程项目风险可拓分析与管理策略研究［D］. 重庆：重庆大学，2002.

［18］张保连. 国际工程承包项目报价探讨［J］. 煤炭工程，2005（1）：15-16.

［19］孟向惠. 施工总承包企业面临的风险分析及对策研究［D］. 南京：东南大学，2006.

［20］陈威. 论工程承包风险评价体系的建立与应用［J］. 工程建设与设计，2006（5）：11-15.

［21］胡德银. 我国工程项目管理和工程总承包发展现状与展望［J］. 中国工程咨询，2003（2）：11-16.

［22］杨传彬. 项目风险管理系统框架研究［J］. 甘肃农业，2006（1）：18-20.

［23］王宗敏. 我国国际工程承包风险管理研究［D］. 南京：河海大学，2007.

［24］李尚红. 国际承包工程风险管理之浅见［J］. 经济问题，2001（2）：47-48.

［25］邓铁军. 工程风险管理［M］. 北京：人民交通出版社，2004.

［26］邱菀华. 现代项目风险管理方法与实践［M］. 北京：科学出版社，2003.

［27］雷胜强. 国际工程风险管理与保险［M］. 北京：中国建筑工业出版社. 1996.

［28］杨俊涛，俞洪良，吴小刚，等. 工程风险管理中的保险和担保的比较研究［J］. 建筑经济，2006（1），40.

［29］美国项目管理协会. 项目管理知识体系指南［M］. 3 版. 北京：电子工业出版社. 2006.

［30］王卓甫. 工程项目风险管理：理论、方法与应用［M］. 北京：中国水利水电出版社，2003.

［31］张建设. 面向过程的工程项目风险动态管理方法研究：［D］. 天津：天津大学，2002.

［32］郝彤琦，闫恩诚，冯昊. 工程项目管理中的项目文化建设［J］. 农机化研究，2002（3）：17-18.

［33］吴唤群，唐莉，孙相军，等. 搭接施工网络工期优化研究［J］. 系统工程，2001（4）：43-46.

［34］张炳达，刘敏. 现代项目管理实务［M］. 上海：立信会计出版社，2007.

［35］李林，李树丞，王道平. 基于风险分析的项目工期的估算方法研究［J］. 系统工程，2001（5）：29-30.

［36］沈光伟. 运用保险手段提升工程风险管理水平［J］. 国际经济合作，2004（6）：57.

［37］陈爱民. 现阶段无法大规模推广现代项目管理模式的几点理由［J］. 工程建设与设计，2006（5）：16-20.

［38］俞子荣. 中国对外援助工程的风险管理模式及其政策研究［D］. 北京：对外经济贸易大学，2003.

［39］张连营，古夫，杨湘. EPC/交钥匙合同条件下的承包商风险管理［J］. 中国港湾建设. 2003，127（6）：48-50.

［40］陈志华，于海丰. EPC 总承包项目风险管理研究［J］. 电力学报，2006，21（4）：538-541.

［41］赵惠君．国际招投标工程项目承包商风险管理［D］．北京：北京交通大学，2007.

［42］Roger Miller，Donald R Lessard．The Strategic Management of Large Engineering Projects：Shaping Insituations，Risks，and Governance．Cambridge：The MIT Press，2001，215-216.

［43］王卓甫，沈志刚．工程项目突发事件应急管理初探［J］．四川水力发电，2006，25（2）：91-105.

［44］曾跃飞，杨喜人．施工安全事故应急救援预案的编制［J］．建筑安全，2004，35（5）：9-10.

［45］Seung H Han，James E Diekmann. Approaches for Making Risk-based Go/no-go Decision for International Projects［J］．Reston：Journal of Construction Engineering and Management，2001，124（4），300-308.

［46］许天戟，王用琪．国际建设项目的风险分析［J］．西安交通大学学报：社会科学版，2001，21（3）：33-37.

［47］周直．大型工程项目实施阶段风险分析与管理研究［D］．上海：同济大学，1994.

［48］陈寒松，张文玺．权变管理在管理理论中的地位及演进［J］．山东社会科学，2010（9）：105-108.

［49］武乾，武增海，李慧民．工程项目风险评价方法研究［J］．西安建筑科技大学学报：自然科学版，2006（2）：115-119.

［50］Dale F Cooper，Stephen Grey，Geoffrey Raymond，Phil Walker. Project Risk Management Guidelines：Managing Risk in Large Projects and Complex Procurements［M］．Hoboken：John wiley&Sons，Inc.，2004.